Adobe Dreamweaver 2020
经典教程

[美] 吉姆·马伊瓦尔德（Jim Maivald）著
姚军 译

人民邮电出版社
北京

图书在版编目（CIP）数据

Adobe Dreamweaver 2020经典教程 /（美）吉姆·马伊瓦尔德（Jim Maivald）著；姚军译. -- 北京：人民邮电出版社，2021.4
ISBN 978-7-115-55873-2

Ⅰ. ①A… Ⅱ. ①吉… ②姚… Ⅲ. ①网页制作工具—教材 Ⅳ. ①TP393.092.2

中国版本图书馆CIP数据核字(2021)第000255号

版权声明

Authorized translation from the English language edition, entitled Adobe Dreamweaver Classroom in a Book (2020 Release) , 9780136412298 by Jim Maivald, published by Pearson Education, Inc, publishing as Addison Wesley Professional, Copyright © 2019 Pearson Education, Inc.

All rights reserved. No part of this book may be reproduced or transmitted in any form or by any means, electronic or mechanical, including photocopying, recording or by any information storage retrieval system, without permission from Pearson Education, Inc.

CHINESE SIMPLIFIED language edition published by PEARSON EDUCATION ASIA LTD., and POSTS & TELECOMMUNICATIONS PRESS CO., LTD. Copyright © 2019.

本书中文简体字版由美国 Pearson Education 集团授权人民邮电出版社有限公司出版。
未经出版者书面许可，对本书任何部分不得以任何方式复制或抄袭。
版权所有，侵权必究。

- ◆ 著　　[美] 吉姆·马伊瓦尔德（Jim Maivald）
  译　　姚 军
  责任编辑　陈聪聪
  责任印制　王 郁　彭志环
- ◆ 人民邮电出版社出版发行　北京市丰台区成寿寺路 11 号
  邮编 100164　电子邮件 315@ptpress.com.cn
  网址 https://www.ptpress.com.cn
  大厂回族自治县聚鑫印刷有限责任公司印刷
- ◆ 开本：800×1000　1/16
  印张：26
  字数：612 千字　　　　　2021 年 4 月第 1 版
  印数：1 – 2 000 册　　　2021 年 4 月河北第 1 次印刷

著作权合同登记号　图字：01-2019-4803 号

定价：109.90 元

读者服务热线：(010)81055410　印装质量热线：(010)81055316
反盗版热线：(010)81055315
广告经营许可证：京东市监广登字 20170147 号

内容提要

本书由 Adobe 公司的专家编写,是 Adobe Dreamweaver 软件的官方培训教材。全书共包含 11 课,每一课都会先列出课程知识点,然后借助具体的示例进行讲解,步骤详细、重点明确。全书是一个有机的整体,涵盖了定制工作空间,HTML 基础知识,处理代码,CSS 基础知识,Web 设计基础知识,创建页面布局,使用模板,处理文本、列表和表格,处理图像,处理导航和发布到 Web 等内容,并在适当的地方穿插介绍了 Adobe Dreamweaver 的功能。

本书适合 Adobe Dreamweaver 初学者阅读,有一定使用经验的用户也可以从本书中了解到 Adobe Dreamweaver 大量的高级功能和 Adobe Dreamweaver 新增的功能。同时本书也可作为相关培训机构的教材。

前言

Adobe Dreamweaver（以下简称 Dreamweaver）是一款行业领先的 Web 内容制作程序，能够在创建网站的过程中为您提供需要的工具，帮助您实现专业网站与网页效果。

关于经典教程

本书是在 Adobe 产品专家支持下开发的官方培训教材。

本书精心合理的课程设计使您可以按照自己的进度学习。如果您是 Dreamweaver 的初学者，那么您可以通过本书学到使用这款软件的基础知识和技能。如果您是经验丰富的用户，那么您将会从本书中了解 Dreamweaver 的许多高级特性，包括使用 Dreamweaver 最新版本的提示和技巧。

虽然每课都包括创建一个具体项目的详细指导，但是您仍有进行探索和试验的余地。您可以按照课程的设计从头至尾通读本书，也可以只阅读您感兴趣或者需要的那些课程。每个课程的"复习题"包含了关于本课学习主题的问题和答案。

必须具备的知识

在使用本书之前，您应该具备关于计算机及操作系统的知识和技能，清楚如何使用鼠标、标准菜单和命令，以及如何打开、保存和关闭文件。如果您需要学习这些技术，可以参阅 Microsoft Windows 或 Apple macOS 提供的印刷文档或在线文档。

本书使用的语法约定

使用 Dreamweaver 意味着您需要用到代码，我们会在接下来的课程和练习中使用一些语法约定，使您在学习本书时更容易理解和掌握相关操作。

粗体文字

在本书中，某些名称和词语将使用粗体，这通常发生在它们第一次出现时。需要在程序对话框或者网页主体内输入的文本（不包括 HTML 或者 CSS 代码）也将使用这种风格，举例如下。

输入：**Insert main heading here**

文件名（如 **favorite-styles.css**）也将在必要时使用粗体，以表示关键资源或者特定步骤和练习的目标。注意，同样的名称在介绍性描述或者一般讨论中可能不使用粗体。一定要在开始学习之前确定特定练习所需的所有资源。

代码字体

在许多课程中，您将需要输入 HTML 代码、CSS 规则和属性，以及其他基于代码的标记。为了区分标记和课程文本，输入内容将使用代码字体，如下所示。

检查如下代码：`<h1>Heading goes here</h1>`

在您必须自己输入标记的情况下，输入内容如下所示。

输入如下代码：`<h1>Heading goes here</h1>`

您需要按照以上描述准确输入代码，必须包含所有标点符号和特殊字符。

忽略的标点符号

HTML 代码、CSS 标记和 JavaScript 往往需要使用不同的标点，如句号（.）、逗号（,）和分号（;）等，对它们的错误使用或者定位可能会导致代码错误。因此，本书忽略了可能导致混淆或错误的句号及其他标点，如下面的形式所示。

输入以下代码：`<h1>Heading goes here</h1>`

元素引用

在正文和练习说明中，元素可能会通过其名称、类或 id 属性引用。当元素以其标签名称标识时，它将显示为 `<section>` 或 `section`。当元素以其类属性引用时，该元素的名称将以前导句点（.）的形式显示，如 `.content` 或 `.sidebar1`。当以其 id 属性引用时，元素将以一个前导井号（#）和代码字体显示，如 `#top`。此方法与 Dreamweaver 标签选择器界面中显示这些元素的方式相匹配。

Windows 与 macOS 指引

在大多数情况下，Dreamweaver 在 Windows 与 macOS 中的操作方法完全相同。这两个版本之间存在细微的区别，其中大多数仅仅是键盘快捷键、对话框的显示方式，以及按钮命名方式之间的区别。本书中的大部分屏幕截图是用 macOS 版本的 Dreamweaver 制作的，可能在您的屏幕上有不同的显示。

在具体命令有区别的地方，正文内都做了说明。Windows 命令列在前面，后面是对应的 macOS 命令，例如 Ctrl+C/Cmd+C 组合键。本书通常会为所有命令使用常见的简写形式，如下所示。

Windows	macOS
Control = Ctrl	Command = Cmd
Alternate = Alt	Option = Opt

随着课程的深入，我们假设您已经在前期课程掌握了基本概念，为节约篇幅，指令可能会被

简化或省略。例如，在前期课程您看到的说明可能是"按 Ctrl+C/Cmd+C 组合键"，之后您看到的可能只是"复制"文本或代码元素。这些是完全相同的指令。

如果您在练习中遇到任何困难，请复习之前的步骤或练习有关课程。

安装程序

在开始本书中的练习之前，您需要先验证计算机系统是否满足 Dreamweaver 的硬件需求、配置是否正确，并且是否安装了所有需要的软件。

如果您没有 Dreamweaver 安装程序，那么您必须先从 Creative Cloud 下载安装包。Adobe Dreamweaver 必须单独购买，在本书配套的课程文件中不包括该软件资源。

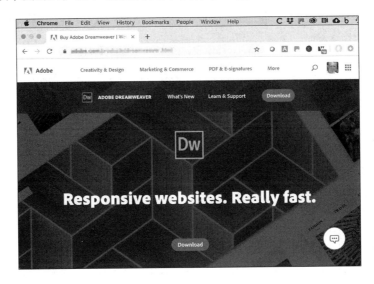

您需要访问 Adobe 官网并注册 Adobe Creative Cloud。Dreamweaver 可以和整个 Creative Cloud 产品族一起购买，也可以作为一个独立应用程序购买。Adobe 还允许用户免费试用 Creative Cloud 7 天。您可以访问 Adobe 官网，了解如何在计算机或笔记本电脑上下载和安装 Creative Cloud 的有限试用期版本。

更新到最新版本

虽然 Dreamweaver 是下载并安装在您的计算机的硬盘驱动器上的，但定期更新是通过 Creative Cloud 提供的。有些更新提供 Bug 修复及安全补丁，其他更新则提供新的功能。本书中的课程基于 Dreamweaver（2020 版），在早期版本中可能无法正常工作，因此需要检查您的计算机上安装的是哪个版本。在 Windows 中选择 Help（帮助）>About Dreamweaver（关于 Dreamweaver）或在 macOS 上选择 Dreamweaver>About Dreamweaver，将打开一个窗口，显示应用程序的版本号和其他相关信息。

 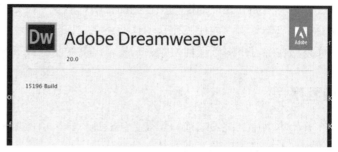

如果您有一个早期版本的安装程序，必须将其更新为最新版本的 Dreamweaver。您可以打开 Creative Cloud 管理器并登录到您的账户，检查安装状态。

建议的课程顺序

本书的课程旨在引领您从初级水平过渡到具备网站设计、开发和制作技能的中级水平。每个新课程都构建在前面的练习基础之上，让您能通过使用提供的文件和资源创建一个完整的网站。我们建议您一次性下载所有课程文件。

我们建议您从第 1 课开始，按顺序学习整本书，直到第 11 课为止。然后在网上继续学习第 12 课和第 13 课。

我们建议您不要跳过任何课程，甚至不要跳过任何一个练习。虽然这是理想的方法，但对于您并不一定都是实用的方案。因此，每个课程文件夹都包括完成当前课程内练习所需的所有文件和资源。每个文件夹都包含部分完成和阶段性的资源，使您在需要的时候可以不按照顺序完成单独的课程。

每个课程中的阶段性文件和自定义模板并不是一组完整的资源。这些文件夹看似包含了重复的材料，但是这些"重复"的文件和资源在大部分情况下并不适用于其他课程和练习。互换使用可能导致您无法达成练习的目标。

因此，您应该将每个文件夹看成一个独立的网站。您可以将课程文件夹复制到硬盘上，并用 Site Setup 对话框为课程创建一个新站点。我们建议您不要用现有站点的子文件夹定义站点，而是将站点和资源放在原来的文件夹中，避免冲突。

我们的建议之一是将课程文件夹存放在靠近硬盘根目录的单个 web 或者 sites 主文件夹中，但是要避免使用 Dreamweaver 应用文件夹。在大部分情况下，您应该使用本地 Web 服务器作为测试服务器，这将在第 11 课中进行详细说明。

首次启动

第一次启动时，Dreamweaver 将显示多个介绍屏幕，首先会出现 Sync Settings（同步设置）对话框。如果您是旧版 Dreamweaver 的用户，可以单击 Import Sync Settings（导入同步设置）按钮以下载现有程序首选项。如果这是您第一次使用 Dreamweaver，单击 Upload sync settings（上传同步设置）按钮，可以将您的首选项同步到 Creative Cloud 账户。

选择程序颜色主题

如果您在安装并启动 Dreamweaver 之后购买了本书，您可能正在使用与本书大多数屏幕截图不同的颜色主题。在本书中，我们使用最浅色的界面主题制作屏幕截图，这样做是为了节约印刷时的油墨，减少对环境的压力。您可以使用自己偏爱的颜色主题。所有练习使用任何颜色主题都可以正常运行，但如果要配置您的界面以匹配所显示的界面，请完成以下步骤。

1. 在 Windows 中选择 Edit（编辑）>Preferences（首选项）或在 macOS 中选择 Dreamweaver > Preferences，出现 Preferences 对话框。
2. 从 Category（类别）列表中选择 Interface（界面）类别。

 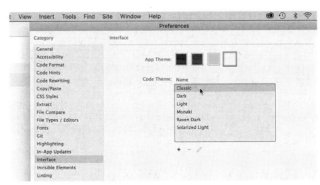

前言 v

3. 在 App Theme（应用主题）中选择最浅的颜色。在 Code Theme（代码主题）菜单中选择 Classic。

界面变为新主题。根据选择的应用主题，代码主题可能自动改变。但这些变化并不是永久的，如果关闭对话框，主题又将恢复到原来的颜色。

4. 单击 Apply（应用）按钮。

现在，主题将永久改变。

5. 单击 Close（关闭）按钮。

您可以在任何时候改变颜色主题，以及选择适合常规工作环境的主题。浅色主题最适合光线充足的房间，而深色主题在一些设计办公室使用的间接或受控照明环境中效果最好。所有练习在任何主题颜色中都可以正常运行。

设置工作区

Dreamweaver（2020 版本）包括两种主要工作区，可以适应各种计算机配置和单独工作流程。对于本书，建议使用标准工作区。

1. 如果默认情况下不显示标准工作区，您可以从程序界面右上角的 Workspace（工作区）菜单中选择。

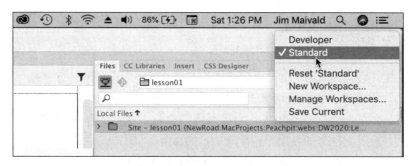

2. 如果默认的标准工作区已被修改，其中某些工具栏和面板不可见，可以从 Workspace 菜单中选择 Reset 'Standard'（重置"标准"）来恢复出厂设置。

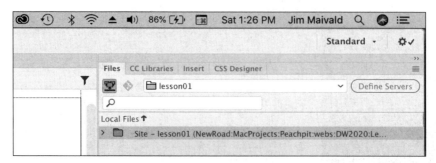

您也可以从 Window（窗口）> Workspace Layout（工作区布局）菜单中选择相同的选项。

本书的大部分插图显示的是标准工作区。建议您在完成书中的课程后尝试其他工作区，找到喜欢的工作区，或构建自己的配置并将其保存在自定义名称下。有关 Dreamweaver 工作区更完整的描述，请参阅第 1 课。

定义 Dreamweaver 站点

在完成以下课程的过程中，您将从头开始创建网页，并使用存储在硬盘驱动器上的现有文件和资源，生成网页和资源，构成所谓的本地站点。当准备好将站点上传到互联网时（请参阅第 11 课），您可以将完成的文件发布到 Web 主机服务器，然后将其转换为远程站点。通常，本地和远程站点的文件夹结构和文件一致。

第一步是定义您的本地站点。

> **Dw** 警告：您必须在定义站点之前解压课程文件。

1. 启动 Dreamweaver（2020 版）。
2. 打开 Site（站点）菜单。

Site 菜单提供创建和管理标准 Dreamweaver 站点的选项。

3. 选择 New Site（新建站点），出现 Site Setup 对话框。

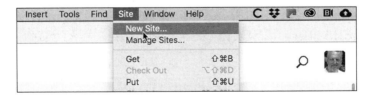

要在 Dreamweaver 中创建标准网站，您只需要命名并选择本地站点文件夹。站点名称应与特定项目或客户端相关，并将显示在 Files（文件）面板的站点列表中。该名称仅供您自己使用，不会被公众看到，所以创建名称时没有任何限制。本书建议使用清楚描述网站目的的名称，也可以使用您正在完成的课程的名称，例如 lesson01、lesson02 或 lesson03 等。

注意：包含该站点的主文件夹在本书中都被当作站点根文件夹。

4. 在 Site Name（站点名称）字段中输入 **lesson01** 或者其他合适的名称。

5. 单击 Local Site Folder（本地站点文件夹）字段旁边的 Browse for folder（浏览文件夹）按钮。
6. 找到包含下载的课程文件的文件夹，单击 Select/Choose（选择）按钮。

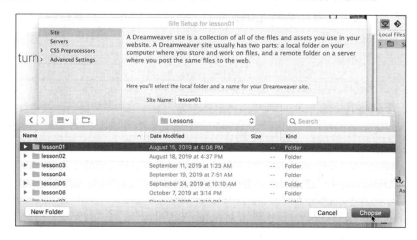

此时，您可以单击 Save（保存）按钮，开始新网站的工作。但是您还将添加一个方便的信息。

7. 单击 Advanced Settings（高级设置）类别旁边的箭头，打开子类别列表。选择 Local Info（本地信息）。

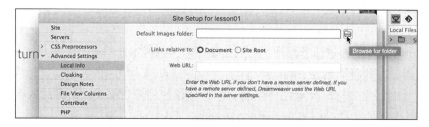

虽然不是必需的，但将不同类型的文件存储在不同文件夹中是很好的网站管理策略。例如，

许多网站为图像、PDF、视频等提供单独的文件夹。Dreamweaver 通过为 Default Images 文件夹添加选项来协助这项工作。

之后，当您从计算机上其他位置插入图像时，Dreamweaver 将使用此设置自动将图像移到站点结构中。

 注意：在本书中，包含图像资源的文件夹都将作为站点默认图像文件夹或默认图像文件夹。

8. 单击 Default Images folder（默认图像文件夹）字段旁边的 Browse for folder 按钮。当对话框打开时，导航到该课程或站点对应的图像文件夹，然后单击 Select/Choose 按钮。

 注意：存放图像和其他资源的 Resources 文件夹应该总是包含在主站点根文件夹中，Dreamweaver 将在图像文件夹位于站点根目录之外时提醒您。

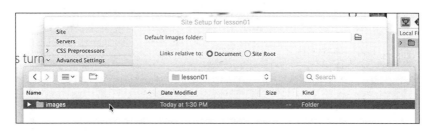

图像文件夹的路径显示在 Default Images folder 字段中。下一步将是在 Web URL（网址）字段中输入您的站点域名。

9. 对于本书的课程，在 Web URL 字段中输入 **http://favoritecitytour.com/** 或者您自己的网站 URL。

 注意：对大部分静态 HTML 网站来说不需要 Web URL，但是对于使用动态应用或者链接到数据库及测试服务器的站点来说，这是必需的。

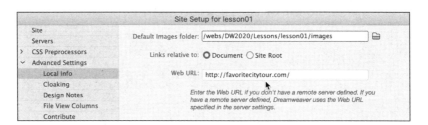

您已经输入启动新站点所需的所有信息，在后续课程中，您将添加更多信息，以便将文件上传到远程服务器和测试服务器。

10. 在 Site Setup 对话框中，单击 Save 按钮，关闭对话框。

每当选择或修改站点时，Dreamweaver 将构建或重建文件夹中每个文件的缓存。缓存标识网页之间的关系以及站点内资源之间的关系，并且可以在文件被移动、重命名或删除时帮助您更新链接或其他引用的信息。

11. 如有必要，可以单击 OK（确定）按钮构建缓存。

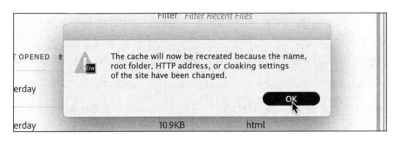

缓存重建，一般最多需要几秒。

在 Files 面板中，新站点名称将显示在 Site List（站点列表）下拉列表框中。在添加更多网站定义时，您可以通过在此列表中选择适当的站点用来在站点之间进行切换。

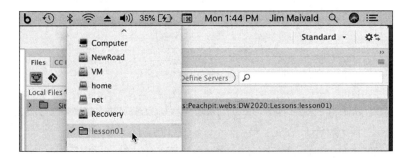

设置站点是 Dreamweaver 项目中关键的一步。了解站点根文件夹所在的位置可以帮助 Dreamweaver 确定链接路径，启用许多在整个站点内起作用的选项，如孤立文件检查及查找 / 替换等。

检查更新

Adobe 定期提供软件更新。要检查程序更新，可以在 Dreamweaver 中选择 Help > Updates（更新）。更新通知也可能出现在 Creative Cloud 更新桌面管理器中。

有关本书的更新和补充资料，请访问 Peachpit 网站上的 Account 页面，并选择 Lesson & Update Files 选项卡。

资源与支持

本书由"数艺设"出品,"数艺设"社区平台(www.shuyishe.com)为您提供后续服务。

配套资源

书中课程实例的素材文件。

资源获取请扫码

"数艺设"社区平台,为艺术设计从业者提供专业的教育产品。

与我们联系

我们的联系邮箱是 szys@ptpress.com.cn。如果您对本书有任何疑问或建议,请您发邮件给我们,并请在邮件标题中注明本书书名及ISBN,以便我们更高效地做出反馈。

如果您有兴趣出版图书、录制教学课程,或者参与技术审校等工作,可以发邮件给我们;有意出版图书的作者也可以到"数艺设"社区平台在线投稿(直接访问www.shuyishe.com即可)。如果学校、培训机构或企业想批量购买本书或"数艺设"出版的其他图书,也可以发邮件联系我们。

如果您在网上发现针对"数艺设"出品图书的各种形式的盗版行为,包括对图书全部或部分内容的非授权传播,请您将怀疑有侵权行为的链接通过邮件发给我们。您的这一举动是对作者权益的保护,也是我们持续为您提供有价值的内容的动力之源。

关于"数艺设"

人民邮电出版社有限公司旗下品牌"数艺设",专注于专业艺术设计类图书出版,为艺术设计从业者提供专业的图书、U书、课程等教育产品。出版领域涉及平面、三维、影视、摄影与后期等数字艺术门类,字体设计、品牌设计、色彩设计等设计理论与应用门类,UI设计、电商设计、新媒体设计、游戏设计、交互设计、原型设计等互联网设计门类,环艺设计手绘、插画设计手绘、工业设计手绘等设计手绘门类。更多服务请访问"数艺设"社区平台www.shuyishe.com。我们将提供及时、准确、专业的学习服务。

目录

第 1 课　定制工作空间　　0

1.1　浏览工作区　　2
1.2　使用"开始"屏幕　　3
1.3　探索新功能指南　　5
1.4　设置界面首选项　　5
1.5　切换和拆分视图　　8
1.6　选择工作区布局　　13
1.7　使用面板　　14
1.8　个性化 Dreamweaver　　18
1.9　使用工具栏　　18
1.10　创建自定义快捷键　　19
1.11　使用 Properties 检查器　　21
1.12　使用 Related Files 界面　　22
1.13　使用标签选择器　　23
1.14　使用 CSS Designer 面板　　25
1.15　使用 VMQ 界面　　29
1.16　使用 DOM 面板　　29
1.17　使用元素对话框、显示和检查器　　30
1.18　在 Dreamweaver 中设置版本控制　　32
1.19　探索、试验和学习　　33
1.20　复习题　　34
1.21　复习题答案　　34

第 2 课　HTML 基础知识　　36

2.1　什么是 HTML　　38
2.2　HTML 来源于何处　　38
2.3　基本 HTML 代码结构　　39
2.4　常用 HTML 元素　　39
2.5　HTML 5 的新内容　　41
2.6　复习题　　44
2.7　复习题答案　　44

第 3 课　处理代码 ································· 46

- 3.1 创建 HTML 代码 ·························· 48
- 3.2 使用多光标支持 ···························· 55
- 3.3 为代码添加注释 ···························· 57
- 3.4 使用 CSS Preprocessors ············· 59
- 3.5 选择代码 ·· 73
- 3.6 折叠代码 ·· 76
- 3.7 展开代码 ·· 77
- 3.8 访问拆分的 Code 视图 ················ 77
- 3.9 在 Code 视图中预览资源 ············ 79
- 3.10 复习题 ·· 81
- 3.11 复习题答案 ··································· 81

第 4 课　CSS 基础知识 ··························· 82

- 4.1 什么是 CSS ··································· 84
- 4.2 HTML 默认设置 ··························· 86
- 4.3 CSS 盒子模型 ······························· 88
- 4.4 应用 CSS 样式 ······························ 90
- 4.5 多重规则、类、ID ······················· 104
- 4.6 复习题 ·· 109
- 4.7 复习题答案 ··································· 109

第 5 课　Web 设计基础知识 ··················· 110

- 5.1 开发一个新网站 ··························· 112
- 5.2 场景 ·· 114
- 5.3 使用缩略图和线框图 ···················· 114
- 5.4 复习题 ·· 121
- 5.5 复习题答案 ··································· 121

第 6 课　创建页面布局 ····························· 122

- 6.1 评估页面设计选项 ······················· 124
- 6.2 使用预定义布局 ··························· 124
- 6.3 为现有布局设置样式 ···················· 127
- 6.4 用 Extract 面板设置元素样式 ····· 128
- 6.5 CSS 样式查错 ······························ 134
- 6.6 从 Photoshop 模型中提取文本 ···· 137
- 6.7 从模板中删除组件与特性 ············ 139
- 6.8 插入新菜单项 ······························ 142
- 6.9 用 DOM 面板创建新元素 ············ 144
- 6.10 用复制和粘贴功能创建菜单项 ···· 146
- 6.11 提取文本样式 ······························ 148

6.12	用 Extract 面板创建一个渐变背景	152
6.13	从模型中提取图像资源	156
6.14	创建新的 Bootstrap 结构	158
6.15	为标题添加一个背景图像	162
6.16	完成布局	166
6.17	复习题	168
6.18	复习题答案	168

第 7 课　使用模板　170

7.1	创建 Dreamweaver 模板	172
7.2	删除不需要的组件	173
7.3	修改 Bootstrap 布局	178
7.4	修改 Bootstrap 元素中的文本格式	184
7.5	添加模板样板和占位符	185
7.6	修复语义错误	188
7.7	插入元数据	190
7.8	验证 HTML 代码	192
7.9	处理可编辑区域	193
7.10	处理子页面	202
7.11	更新模板	208
7.12	复习题	215
7.13	复习题答案	215

第 8 课　处理文本、列表和表格　216

8.1	预览完成的文件	218
8.2	创建文本和设置样式	220
8.3	创建列表	227
8.4	以列表作为内容结构的基础	234
8.5	创建表格并设置样式	241
8.6	网页拼写检查	263
8.7	查找和替换文本	264
8.8	复习题	273
8.9	复习题答案	273

第 9 课　处理图像　274

9.1	Web 图像基础知识	276
9.2	预览完成的文件	281
9.3	插入图像	282
9.4	在 Design 视图中插入图像	285
9.5	用 Properties 检查器优化图像	287
9.6	插入非 Web 文件类型	291

9.7	处理 Photoshop 智能对象（可选）	295
9.8	从 Photoshop 复制和粘贴图像（可选）	298
9.9	用 Assets 面板插入图像	302
9.10	使图像适应移动设计	305
9.11	使用 Insert 菜单	307
9.12	使用 Insert 面板	309
9.13	在站点模板中插入图像	311
9.14	在模板结构中添加 CSS 类	314
9.15	为 Bootstrap 图像轮播添加图像	317
9.16	为 Bootstrap 图像轮播中的标题和文本设置样式	320
9.17	自定进度练习：在子页面中插入图像	322
9.18	复习题	325
9.19	复习题答案	325

第 10 课　处理导航　　326

10.1	超链接基础知识	328
10.2	预览完成的文件	329
10.3	创建内部超链接	334
10.4	创建外部链接	345
10.5	建立电子邮件链接	349
10.6	创建基于图像的链接	351
10.7	以页面元素为目标	354
10.8	锁定屏幕上的元素	360
10.9	设置导航菜单样式	362
10.10	添加电话链接	365
10.11	检查页面	366
10.12	自定进度练习：添加更多链接	367
10.13	复习题	368
10.14	复习题答案	368

第 11 课　发布到 Web　　370

11.1	定义远程站点	372
11.2	遮盖文件夹和文件	379
11.3	完善网站	381
11.4	将站点上传到网络（可选）	386
11.5	同步本地和远程站点	390
11.6	复习题	394
11.7	复习题答案	394

第1课　定制工作空间

课程概述

在本课中，您将熟悉Dreamweaver（2020版）程序界面，学习如下内容。

- 使用程序"开始"屏幕。
- 个性化首选项。
- 切换文档视图。
- 选择工作区布局。
- 使用面板。
- 调整工具栏。
- 创建自定义快捷键。
- 使用Properties检查器。

完成本课程需要大约90分钟。

您可能需要结合使用十多种程序才能实现 Dreamweaver 的所有功能，并且这些程序的使用可都没有 Dreamweaver 那么有趣。

1.1 浏览工作区

> **Dw** 注意：在开始本课之前，按照本书开头的前言所述，下载课程文件并创建一个lesson01网站。

Dreamweaver是行业领先的超文本标记语言（HTML）编辑器，它的流行有着充分的理由。该程序提供了大量不可思议的设计及代码编辑工具。Dreamweaver为不同类型的用户提供了合适的工具。

编码人员喜欢Code（代码）视图环境中的多种增强特性；开发人员则非常享受这种软件对各种编程语言及代码提示的支持；设计人员惊异于工作时看到他们的文本和图形精确地出现在所见即所得（What You See Is What You Get，WYSIWYG）环境中，从而节省在浏览器中预览页面的时间；初学者将会欣赏该软件易于使用且功能强大的界面。不管您是哪种类型的用户，使用Dreamweaver时都不必做出妥协。

您可能会认为，提供这么多功能的软件将显得十分拥挤、缓慢和笨重。但事实上，Dreamweaver通过可停靠面板和工具栏提供它的大部分功能，您可以显示或隐藏它们，并以无数种组合排列它们，创建理想的工作区。在大部分情况下，您如果没有看到需要的工具或者面板，可以在Windows菜单中找到。

Dreamweaver界面有大量用户可以使用的配置面板及工具栏，如图1-1所示，请花一点时间熟悉这些组件的名称。

图1-1

A	菜单栏	F	Document（文档）工具栏	J	Files（文件）面板	O	DOM面板
B	文档选项卡	G	VMQ（可视化媒体查询）界面	K	Insert（插入）面板	P	Assets（资源）面板
C	Related Files（相关文件）界面			L	滑动条	Q	Code视图
D	Common（通用）工具栏	H	Live/Design（实时/设计）视图	M	CC库面板	R	标签选择器
E	新功能指南	I	Workspace（工作区）菜单	N	CSS Designer（CSS设计器）面板	S	Properties（属性）检查器

本课程除了介绍Dreamweaver界面，还将介绍一些隐藏的功能。在后面的课程中，我们不会花费太多时间教您如何在这些界面内完成基本活动。因此，请花些时间来通读下面的描述，完成练习，以便熟悉软件界面的基本操作。假如后面您需要了解Dreamweaver软件中的许多对话框或者面板的功能，可以随时回过头来查阅本章中的内容。

1.2 使用"开始"屏幕

在Dreamweaver软件安装和初始设置完成后，您就会看到新的Dreamweaver"开始"屏幕。您可以通过这个屏幕快速访问最近的网页，简单地创建各类网页，直接访问几个关键的帮助资源和教程。当您第一次启动程序或不打开其他文档时，"开始"屏幕就会出现。在新版Dreamweaver中，"开始"屏幕做了一些小的改进，您可以快速浏览一下，了解其提供的功能。例如，它现在有两个主要选项：Quick Start（快速启动）和 Starter Templates（启动器模板），以及两个用于创建新文件和打开现有文件的按钮，如图1-2所示。如果您之前从未使用该程序，则"开始"屏幕中央可能会提示您"构建一个网站"。

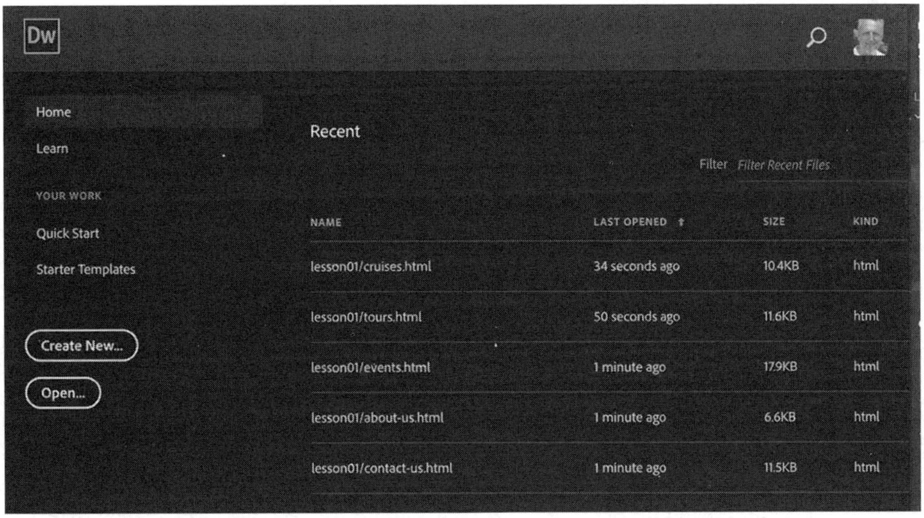

图1-2

一旦您创建或者打开第一个文件后，Dreamweaver的"开始"屏幕就将提供最后使用的文件列表。这个列表是动态的，您最后使用的一个文件将出现在列表顶部。如果您要重新打开文件，只需单击其名称。

1.2.1 Quick Start

Quick Start 选项看上去很熟悉，如图1-3所示，这是因为它在Dreamweaver的许多版本中以这样或那样的形式出现过。和往常一样，它提供了可以立即访问的Web兼容文件类型（如HTML、CSS、JS、PHP等）。单击文件类型就可以启动一个新文档。

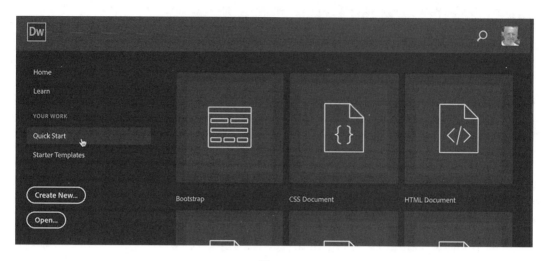

图1-3

1.2.2 Starter Templates

Starter Templates 选项允许用户访问预先定义的启动器模板,这些模板可以提供响应式风格,以支持智能手机和移动设备,以及流行的 Bootstrap 框架,如图1-4所示。使用模板可以快速地从头开始创建各种已经与智能手机及平板电脑兼容的网页。

图1-4

1.2.3 Create New 与 Open

单击 Create New(新建)和 Open(打开)按钮可以分别打开 New Document(新建文档)和 Open 对话框,如图1-5所示。使用旧版本的用户可能更习惯于使用这些选项,因为使用它们可以打开熟悉的界面,完成创建新文档或者打开现有文档的工作。

图1-5

如果您不再想看到"开始"屏幕，可以访问 Dreamweaver Preferences 中的 General（常规）设置，取消选中复选框。

1.3 探索新功能指南

在 Dreamweaver 中，当您访问各种工具、功能或界面选项时，新功能指南将不时弹出。弹出窗口将引起您对程序中增加的新功能或工作流程的注意，并提供方便的提示，帮助您充分利用它们，如图 1-6 所示。

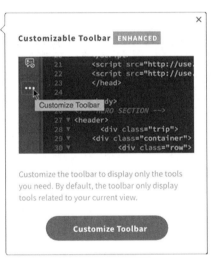

图1-6

当提示出现时，您可以按照弹出窗口中的提示来获得更详细的信息，或者您可以访问教程。了解完后，您可以单击每个提示右上角的关闭按钮来关闭弹出窗口。关闭提示后，它将不会再显示。如果需要，您可以通过选择 Help（帮助）> Reset Contextual Feature Tips（重置上下文功能提示），使提示再次显示。

1.4 设置界面首选项

Dreamweaver 为用户提供了对基本程序界面的广泛控制。您可以按照自己的喜好设置、安排和定制各种面板。开始本书的课程之前，您首先应该访问的位置之一是 Preferences（首选项）对话框。

和其他 Adobe 应用一样，在 Preferences 对话框中可以设置软件外观和功能。首选项设置通常是持久的，也就是说，在软件关闭重启之后仍然有效。对话框中的选项太多，无法在一课中介绍，但是我们将进行更改，让您体会一下这种可能性。有些软件功能在您创建或者打开文件进行编辑之前是不可见的。

1. 按照本书前言里的描述，以 lesson01 文件夹为基础定义一个新站点。
2. 如果有必要，选择 Window > Files 或者按 F8 键，打开 Files 面板，如图 1-7 所示。

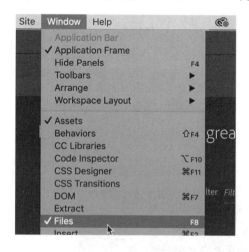
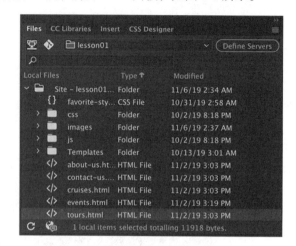

图1-7

3. 如果有必要，在 Files 面板中，从下拉列表框选择 lesson01，在面板中显示站点文件列表。
4. 鼠标右键单击 lesson01 文件夹中的 **tours.html** 文件，从快捷菜单里选择 Open，如图 1-8 所示。也可以双击列表中的文件将其打开。

文件在文档窗口中打开。如果以前没有使用过 Dreamweaver，则该文件将在 Live（实时）视图中打开。为了能让您全面理解接下来的更改，我们同时也展示代码编辑界面。

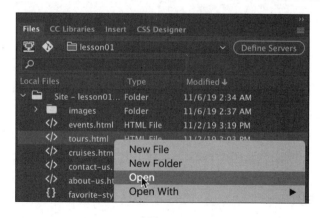

图1-8

5. 如果有必要，在文档窗口顶部单击 Split（拆分）按钮，切换成 Split 视图，界面如图 1-9 所示。

图1-9

如果您没有完成本书开头前言部分所介绍的操作，就会发现 Dreamweaver 在 Code 视图中使用了新的深配色方案。有些用户喜欢这种配色；有些人则不喜欢。您可以在首选项中将其完全改变或者进行调整。如果您已经更改了界面主题，直接跳到下一个练习。

6. 在 Windows 中，选择 Edit> Preferences。

在 macOS 中，选择 Dreamweaver > Preferences。

显示 Preferences 对话框。

7. 选择 Interface（界面）类别，如图 1-10 所示。

 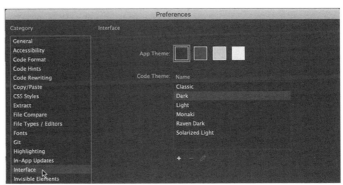

图1-10

1.4 设置界面首选项 7

从对话框中可以看到，Dreamweaver 可以控制整体颜色主题，也可以控制代码编辑窗口颜色。您可以更改其中之一，也可以同时更改两者。

许多设计人员在受控照明环境里工作，他们更偏爱深色的界面主题，这也成了大部分 Adobe 应用程序的默认设置。在本书中，从现在开始，所有屏幕截图都是在最浅色的主题中制作的。这在印刷中节约油墨，对环境的影响也较小。您可以继续使用偏爱的深色主题，也可以切换屏幕，使其与本书的插图匹配。

8. 在 App Theme 中，选择最浅色的主题。

整个界面的主题变成浅灰色后，您将会注意到，Code Theme（代码主题）设置同时变成 Light（浅）。根据您的喜好，可以将代码主题切换回 Dark（深）或者其他主题。本书代码编辑的屏幕截图使用 Classic 主题。

9. 如果有必要，在 Code Theme 中选择 Classic，如图 1-11 所示。

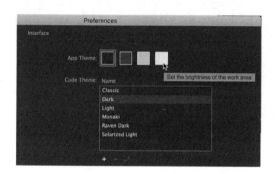 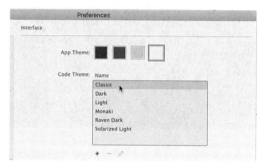

图1-11

此时，更改不是永久的，如果在对话框中单击 Close 按钮，主题将恢复成深色。

10. 单击对话框右下角的 Apply 按钮。

现在，更改已经应用。

11. 单击 Close 按钮。

保存的首选项将在多次使用和每个工作区中保持不变。

1.5 切换和拆分视图

Dreamweaver 为编码人员和设计人员提供了专用的环境。

1.5.1 Code 视图

Code（代码）视图将 Dreamweaver 工作区专门聚焦于 HTML 代码和各种代码编辑效率工具。单击 Document（文档）工具栏中的 Code 按钮，可以访问 Code 视图，如图 1-12 所示。

图1-12

1.5.2 Design 视图

Design（设计）视图与 Live 视图使用相同的文档窗口，将 Dreamweaver 工作区聚焦于其经典的所见即所得（WYSIWYG）编辑器。过去，Design 视图模拟了网页在浏览器中显示的外观，但随着 CSS 和 HTML 的发展，Design 视图已经不像以前那样达到 WYSIWYG 的效果了。虽然在某些情况下难以使用，但是您会发现，它确实提供了一个加速内容创建和编辑的界面。正如您在之后的课程中看到的那样，目前 Design 视图还是访问某些 Dreamweaver 工具或者工作流的唯一途径。

从 Document 工具栏中的 Design/Live(设计 / 实时) 视图下拉菜单中可以选择激活 Design 视图，如图 1-13 所示。大部分 HTML 元素和基本层叠样式单（CSS）格式将在 Design 视图中正常显示，但是 CSS3 属性、动态内容、交互性（如链接行为、视频、音频和 jQuery 窗口小部件），以及一些表达元素例外。在 Dreamweaver 的前几个版本中，您的大部分时间会花在 Design 视图中，现在情况不再是这样了。

图1-13

1.5.3 Live 视图

Live（实时）视图是 Dreamweaver 的默认工作区。在这个视图中，您可以在和浏览器类似的环境中以可视化方式创建和编辑网页及 Web 内容，加速开发现代网站的进程。该视图也支持大部分动态效果和交互性的预览。

要使用 Live 视图，可以从 Document 工具栏中的 Design/Live 视图下拉菜单中选择，如图 1-14 所示。激活 Live 视图时，大部分 HTML 内容将和在实际浏览器中的作用相同，您可以预览和测试大部分动态应用程序及行为。

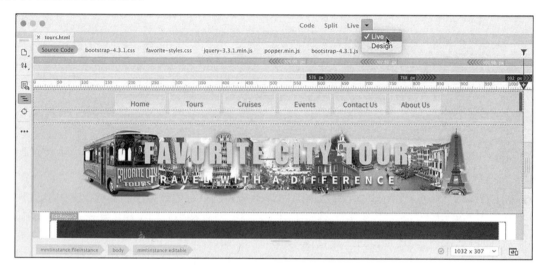

图1-14

在旧版 Dreamweaver 中，Live 视图中的内容是无法被编辑的。现在这种情况已经有了变化。您可以在同一个窗口中编辑文本、删除元素、创建类和 ID 甚至样式元素。这就如同在 Dreamweaver 中实时编辑一个网页。

Live 视图与 CSS Designer 面板紧密相关，您可以创建和编辑高级 CSS 样式，构建完全响应式的网页，而无须切换视图，或者浪费时间在浏览器中预览页面。

1.5.4 Split 视图

 注意：Split（拆分）视图可将 Code 视图与 Design 或者 Live 视图搭配。

Split 视图提供了一个复合工作空间，可让您同时访问 Design 和 Code 视图。在任意窗口中进行的更改将在另一个视图实时更新。

要访问 Split 视图，请单击 Document 工具栏中的 Split 按钮，如图 1-15 所示，Dreamweaver 将分割工作区。使用 Split 视图时，可以将 Live 视图或者 Design 视图与 Code 视图一同显示。

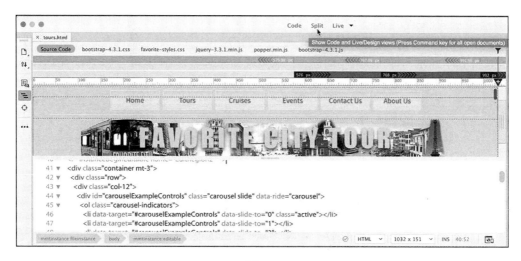

图1-15

当窗口拆分显示时，Dreamweaver 还可以选择两个窗口的显示方式。您可以选择 View（查看）>Split>Split Vertically（垂直拆分），垂直分割屏幕，如图 1-16 所示。您还可以将代码窗口放在顶部、底部、左侧或右侧。您可以在 View 菜单中找到所有这些选项。本书中大多数 Split 视图的屏幕截图将 Design 或 Live 视图显示在顶部或右侧。

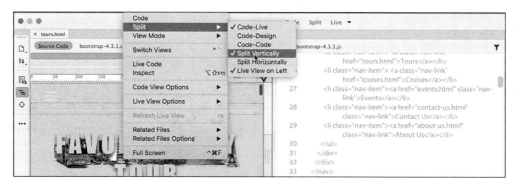

图1-16

1.5.5　Live Code

Live Code（实时代码）是一种 HTML 代码故障排除显示模式，只要激活 Live 视图即可出现。要访问 Live Code，请激活 Live 视图，然后单击文档窗口左侧 Common 工具栏中的 Live Code 按钮。在激活时，Live Code 将显示 HTML 代码，帮助您了解访问者与页面各个部分交互时代码的变化。

> **注意**：Live Code 按钮可能不会默认出现在 Common 工具栏里，您可能需要用 Customize Toolbar（自定义工具栏）按钮激活它。

您可以在 Live 视图中按住 Ctrl/Cmd 键并单击轮播图像的 3 个指示器中的任意一个，看一看这种交互。在 Code 视图中，窗口焦点在提供那些控制的 <ol> 元素中。您将看到其中一个控件类为 active，如图 1-17 所示，每当单击不同标志，该类就交互地添加到代码中。如果没有 Live Code 模式，您就无法看到这种交互和行为，查找 CSS 错误就更难。

图1-17

注意，Live Code 激活时，您无法编辑 HTML 代码，但是仍然可以修改外部文件，如链接的样式单。再次单击 Live Code 按钮关闭该模式，就可以禁用 Live Code。

1.5.6 检查模式

检查模式是一种 CSS 故障查错显示模式，在 Live 视图激活时就可以使用。它与 CSS Designer 面板集成，您可以将鼠标指针放在网页中的元素上，迅速确定应用到内容的 CSS 样式。单击一个元素可以将焦点固定在该项目上。

Live 视图窗口会高亮显示目标元素，显示该元素应用或者继承的相关 CSS 规则。您可以在打开 HTML 文件时单击 Live 按钮，然后单击 Common 工具栏中的 Inspect 按钮，访问检查模式，如图 1-18 所示。

图1-18

1.6 选择工作区布局

自定义软件环境的一种快捷方式是直接使用 Dreamweaver 中预建的工作区。Adobe 的专家们已经对这些工作区进行了优化，您所需的工具唾手可得。

Dreamweaver（2020 版）包括两种预建的工作区：Standard（标准）和 Developer（开发人员）。要访问这些工作区，您可以从位于程序窗口右上角的 Workspace 菜单中选择它们。

1.6.1 Standard 工作区

Standard 工作区将可用的屏幕空间集中在 Design 和 Live 视图上，是本书中屏幕截图的默认工作区，如图 1-19 所示。

图1-19

1.6.2 Developer 工作区

Developer 工作区提供了以代码为中心的工具和面板布局，对编码人员和程序员而言非常理想。这种工作区的焦点是 Code 视图，如图 1-20 所示。

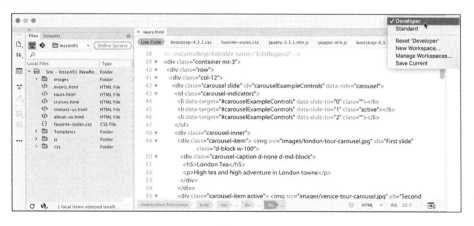

图1-20

1.7 使用面板

尽管可以从菜单访问大部分命令,但 Dreamweaver 的大部分功能分散在用户可选择的面板和工具栏中。您可以在屏幕各处随意显示、隐藏、安排和停靠面板,甚至可以将它们移到第二个或者第三个显示器上,如图 1-21 所示。

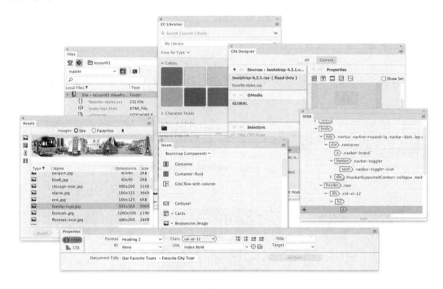

图1-21

Window 菜单中列出了程序中可用的所有面板。如果您没有在屏幕上看到想要的面板,可以从 Window 菜单中选择。菜单中面板名称旁边的对号表示该面板打开并可见。有时候,一个面板出现在屏幕上的另一个面板之后,难以定位。在这种情况下,只需从 Window 菜单中选择所需的面板,该面板就会出现在相互重叠的一组面板的顶部。

1.7.1 最小化面板

为了给其他面板留出空间,或者访问工作区被遮盖的区域,您可以在适当的地方最小化或者展开单独的面板。双击包含面板名称的选项卡可以最小化单独的面板,单击选项卡则可展开面板,如图 1-22 所示。

图1-22

可以通过双击选项卡最小化堆栈中的一个面板，如图 1-23 所示。

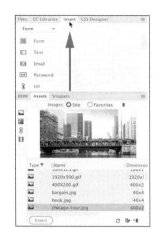 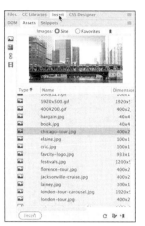 

图1-23

为了恢复更多的屏幕空间，您可以通过双击标题栏，将面板组或者堆叠的面板最小化为图标。您也可以通过单击面板标题栏上的双箭头图标最小化面板，如图 1-24 所示。当面板最小化为图标时，您可以单击其图标访问单独面板。在空间允许的情况下，单击图标显示的面板将出现在图标的左侧或者右侧。

 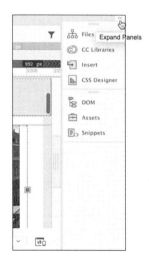

图1-24

1.7.2 关闭面板和面板组

每个面板或者面板组都可以在任何时候关闭。您可以用多种方式关闭面板或面板组，具体方法往往取决于面板是停靠、浮动还是与另一个面板组合。

要关闭停靠的面板组中的单个面板，可以用鼠标右键单击面板选项卡，从快捷菜单中选择

Close。要关闭整个面板组，可以用鼠标右键单击组中的任何选项卡，选择 Close Tab Group（关闭标签组），如图 1-25 所示。

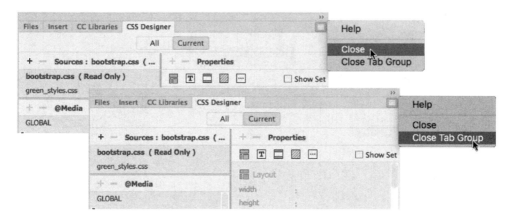

图1-25

如果要关闭浮动面板或者面板组，可以单击面板或者面板组选项卡栏左上角的 Close 按钮。要重新打开面板，可从 Window 菜单中选择面板。重新打开的面板有时候在界面中浮动显示。您可以就这样使用，或者将它们附着（停靠）在界面侧面、顶部或者底部。稍后您将学习如何停靠面板。

1.7.3 拖动

您可以将面板选项卡拖动到组内的预想位置，重新排列面板，如图 1-26 所示。

图1-26

1.7.4 浮动

与其他面板组合的面板可以单独浮动。要让一个面板浮动显示，可以从组中拖动其选项卡到您想要的位置，如图 1-27 所示。

图1-27

要在工作区中重新放置面板、面板组和堆叠面板，只需拖动面板组的选项卡栏。当面板组停靠时，可以从其选项卡栏将其拖出，如图1-28所示。

图1-28

1.7.5 组合、堆叠和停靠

您可以将一个面板拖到另一个面板中，创建自定义面板组。当您将面板移动到正确位置时，Dreamweaver会高亮显示该区域（称为"拖放区"）。放开鼠标左键即可创建新面板组，如图1-29所示。

图1-29

在某些情况下，您可能希望让两个面板同时可见。这时将想要的选项卡拖到另一个选项卡顶部或者底部，就可以堆叠面板。当您看到一个拖放区出现时，放开鼠标左键即可，如图1-30所示。

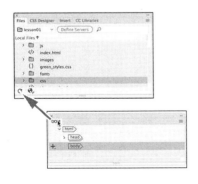

图1-30

浮动的面板可以停靠到 Dreamweaver 工作区的右侧、左侧或者底部。要停靠面板、面板组，可以将其选项卡栏拖到想要停靠的窗口边缘。当您看到拖放区出现时，放开鼠标按钮左键即可，如图 1-31 所示。

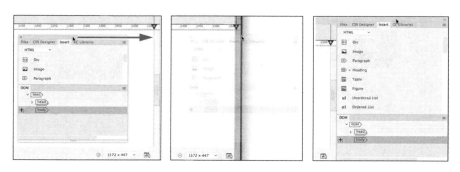

图1-31

1.8 个性化 Dreamweaver

随着 Dreamweaver 的持续使用，您将为自己的每项活动设计出最优的面板工作区和工具栏。您可以将这些配置保存在自己命名的自定义工作区中。

保存自定义工作区

要保存一个自定义工作区，创建您预想的面板配置，可从 Workspace 菜单中选择 New Workspace（新建工作区），然后为工作区取一个自定义名称，如图 1-32 所示。

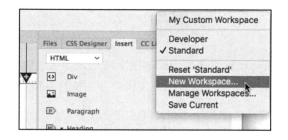 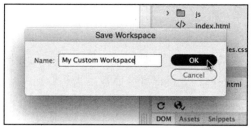

图1-32

1.9 使用工具栏

Dreamweaver 的一些功能非常方便，您可能希望它们以工具栏的形式保持在界面中。文档窗口的顶部水平方向显示两个工具栏——Document 和 Standard 工具栏。而 Common 工具栏则以垂直方向显示在屏幕左侧。您可以从 Window 菜单中选择需要显示的工具栏。

1.9.1 Document 工具栏

Document 工具栏出现在程序界面的顶部，提供切换 Live、Design、Code 和 Split 视图的命令。这个工具栏默认打开，如果您的界面上没有，您可以选择 Window> Toolbars（工具栏）>Document 启用这个工具栏。

1.9.2 Standard 工具栏

Standard 工具栏出现在 Related Files 界面和文档窗口之间，为各种文档和编辑任务提供方便的命令，例如创建、保存或者打开文档，复制、剪切和粘贴内容等。这个工具栏不是默认打开的，您可以在打开文档时选择 Window> Toolbars> Standard 启用这个工具栏，如图 1-33 所示。

图1-33

1.9.3 Common 工具栏

Common 工具栏出现在程序窗口左侧，提供处理代码和 HTML 元素的各种命令。这个工具栏在 Live 和 Design 视图中默认显示 6 个工具。但是将鼠标指针放在代码窗口中，就可以看到另外几个工具。

Common 工具栏在旧版 Dreamweaver 中名为"编码"工具栏，现在则可以由用户自定义。您可以通过单击 Customize Toolbar（自定义工具栏）按钮添加和删除工具，如图 1-34 所示。注意，有些工具只在使用 Code 视图时才显示和激活。

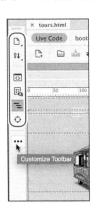 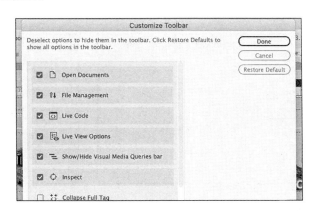

图1-34

1.10 创建自定义快捷键

创建自定义快捷键以及更改现有快捷键的功能是 Dreamweaver 的又一个强大特性。快捷键的加载和保存独立于工作区。

有没有一个命令是您觉得不可或缺但没有快捷键，或者有快捷键但用起来不方便的？那就创建自己的快捷键吧。

1. 在 Windows 中选择 Edit > Keyboard Shortcuts（快捷键）或者在 macOS 中选择 Dreamweaver > Keyboard Shortcuts。

您不能修改默认快捷键，必须创建自己的一系列快捷键。

> **Dw 注意**：默认快捷键被锁定，无法编辑，但您可以复制该集合，保存为新名称，并修改这个自定义集合中的任何快捷键。

2. 单击 Duplicate set（复制副本）按钮，如图 1-35 所示。
3. 在 Name of duplicate set（复制副本名称）字段中输入一个名称，单击 OK 按钮，如图 1-36 所示。

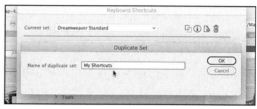

图1-35　　　　　　　　　　　　　　图1-36

4. 从 Commands（命令）下拉列表框中选择 Menu Commands（菜单命令）。
5. 选择 File > Save All（保存全部），如图 1-37 所示。

图1-37

注意，Save All 命令没有现成快捷键，但是您在 Dreamweaver 中将频繁使用该命令。

6. 将光标插入 Press key（按键）字段中，输入 Ctrl+Alt+S（Windows）/Cmd+Opt+S（macOS）组合键，如图 1-38 所示。

注意界面显示的表示您所选择的快捷键已经分配给某个命令的错误信息。虽然我们可以重新分配快捷键，但建议还是选择与之不同的快捷键。

7. 输入 Ctrl+Alt +S（Windows）/Ctrl+Cmd+S（macOS）组合键。

这个快捷键当前没有被使用，我们将其分配给 Save All 命令。

8. 单击 Change（更改）按钮，如图 1-39 所示。

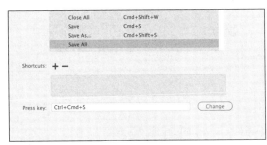

图1-38　　　　　　　　　　　　　　　　图1-39

现在，新的快捷键已经分配给 Save All 命令。

9. 单击 OK 按钮保存更改。

您创建了自己的快捷键——可用于将来的课程。每当课程中有"保存全部文件"的命令，就可以使用这个快捷键。

1.11　使用 Properties 检查器

对您的工作流和本书中的许多练习来说，Properties（属性）检查器是至关重要的一个工具。在预定义 Dreamweaver 工作区中，Properties 检查器不再是默认组件。如果在您的软件界面中看不到它，可以选择 Window > Properties，然后按照之前的描述将其停靠在文档窗口的底部。Properties 检查器是上下文驱动的，自动适应您选择的元素类型。

1.11.1　使用 HTML 选项卡

将光标插入页面上的任何文本内容中，Properties 检查器将提供快速分配一些基本的 HTML 代码和格式化效果的手段。当单击 HTML 按钮时，可以应用标题、段落标签、粗体、斜体、项目列表、编号列表、缩进和其他格式化效果及属性。

Document Title（文档标题）字段也可以在所有视图的 Properties 检查器中使用。在此字段中输入所需的文档标题，Dreamweaver 会自动将其添加到文档 <head> 部分。如果您没有看到完整的 Properties 检查器，如图 1-40 所示，单击面板右下角的三角形图标，可以将其展开显示。

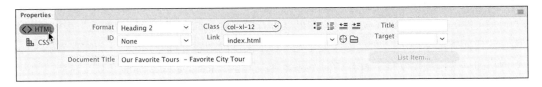

图1-40

1.11.2 使用 CSS 选项卡

单击 CSS 按钮后,可以指定或者编辑 CSS 格式,如图 1-41 所示。

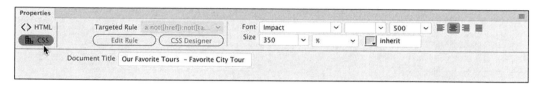

图1-41

1.11.3 访问图像属性

在网页中选择一个图像,访问 Properties 检查器中基于图像的属性和格式化控制,如图 1-42 所示。

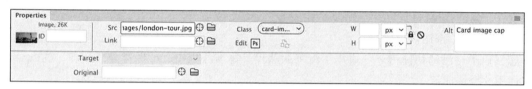

图1-42

1.11.4 访问表格属性

要访问表格属性,可以在表格中插入光标并单击文档窗口底部的 Table 标签选择器。一旦表格上出现 Element Display(元素显示),单击 Format Table 按钮,Properties 检查器将显示表格规格,如图 1-43 所示。

图1-43

1.12 使用 Related Files 界面

网页通常使用多个外部文件构建,这些文件用于提供样式和编程协助。在文档窗口顶部的 Related Files(相关文件)界面中显示了文件名,您可以查看链接到当前文档或者当前文档引用的所有文件。此界面显示任何外部文件的名称,并将实际显示每个文件的内容(如果可用),而您只需要选择所显示的文件名即可选中相关文件。打开任何 Web 类型文件时,Related Files 界面会默认显示。如果您没有看到它,可以选择 View> Related Files Options(相关文件选项)> Display External Files(显示外部文件)。Related Files 界面将列出所有链接到文档的外部文件,如图 1-44 所示。

图1-44

单击文件名称可以查看引用文件的内容。拆分文档窗口，在Code视图里会显示所选文件内容。如果文件保存在本地，您甚至可以编辑选择的文件的内容，如图1-45所示。

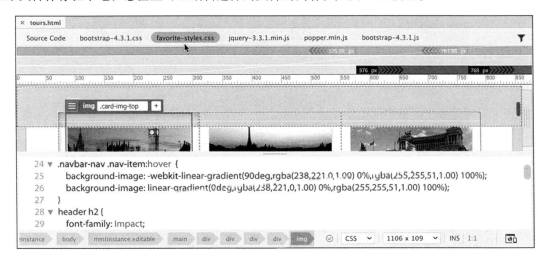

图1-45

单击界面中的Source Code（源代码）按钮，可以查看包含在主文档里的HTML代码，如图1-46所示。

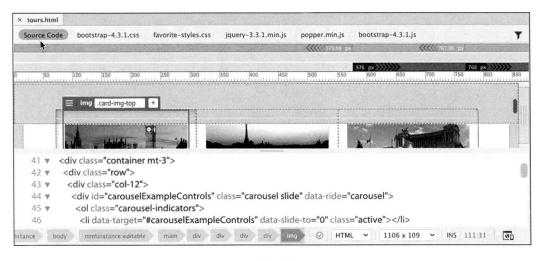

图1-46

1.13 使用标签选择器

Dreamweaver的重要特性之一是出现在文档窗口底部的标签选择器界面。这个界面显示与光标插入点或者选择内容相关的任何 HTML 文件中的标签及元素结构。标签以层次结构显示，即从左侧的文档根目录开始，根据页面结构和所选元素，按照顺序列出每个标签或者元素，如图 1-47 所示。

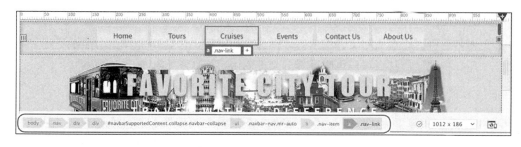

图1-47

您还可以在标签选择器中简单地单击一个标签，选择显示的任何元素。选择一个标签时，包含在该标签内的所有内容和子元素也被选中，如图 1-48 所示。

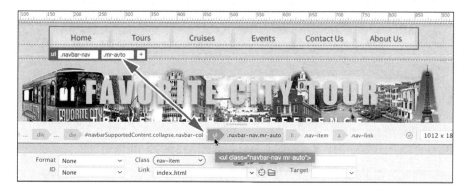

图1-48

标签选择器界面与 CSS Designer 面板联系紧密，如图 1-49 所示。您可以使用标签选择器设置内容样式，或者剪切、复制、粘贴和删除元素。

图1-49

1.14 使用 CSS Designer 面板

CSS Designer 面板是用于可视化创建、编辑和诊断 CSS 样式的强大工具。这个面板根据可用工作区的大小，以单列或者两列布局显示。简单地拖动文档窗口到左边或者右边，直到面板显示想要的列数，如图 1-50 所示。

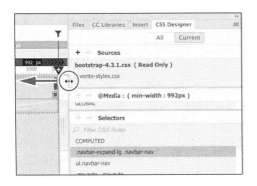 

图1-50

CSS Designer 面板可以将一条规则中的 CSS 样式复制和粘贴到另一条规则。您还可以通过上下箭头键，分别增大或者减小选择器的特异性。从一条规则复制样式并将其粘贴到另一条规则中（左），用箭头键改变选择器特异性（右），如图 1-51 所示。

图1-51

CSS Designer 面板由 4 个窗格组成：Sources（源）、@Media（@媒体）、Selectors（选择器）和 Properties（属性）。

1.14.1 Sources 窗格

Sources 窗格可以创建、附加、定义和删除内部嵌入及外部链接的样式表，如图 1-52 所示。

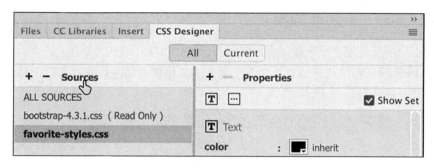

图1-52

1.14.2 @Media 窗格

@Media 窗格用于定义媒体查询,支持各种类型的媒体和设备,如图 1-53 所示。

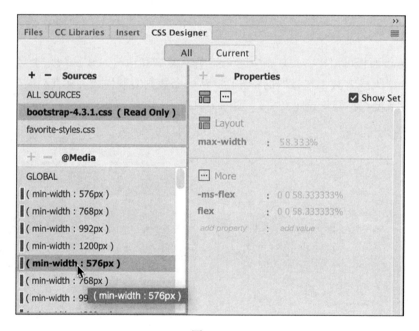

图1-53

1.14.3 Selectors 窗格

Selectors 窗格用于创建和编辑格式化页面组件及内容的 CSS 规则。创建一个选择器(或者规则)之后,就定义了您希望在 Properties 窗格中应用的格式。

除创建和编辑 CSS 样式之外,CSS Designer 面板还可用于确定已经定义和应用的样式,查找这些样式的问题或者冲突,如图 1-54 所示。

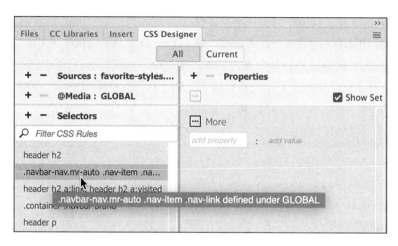

图1-54

1.14.4 Properties 窗格

Properties 窗格有两个基本模式。默认情况下，Properties 窗格显示一个包含所有可用 CSS 属性的列表，组织为 5 个类别：布局（▦）、文本（T）、边框（▢）、背景（▨）和更多（⋯）。您可以在列表中上下滚动，按照需要应用样式，或者单击按钮跳到 Properties 面板的对应类别。

注意：选中 Show Set（显示集）复选框，将只看到一条规则中使用的 CSS 属性，如图 1-55 所示。

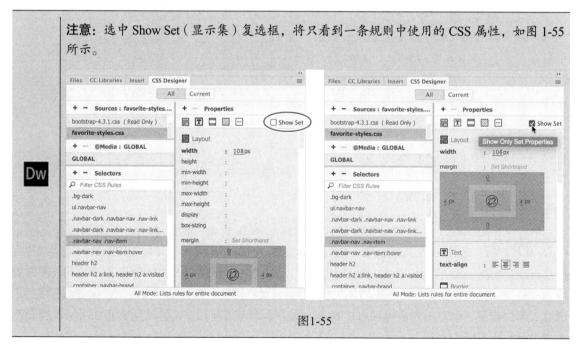

图1-55

第二个模式可以通过选中窗格右上角的 Show Set 复选框访问。在这个模式中，Properties 窗格将过滤列表，只显示适用于 Selectors 窗格中选择的规则的属性。在任何一种模式中，您都可以添加、编辑或者删除样式表、媒体查询、规则及属性。

Properties 窗格中还有一个 Computed 选项，显示 CSS Designer 面板中的 Current（当前）按钮被选中时，应用到所选元素的样式聚合列表，如图 1-56 所示。每当您在页面上选择一个元素或者组件时，Computed 选项就将出现。当您创建任何类型的样式时，Dreamweaver 创建的代码都将符合行业标准及最佳实践。

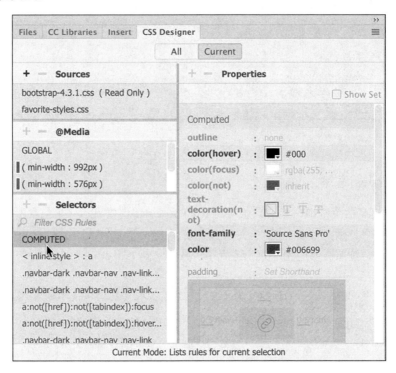

图1-56

1.14.5　All 和 Current 模式

CSS Designer 面板顶部有两个按钮：All（全部）和 Current。这两个按钮启用面板内的特定功能和工作流。

单击 All 按钮时，您可以用面板创建和编辑 CSS 样式表、媒体查询、规则和属性。单击 Current 按钮时，启用 CSS 查错功能，您可以检查网页中的单独元素，评估应用到所选元素的现有样式属性，如图 1-57 所示。不过，在这个模式中，您将会注意到 CSS Designer 面板中的一些常规功能被禁用。例如，在 Current 模式中，您可以编辑现有属性、添加新样式表、媒体查询和适用于所选元素的规则，但是不能删除现有样式表、媒体查询或者规则。这种交互方式在所有文档视图模式中都保持不变。

除使用 CSS Designer 面板之外，您还可以在 Code 视图中手动创建和编辑 CSS 样式，同时可以利用许多措施提升效率，如代码提示和自动完成等。

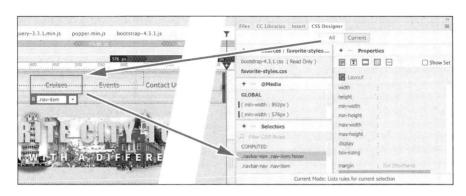

图1-57

1.15 使用 VMQ 界面

VMQ（可视化媒体查询）界面是 Dreamweaver 的另一个新特性，它出现在文档窗口的上方。VMQ 界面允许您直观地检查现有媒体查询并与之交互，通过简单地单击界面即可即时创建新的查询。

打开由具有一个或多个媒体查询的样式表格式化的任何网页，如 **tours.html**。在必要的时候，可以单击 Common 工具栏上的 VMQ 按钮启用 VMQ 界面。VMQ 界面将显示在文档窗口上方，并以颜色条形栏的形式显示特定的已定义媒体查询类型。仅使用最大宽度规格的媒体查询将以绿色显示（见图1-58），仅使用最小宽度规格的媒体查询将以紫色显示（见图1-59），两者均使用的对象将以蓝色显示（见图1-60）。

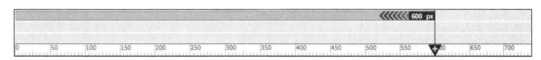

图1-58

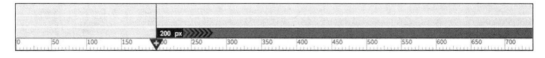

图1-59

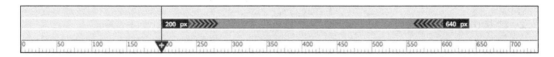

图1-60

1.16 使用 DOM 面板

您可以用 DOM（文档对象模型）面板查看文档对象模型，快速检查网页结构，并与之交互以选择、编辑和移动现有元素，插入新元素（见图 1-61）。您将会发现，这简化了复杂的 HTML 结构的处理。

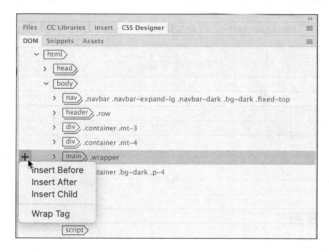

图 1-61

1.17 使用元素对话框、显示和检查器

Dreamweaver 提供 Live 视图和默认工作区，推动了编辑和管理 HTML 元素新方法的开发。您将会发现一些新的对话框、显示和检查器，它们提供了对重要元素属性和规格直接访问的方式。除 Text Display（文本显示）之外，这些新界面都允许为选择的元素添加类或者 ID 属性，甚至将对那些属性的引用插入您的 CSS 样式表及媒体查询中。

1.17.1 Position Assist 对话框

每当使用 Insert 菜单或者 Insert 面板将新元素插入 Live 视图时，Position Assist（定位辅助）对话框就会出现。通常，Position Assist 对话框提供 Before（之前）、After（之后）、Wrap（换行）和 Nest（嵌套）选项，如图 1-62 所示。根据选择元素的类型和鼠标指针指向的项目，其中一个或者多个选项将变成灰色（不可用）。

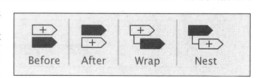

图 1-62

1.17.2 Element Display

每当您在 Live 视图中选中一个元素，Element Display 就会出现。在 Live 视图中选择一个元素时，可以按上下箭头键更改选择焦点；Element Display 将按照元素在 HTML 结构中的位置，依次高亮显示每个元素。

Element Display 上有一个 Quick Property（快速属性）检查器，您可以用它快速访问格式、链接和对齐等属性。Element Display 还允许您为所选元素添加一个类或 ID，或者编辑类或 ID，如图 1-63 所示。

图1-63

1.17.3 Image Display

Image Display（图像显示）提供一个 Quick Property 检查器，您可以从这个检查器上访问图像来源、替代文本和查看 Width、height 属性。检查器中还包含一个 link 字段，您可以用它添加一个超链接，如图 1-64 所示。

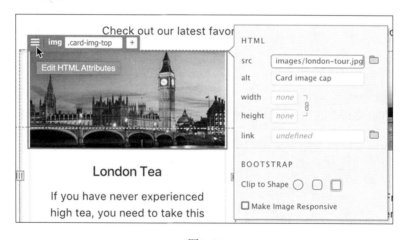

图1-64

1.17.4 Text Display

每当您在 Live 视图中选中一部分文本，Text Display（文本显示）就会出现。Text Display 允许您将代表粗体的 `<strong>`、斜体的 `<em>` 和超链接的 `<a>` 标记应用到选择的文本，如图 1-65 所示。双击文本打开编辑框，当您选中一些文本时，Text Display 就会出现。完成文本编辑时，单击输入框之外的地方完成更改。按 Esc 键可以撤销更改，使文本返回之前的状态。

图1-65

1.18 在 Dreamweaver 中设置版本控制

Dreamweaver（2020 版）支持 Git，Git 是一种流行的开放源码版本控制系统，用于管理网站源代码。当您的项目中有多人协同工作时，这类系统对避免冲突和减少工作成果丢失很有价值。

在 Dreamweaver 开始使用 Git 之前，您必须创建一个 Git 账户和一个存储库。

设置好存储库后，您必须将它与 Dreamweaver 中的站点连接。首先，在 Site Setup（站点设置）对话框中设置与 Git 存储库关联的选项，如图 1-66 所示。

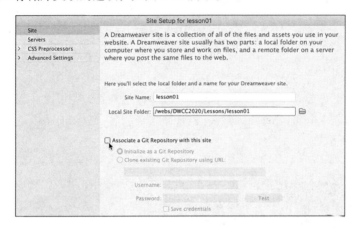

图1-66

然后，单击 Files 面板上的 Show Git View（显示 Git 视图）按钮，切换到 Git 面板，如图 1-67 所示。

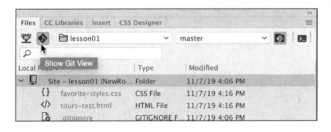

图1-67

如果您还没有配置 Git 存储库，Dreamweaver 将提示您设置 Git 凭证和存储库位置，如图 1-68 所示。

图1-68

单击 Test（测试）按钮测试凭证，如图 1-69 所示。

图1-69

激活后，Git 面板将显示您的网站内容，您可以根据需要推送和拉取更改，如图 1-70 所示。

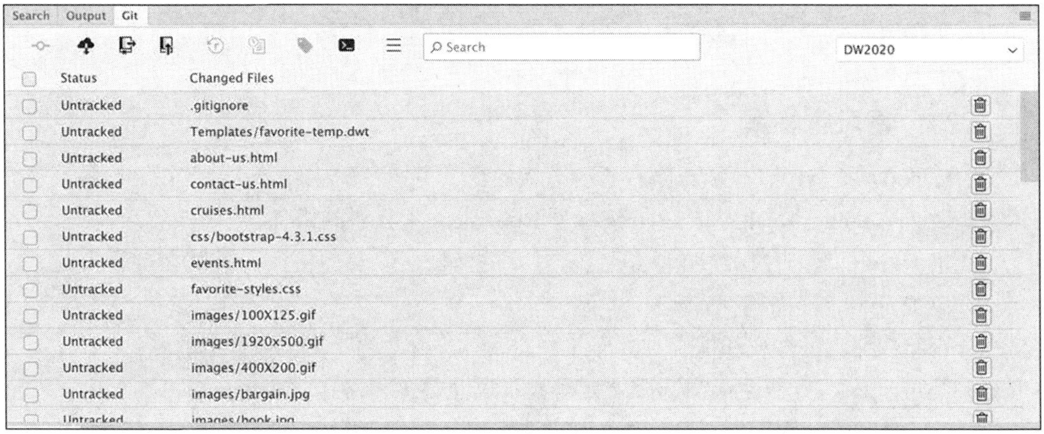

图1-70

1.19 探索、试验和学习

Dreamweaver 界面是团队经过多年精心制作的，目标是让用户能快速制作和进行网页设计与开发。这是不断进步的设计，它总在变化和发展。如果您认为您已经了解了这个软件，可能言之过早。安装最新版本并尝试使用。您可以自由地探索和试验各个菜单、面板和选项，创建理想的工作区和快捷键，为自己的工作创造最高效的环境。您将会发现这个程序有强大的适应能力，具有完成很多任务的能力。好好享受吧。

1.20 复习题

1. 可以从哪里访问显示或者隐藏任何面板的命令？
2. 可以从哪里找到 Code、Split、Design 和 Live 按钮？
3. 工作区里可以保存什么？
4. 工作区是否也能加载快捷键？
5. 当您在网页的不同元素中插入光标时，Properties 检查器里会发生什么？
6. CSS Designer 面板中的哪些功能便于从现有规则中构建新规则？
7. 您可以用 DOM 面板做什么？
8. Element Display 出现在 Design 还是 Code 视图中？
9. Git 是什么？

1.21 复习题答案

1. Window 菜单中有显示或隐藏所有面板的命令。
2. Code、Split、Design 和 Live 按钮是 Document 工具栏的组件。
3. 工作区可以保存文档窗口的配置、打开的面板，以及面板大小及其在屏幕上的位置。
4. 否。快捷键的加载和保存独立于工作区。
5. Properties 检查器会根据选择的元素显示属性信息和格式化命令。
6. CSS Designer 面板可以从一个规则复制样式并将其粘贴到另一个规则。
7. DOM 面板使您能够以可视化方式检查 DOM、选择和插入新元素、编辑现有元素。
8. 都不是。Element Display 只可见于 Live 视图。
9. Git 是一个开放源码版本控制系统，用于管理网站源代码。

第2课　HTML基础知识

课程概述

在本课中,您将熟悉HTML,并将学习如下知识。

- HTML概念及来源。
- 常用的HTML元素。
- 如何插入特定字符。
- 语义Web设计的概念及重要性。
- HTML 5中的新特性和功能。

完成本课大约需要45分钟的时间。

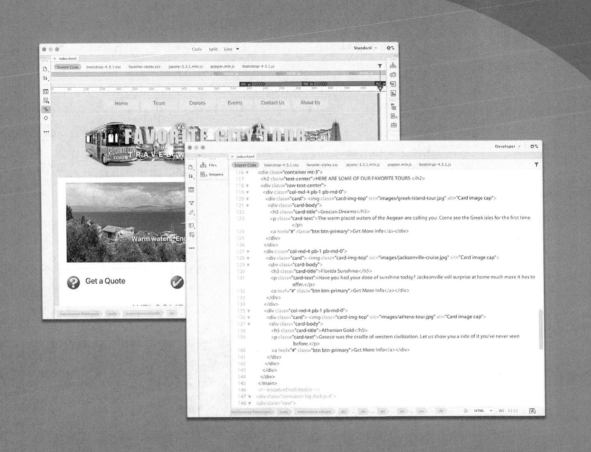

　　HTML 是 Web 的支柱，也是 Web 页面的骨架，就像人身体里的骨骼一样。它是 Internet 的结构组织和实质内容，但除了 Web 设计师之外，其他人通常看不到它。如果没有它，Web 将不会存在。Dreamweaver 具有许多特性，可以帮助您快速和有效地访问、创建和编辑 HTML 代码。

2.1 什么是 HTML

"其他软件可以打开 Dreamweaver 文件吗？"在 Dreamweaver 课堂上，一个学生问到这个问题。这个问题的答案对于经验丰富的开发人员来说可能是显而易见的，但它阐述了讲授和学习 Web 设计时的一个基本问题。大多数人会把*软件*与*技术*混为一谈，他们认为扩展名 .htm 或 .html 属于 Dreamweaver 或 Adobe。这并不是罕见的现象。以前设计师习惯于处理以 .ai、.psd、.indd 等为扩展名的文件，随着时间的推移，他们认识到在不同的软件中打开这些格式的文件可能会产生无法接受的结果，甚至破坏文件。

另一方面，Web 设计师的目标是创建用于在浏览器中显示的 Web 页面。原始软件的能力和功能几乎不会对得到的浏览器显示效果产生任何影响，因为显示效果完全与 HTML 代码和浏览器解释它的方式相关。不管软件编写的代码是好是坏，浏览器会完成所有工作。

Web 基于 HTML（Hypertext Markup Language，超文本标记语言）。该语言和文件格式不属于任何单独的软件或公司。事实上，它是一种*非专属*的纯文本语言，可以在任何计算机上由任何操作系统的任何文本编辑器编辑。从某种程度上说，Dreamweaver 是一种 HTML 编辑器，但它远远超越了这一点。为了最大化 Dreamweaver 的潜力，您首先需要很好地理解 HTML 是什么、它可以做什么，以及它不可以做什么。本课的意图是简要介绍 HTML 的基础知识及其能力，以此作为理解 Dreamweaver 的基础。

2.2 HTML 来源于何处

HTML 和第一个浏览器是由瑞士日内瓦 CERN［Conseil Européen pour la Recherche Nucléaire, European Council for Nuclear Research（欧洲核物理研究委员会）的法语形式］粒子物理实验室的科学家蒂姆·伯纳斯·李（Tim Berners-Lee）于 20 世纪 90 年代早期发明的。他原本打算使用该技术，通过当时刚刚问世的互联网共享技术论文和信息。他公开他的 HTML 和浏览器发明，尝试使整个科学界及其他人采用它们并参与 HTML 的开发。他没有申请版权保护或者尝试出售他的发明创造，这一事实成了 Web 开放性和友好关系趋势的开端，这一趋势今天仍在延续。在 HTML 出现之前，互联网更像 MS DOS 或者 macOS 的"终端"程序，没有格式、没有图形、没有用户可定义颜色，如图 2-1 所示。

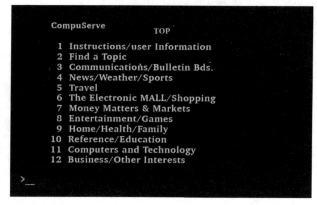

图2-1

伯纳斯·李创建的语言比我们现在使用的语言构造要简单得多，但是现在的 HTML 仍然极其容易学习和掌握。在本书编写的时候，HTML 的最新版本为 5.2，该版本于 2017 年 12 月正式被采用。HTML 由超过 120 个标签（Tag）组成，例如 `html`、`head`、`body`、`h1` 和 `p` 等。

标签插入小于号（<）和大于号（>）之间，如 <p>、<h1> 和 <table>。这些标签用于标记（Markup）文本和图形，通知浏览器以特定方式显示它们。当标记同时具有开始标签（<...>）和结束（封闭）标签（</...>）时，就认为 HTML 代码正确地平衡（balanced）了，例如 <h1>...</h1>。

当两个匹配的标签以这种方式出现时，它们被称为元素（element），元素包括两个标签中包含的任何内容。空（Void）元素（如水平线）只能使用一个标签以缩写的方式编写，如 <hr/>，它实质上同时是开始和结束标签。在 HTML 5 中，空元素也可以有效地表达，而不需要结束斜杠，如 <hr>。有些 Web 应用程序需要结束斜杠，所以在用一种形式代替另一种之前最好检查一下。

有些元素用于创建页面结构，另一些用于结构和格式化文本，还有一些则实现交互和可编程性。尽管 Dreamweaver 排除了手动编写大部分代码的需求，但对于任何成长中的 Web 设计人员来说，读取和解释 HTML 代码的能力仍然是必需的。这有时是在网页中查找错误的唯一方法。随着通过移动设备和基于互联网资源创建和传播的信息和内容越来越多，理解和读取代码的能力也可能成为从事其他领域的一项重要技能。

2.3 基本 HTML 代码结构

从图 2-2 中可以看到网页的基本结构。

图2-2

您可能会感到奇怪，这段代码只会在 Web 浏览器中显示文本"Welcome to my first webpage"，代码的余下部分用于创建页面结构和文本格式化效果。像冰山一样，制作网页的代码大部分内容是不可见的。

2.4 常用 HTML 元素

HTML 代码元素用于特定目的。标签可以创建不同的对象、应用格式、识别逻辑内容或生成交互性。在屏幕上拥有独立空间的标签被称为块元素；在另一个标签的流程中完成其任务的元素称为内联元素。有些元素也可用于在页面中创建结构关系，例如垂直列中的堆叠内容，或者在逻辑分组中收集多个元素。结构元素可以像块或内联元素一样，或者在完全不可见的情况下进行工作。

2.4.1 HTML 标签

表 2-1 展示了一些常用的 HTML 标签。要最大限度地利用 Dreamweaver 和您的网页，理解这些元素的特性及其使用方法是很有用的。记住，有些标签可能有多种用途。

表2-1 常用HTML标签

标签	描述
`<!--...-->`	注释。指定HTML注释，允许在HTML代码内添加注释（在标签中以…表示），当用浏览器查看页面时，将不会显示它们
`<a>`	锚。超链接的基本构件
`<blockquote>`	引文。创建一个独立缩进段落，指定从另一个来源引用的内容
`<body>`	文档主体。指定文档主体，包含网页内容的可见部分
` `	换行。插入一个换行符，不创建新段落
`<div>`	页面划分。用于将网页内容划分成可辨识的部分
`<em>`	强调。增加语义强调，在大多数浏览器和阅读器中默认显示为斜体
`<form>`	表单。指定一个HTML表单，用于搜集用户数据
`<h1>~<h6>`	标题。创建标题，默认格式为粗体
`<head>`	头部。指定文档头部，包含执行后台功能的代码，例如元标签、脚本、样式、链接和其他不明显可见于网站访问者的信息
`<hr>`	水平标线。生成一条水平线的空元素
`<html>`	大多数Web页面的根元素。包含整个Web页面，只不过在某些情况下必须在`<html>`开始标签之前加载基于服务器的代码
`<iframe>`	内联框架。可以包含另一个文档或从另一个网站加载的内容的结构元素
`<img>`	图像。提供来源引用，以显示图像
`<input>`	输入。表单输入元素，如文本框
`<li>`	列表项目。HTML列表的单独内容项
`<link>`	链接。指定文档和外部资源间的关系
`<meta>`	元数据。为搜索引擎或者其他应用提供的附加信息
`<ol>`	有序（编号）列表。定义一个编号列表，列表项以字母数字（1、2、3或A、B、C）或者罗马数字（i、ii、iii或I、II、III）序列形式显示
`<p>`	段落。指定一个单独的段落
`<script>`	脚本。包含脚本元素或者指向内部/外部脚本
`<span>`	指定元素中的一个区域。提供对元素的一部分应用特殊格式或强调的方式
`<strong>`	强调。增加语义强调，在大多数浏览器和阅读器中默认显示为粗体
`<style>`	样式。包含CSS样式的嵌入、内联元素或属性
`<table>`	表格。指定HTML表格
`<td>`	表格数据。指定一个表格单元

续表

标签	描述
`<textarea>`	文本区域。为表单指定一个多行文本输入元素
`<th>`	表格标题。指定一个单元包含标题
`<title>`	标题。包含当前页面的元数据标题引用
`<tr>`	表格行。描述不同数据行的结构化元素
`<ul>`	无序（项目）列表。定义一个项目列表，默认显示的列表项前有项目符号

2.4.2 HTML 字符实体

文本内容通常通过键盘输入。但是，许多字符不会出现在典型的101键盘输入设备上。如果不能直接从键盘输入符号，可以通过输入名称或称为实体的数值将其插入 HTML 代码中。可显示的每个字母和字符的实体都存在对应的实体。表 2-2 列出了一些 HTML 字符实体。

注意：有些实体可以用名称或者数字创建，如版权符号，但是命名实体可能无法在所有浏览器或者应用中正常工作。所以应该坚持使用编号实体，或者在使用之前测试特定的命名实体。

表2-2 HTML字符实体

字符	描述	名称	编号
©	版权符号	`&copy;`	`&#169;`
®	注册商标	`&reg;`	`&#174;`
™	商标		`&#153;`
•	项目符号		`&#149;`
–	短划线		`&#8211;`
—	长划线		`&#8212;`
	非间断空格	` `	` `

2.5 HTML 5 的新内容

HTML 的每个新版本都对构成语言的元素数量和用途做了改变。HTML 4.01 包含大约 90 个元素。HTML 5 规范中完全删除了 HTML 4 的一些元素，也采纳或提出了一些新元素。

对列表的改变通常涉及支持新技术或不同类型的内容模型，删除那些不好的想法或者很少用到的特性。有些改变只是简单地反映了一段时间里在开发人员社区内流行的习惯或技术。其他一些改变是为了简化创建代码的方式，使之更容易编写并能更快地传播。

2.5.1 HTML 5 标签

表 2-3 展示了一些重要的 HTML 5 新标签。目前，HTML 5 规范中有将近 50 个新元素，同时删

除了至少30个旧标签。在本书的练习中，您将学习许多新的HTML 5标签的用法，帮助您理解它们在Web上的作用。请花一点时间熟悉这些标签以及对它们的描述。

表2-3　重要的HTML 5新标签

标签	描述
`<article>`	文章。指定独立的内容，可以独立于站点的其余内容分发
`<aside>`	侧栏。指定与周围内容相关的侧栏内容
`<audio>`	音频。指定多媒体内容、声音、音乐或者其他音频流
`<canvas>`	画布。指定用脚本创建的图形内容
`<figure>`	插图。指定包含图像或视频的独立内容区域
`<figcaption>`	插图标题。为`<figure>`元素指定标题
`<footer>`	页脚。为文档或者区段指定页脚
`<header>`	页首。指定一个内容区段，为文档或特定主体区域提供简介
`<hgroup>`	标题组。当有多级标题时指定一组`<h1>`~`<h6>`的元素
`<main>`	主要内容。指定页面的独特内容。一个页面只能有一个`<main>`元素
`<nav>`	导航。指定包含导航菜单或超链接组的区段
`<picture>`	图像。为网页图像指定一个或多个资源，以支持智能手机和其他移动设备上可用的各种分辨率。这是旧的浏览器或设备可能不支持的新标签
`<section>`	区段。指定文档中的一个部分
`<source>`	源。为视频或者音频元素指定媒体资源。可以为不支持默认文件类型的浏览器定义多个源
`<video>`	视频。指定视频内容，如影片剪辑或者其他视频流

2.5.2　语义Web设计

HTML已经做了许多改变，以支持语义Web设计的概念。这一行动对HTML的未来、可用性、以及互联网上网站之间的互操作性有着重要的意义。现在，Web上的每个网页都是独立的，内容可能链接到其他页面和网站，因为实际上没有任何方法能够以某种方式组合或者收集多个页面或者多个网站上的信息。搜索引擎尽其所能地索引出现在每个网站的内容，但由于旧HTML代码的性质和结构，许多内容还是丢失了。

HTML最初被设计为一种表示语言。换句话说，它旨在以一种容易被理解和预测的方式在浏览器中显示技术文档。如果仔细查看HTML的原始规范，它基本上看起来像您大学研究论文中的项目列表：标题、段落、引用的材料、表格、编号列表和项目符号列表等。

HTML第一个版本中列出的元素基本上确定了内容将如何显示。这些标签没有传达出任何内在的含义或意义。例如，使用标题标签以粗体显示特定的文本行，但是它没有指出该文本行与下面的文本或者整个故事之间具有什么关系。

HTML 5添加了许多重要的新标签，具有特定含义。如`<header>`、`<footer>`、`<article>`和`<section>`之类的标签可以从一开始就确定特定的内容，而不必求助于额外的属性。最终的结果是更简单、更少的代码。但是，最重要的是，给代码添加语义含义是使您和其他开发人员可以兴奋的新方式，把一个页面中的内容与另一个页面联系起来。虽然其中许多新方式还没有发明出来，但这项工作真的已经在进行之中了。

2.5.3 新技巧与新技术

HTML 5 还重新研究了语言的基本性质，回收了一些功能。一段时间以来，这些功能越来越多地由第三方插件应用和编程处理。

如果您是 Web 设计新手，这种过渡不会给您带来痛苦，因为不需要重新学习任何知识或者打破什么坏习惯。如果您已经具有构建 Web 页面和应用程序的经验，本书将指导您渡过这些难关，并且以合乎逻辑、直观的方式介绍新技巧和新技术。但是，无论如何，您都没有必要抛弃所有的旧站点，从头开始重新构建所有的一切。

有效的 HTML 4 代码在可预见的将来仍会保持有效。HTML 5 旨在使您能够更轻松地完成任务，它可以使您事半功倍。那么就让我们开始吧！

2.6 复习题

1. 什么程序可以打开 HTML 文件?
2. 标记语言是做什么的?
3. HTML 由多少个代码元素组成?
4. 块元素和内联元素有什么区别?

2.7 复习题答案

1. HTML 是一种纯文本语言,可以在任何文本编辑器中打开和编辑,并在任何 Web 浏览器中查看。
2. 标记语言将标签包含在括号(<>)中,其中的纯文本内容与结构和格式相关的信息从一个应用程序中传递到另一个应用。
3. HTML 5 包含超过 100 个标签。
4. 块元素创建一个独立元素。内联元素可以存在于另一个元素中。

第3课　处理代码

课程概述

在本课中，您将学习处理代码的方法，并学习如下内容。

- 使用代码提示和 Emmet 简写法编写代码。
- 设置 CSS Preprocessors（CSS 预处理器）并创建 SCSS 样式。
- 使用多个光标来选择和编辑代码。
- 折叠和展开代码项。
- 使用 Related Files 界面访问和编辑附加的文件。

完成本课大约需要 2 小时。

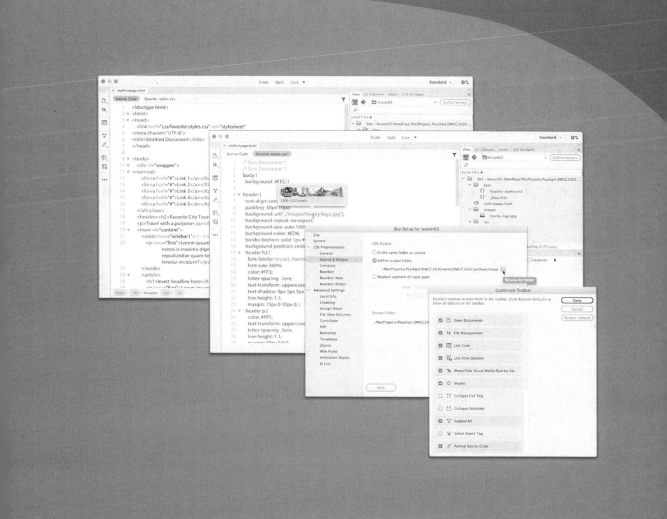

Dreamweaver 赖以成名的原因是，作为一种可视化 HTML 编辑器，其代码编辑功能并不落后于图形界面，二者为专业编程人员和开发人员提供了一些折中方案。

3.1 创建 HTML 代码

作为领先的所见即所得（WYSIWYG）HTML 编辑器之一，Dreamweaver 能帮助用户创建精致的网页和应用程序，而无须接触（甚至无须查看）在幕后进行所有工作的代码。但对于许多设计者来说，使用代码不仅是一种渴望，也是一种必需品。

> **注意**：如果您还没有从 Account 页面上下载本课的项目文件，现在一定要这么做，参见本书开始的前言部分。

尽管在 Dreamweaver 的 Code 视图中处理页面和在 Design 或 Live 视图中一样容易，但有些开发人员认为它的代码编辑工具落后于可视化设计界面的工具。过去，这种说法有一部分是真实的，但 Dreamweaver（2020 版）对旧版本中带给编码人员和开发人员的工具及工作流程做了极大的改善。事实上，Dreamweaver 提供了可以处理几乎所有任务的单一平台，以前所未有的方式将您的整个 Web 开发团队联系在一起。

您常常会发现，在 Code 视图中完成特定任务，实际上比单独使用 Live 或 Design 视图更容易。在下面的练习中，您将更深入地了解 Dreamweaver 是如何将处理代码变成一件轻而易举、非常愉快的任务的。

> **注意**：有些工具和选项只能在激活 Code 视图时使用。

3.1.1 手工编写代码

这个练习将提供对代码编辑的简单概述。体验 Dreamweaver 代码编写和编辑工具的第一步就是创建一个新文件。

1. 按照本书前言所述，以从您的账户页面上下载的 lesson03 文件夹为基础定义一个站点。
2. 从 Workspace 菜单中选择 Developer，如图 3-1 所示。

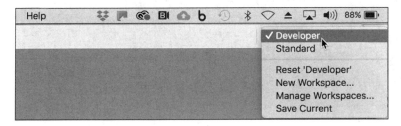

图3-1

所有代码编辑工具在两种工作区中都同样起作用，但是 Developer 工作区聚焦于 Code 视图窗口，可以为下面的练习提供更好的体验。

注意：我们在所有屏幕截图中使用 Classic 配色方案，这可以在 Preferences 对话框中选择。更多细节参见本书前言。

3. 选择 File > New。

出现 New Document 对话框，如图 3-2 所示。

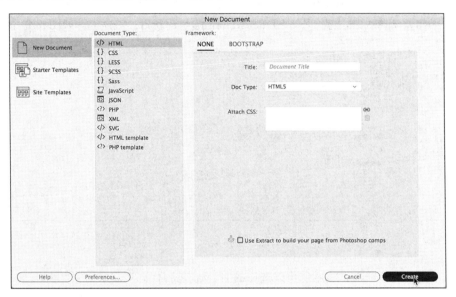

图3-2

4. 选择 New Document > HTML > None（无）。

单击 Create（创建）按钮，界面如图 3-3 所示。

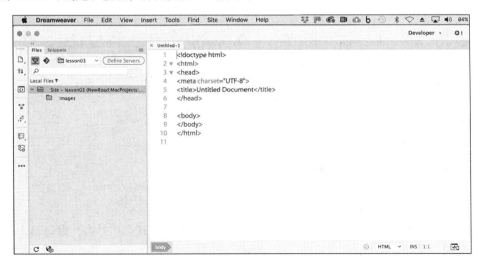

图3-3

3.1 创建HTML代码　49

Dreamweaver 会自动创建网页基本结构。光标可能出现在代码的开头。

如您所见，Dreamweaver 提供了颜色编码标签和表示，使其容易辨认，但这还不是全部。它还为 10 种不同的 Web 开发语言提供了代码提示，包括但不限于 HTML、CSS、JavaScript 和 PHP。

5. 选择 File > Save。
6. 将文件命名为 **myfirstpage.html**，并将其保存在 lesson03 文件夹。
7. 在 <body> 标签后插入光标，按 Enter/Return 键创建新行。输入 <，如图 3-4 所示。

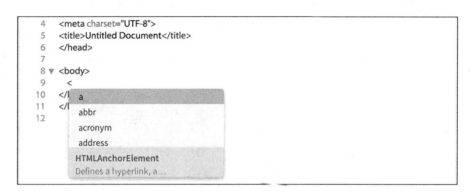

图3-4

出现一个代码提示窗口，显示您可以选择的 HTML 兼容代码列表。

8. 输入 d。

代码提示窗口会过滤代码元素，只显示以字母 d 开头的元素。您可以继续直接输入标签名称，或者使用这个列表选择所需的元素。通过使用这个列表，您可以消除简单的打字错误。

9. 按下箭头键。

代码提示窗口中的 dd 标签将高亮显示。

10. 按下箭头键，直至高亮显示标签 div，按 Enter/Return 键，如图 3-5 所示。

标签名称 div 被插入代码。光标留在标签名称后，等待用户输入。例如，您可以完成标签名称或者输入各种 HTML 属性。让我们为 div 元素添加一个 id 属性。

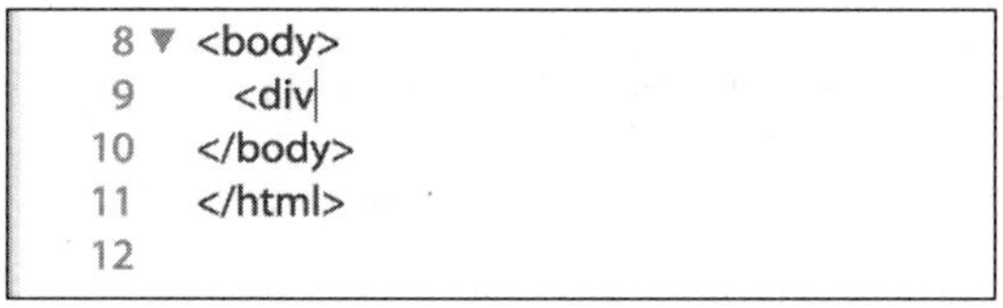

11. 按空格键插入一个空格。

代码提示窗口再次打开，显示一个不同的列表，包含了各种对应的 HTML 属性。

图3-5

12. 输入 id 并按 Enter/Return 键。

Dreamweaver 创建 ID 属性，包括等号和引号。注意，光标出现在引号内，做好输入准备。

13. 输入 wrapper 并按右箭头键一次，如图 3-6 所示。

注意：根据程序中的设置，标签可能自动关闭，这种情况可以在 Preferences 对话框的 Code Hints（代码提示）类别中进行关闭或者调整。

图3-6

光标移出右引号。

14. 如有必要，输入 > 或 </ 关闭标签。

不管您输入的是右括号（>），还是开始一个结束标签（</），Dreamweaver 都会自动关闭 <div> 元素。

如您所见，在手动编写代码时，程序可以提供大量帮助，并且它也可以帮助您自动编写代码。

15. 选择 File> Save。

3.1.2 自动编写代码

Emmet 是一个 Web 开发人员工具包，它被添加到最新版本的 Dreamweaver 中，可以为您的代码编写任务增添力量。当您输入简写字符和运算符时，Emmet 可以通过几次按键创建整个代码块。要体验 Emmet 的功能，请尝试下面这个练习。

1. 如果有必要，打开 **myfirstpage.html**。

2. 在 Code 视图中，于 div 元素中插入光标，并按 Enter/Return 键创建新行。

默认情况下，只要您在 Code 视图中输入，就可以启用 Emmet。接下来您将添加一个 <nav> 元素，作为网站导航的基础。

3. 输入 nav 并按 Tab 键，如图 3-7 所示。

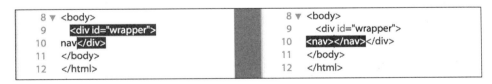

图3-7

Dreamweaver 一次性创建了开始和结束标签。光标出现在 nav 元素内，做好添加另一个元素和一些内容（或者两者兼有）的准备。

HTML 导航菜单通常基于无序列表，其中包含一个 <ul> 元素与一个或多个 <li> 元素。Emmet 允许您同时创建多个元素，通过使用一个或者多个运算符，您可以指定后续元素是跟在第一个元素之后（+），还是嵌套到其他元素（>）中。

4. 输入 ul>li 并按 Tab 键，如图 3-8 所示。

图3-8

出现一个 <ul> 元素，其中包含一个列表项。大于符号（>）用于创建您在此处看到的父子结构。通过添加另一个运算符，可以创建多个列表项。

5. 选择 Edit > Undo。

代码恢复为 ul>li 简写。可以很容易地改编这个简写标记，创建一个有 5 个元素的菜单。

6. 按照图 3-9（左）中高亮显示的内容，编辑现有简写词 ul>li*5，并按 Tab 键。

出现一个新的无序列表，如图 3-9（右）所示，这一次有 5 个 <li> 元素。星号（*）是表示乘法的数学符号，所以最近的一次修改表示 "<li> 乘以 5"。

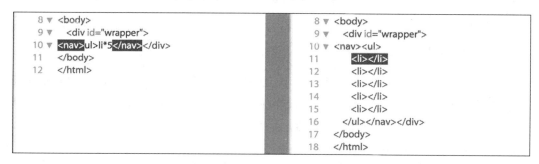

图3-9

为了创建合适的菜单，您还需要为每个菜单项添加一个超链接。

7. 按 Ctrl+Z/Cmd+Z 组合键或者选择 Edit > Undo。

代码恢复为 ul>li*5 简写。

8. 将现有的简写词编辑为 ul>li*5>a。

如果您猜测添加标记 >a 将为每个链接项创建一个超链接子元素，那您是正确的。Emmet 也可以创建占位符内容。让我们用它在每个链接项中插入一些文本。

9. 将简写词编辑为 ul>li*5>a{Link}。

该代码表示在大括号中添加文本，将其传递到超链接的最终结构。您还可以通过添加可变字符（$）来增加项目，如 Link1、Link2、Link3 等。

10. 将简写词编辑为 ul>li*5>a{Link $} 并按 Tab 键，如图 3-10 所示。

注意：按 Tab 键之前，光标必须在括号之外。

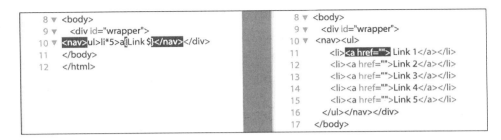

图3-10

新菜单似乎已经完全结构化了，有5个链接项和超链接占位符，编号从1递增到5。这个菜单已经接近完成，唯一缺失的是 `href` 属性的目标。您可以使用另一个 Emmet 短语添加它们，我们将这个更改留到下一个练习中。

11. 将光标插入 `</nav>` 结束标签之后，按 Enter/Return 创建新行。

让我们看一看使用 Emmet 在新页面中添加一个 `header` 元素有多么容易。

 注意：添加新行可以使代码更容易阅读和编辑，对操作没有任何影响。

12. 输入 `header` 并按 Tab 键。

像您之前创建的元素一样，`header` 开始和结束标签出现，光标位于可插入内容的位置上。如果您在第5课完成的网站中为此标题建模，则需要添加两个文本组件：用于公司名称的 `<h2>`，以及用于格言的 `<p>` 元素。Emmet 提供了一种方法，不仅可以添加标签，还可以添加内容。

13. 输入 `h2{Favorite City Tour}+p{Travel with a purpose}` 并按 Tab 键，如图3-11 所示。

图3-11

这两个元素看起来很完整，包含公司名称和格言。注意您是如何使用花括号将文本添加到每个项目的。加号（+）指明将 `<p>` 元素作为标题的同级元素添加。

14. 在 `</header>` 结束标签之后插入光标。

15. 按 Enter/Return 键插入新行。

Emmet 使您能够快速构建复杂的多层面父子结构，如导航菜单和标题，但其功能并不止于此。当您将几个元素与占位符文本串在一起时，甚至可以添加 id 和类属性。要插入一个 id，请使用"#"符号作为名称开头；如果要添加一个类，用"."符号作为名称开头。现在是把您的技能提升到更高水平的时候了。

16. 输入 `main#content>aside.sidebar1>p(lorem)^article>p(lorem100)^aside.sidebar2>p(lorem)` 并按 Tab 键，如图 3-12 所示。

> **Dw** **注意**：在 Code 视图中，整个短语可能会包含多行，但请确保标记中没有空格。

```
15    </ul></nav></div>
16    <header><h2>Favorite City Tour</h2>
17    <p>Travel with a purpose</p></header>
18    main#content>aside.sidebar1>p(lorem)^article>p(lorem100)^aside.sidebar2>p(lorem)
19    </body>
20    </html>
21

18 ▼  <main id="content">
19 ▼    <aside class="sidebar1">
20        <p>Lorem ipsum dolor sit amet, consectetur adipisicing elit. Natus, esse nemo in maxime
          dignissimos omnis voluptas molestias veritatis cupiditate repudiandae quam
          temporibus, itaque dicta eveniet at harum reprehenderit tenetur incidunt?</p>
21      </aside>
22 ▼    <article>
23        <p>Lorem ipsum dolor sit amet, consectetur adipisicing elit. Odit fugiat magnam
          commodi minima quaerat recusandae nobis explicabo debitis magni. Asperiores
          illum, nobis, fugiat aliquam magni suscipit fugit optio provident alias iste ipsa
          quisquam? Provident adipisci quam architecto, repellat molestiae. Placeat officia
          illo, beatae nam eum aut reiciendis dolorum assumenda deserunt est incidunt
          tempora recusandae quis accusantium unde numquam, quaerat consequatur
          ducimus et in iusto reprehenderit. Laudantium illum voluptates totam modi
          possimus veritatis eligendi harum rerum, velit saepe facilis, distinctio cum, quasi
          placeat voluptatibus. Dolorem consequatur, quae ipsum magni iure sapiente esse
          debitis, beatae inventore hic nemo alias omnis quibusdam placeat!</p>
24      </article>
25 ▼    <aside class="sidebar2">
26        <p>Lorem ipsum dolor sit amet, consectetur adipisicing elit. Pariatur natus blanditiis,
          laboriosam provident placeat eum, tempora, laborum dolorem temporibus, enim
          totam rerum. Sequi, eius laudantium nemo nisi voluptates possimus quam!</p>
27      </aside>
28    </main>
```

图3-12

这将创建一个 `<main>` 元素，其中包含 3 个子元素（`<aside>`、`<article>`、`<aside>`）以及 id 和 class 属性。简写中的插入符号（`^`）用于确保将 `<article>` 和 `<aside.sidebar2>` 元素创建为 `aside.sidebar1` 的兄弟节点。在每个子元素中，您可以看到一段占位符文本。

Emmet 包含一个 Lorem（意为"无用的废话"）生成器，自动创建占位符文本块。当您在元素名称后面的括号中添加 `lorem`［如 `p(lorem)`］时，Emmet 将会生成 30 个字的占位符内容。要指定更多或者更少的文本，只需在末尾添加一个数字，例如 `p(lorem100)` 表示生成 100 个字。

我们以包含版权声明的 footer 元素完成本页。

17. 将光标插入</main>结束标签之后，创建新行。输入footer{Copyright 2021 Favorite City Tour. All rights reserved.}并按Tab键，如图3-13所示。

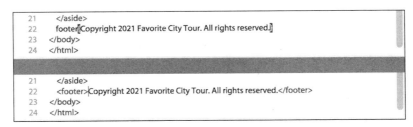

图3-13

18. 保存文件。

通过使用几个简写短语，您已经构建了完整的网页结构和一些占位内容。您可以看到Emmet是如何支撑您的代码编写任务的。您可以随意使用这个奇妙的工具包来添加单个元素或复杂的多层面组件。当您需要它的时候，它总在那里。

本练习只是粗略地讲解了Emmet可以实现的功能，因为这个工具太强大了，所以不可能用寥寥数页全面描述。但是，您已经对其能力有所了解了。

3.2 使用多光标支持

您是否曾经想要一次编辑多行代码？Dreamweaver（2020版）的另一个新特点是多光标支持。此功能允许您一次选择和编辑多行代码，以加快各种常规任务。让我们来看看它是如何工作的。

1. 如果必要，打开**myfirstpage.html**，使其显示前一个练习结束时的状态。

该文件包含一个具备\<header\>、\<nav\>、\<main\>和\<footer\>元素的完整网页。内容特征为类和几个占位符文本段落。\<nav\>元素包含5个链接占位符，但"href"属性为空。要使菜单和链接的外观和行为正确，您需要为每个链接添加文件名、URL或占位符元素。许多Web设计人员用"#"标记作为占位符内容，直到可以添加最终链接目标。

2. 将光标插入Link 1的href属性中的引号之间。

通常，您必须为每个属性分别添加一个"#"标记。多光标支持使这个任务变得更加容易，但是如果需要您进行一些练习，请不要惊讶。注意所有链接属性在连续的行上是如何垂直对齐的。

3. 按住Alt键（Windows）或者Opt键（macOS），拖动鼠标经过全部5个链接。

使用Alt/Opt键可以连续选择代码或插入光标。将鼠标指针小心地沿着直线向下拖动，如果您向左或向右滑动一点，将会选到一些周围的标记。如果发生这种情况，您可以重新开始。完成后，您应该在每个链接的href属性中看到一个光标闪烁。

4. 输入#，如图3-14所示。

号同时出现在全部5个属性中。

按Ctrl/Cmd键可以选择代码，在非连续的代码行中插入光标。

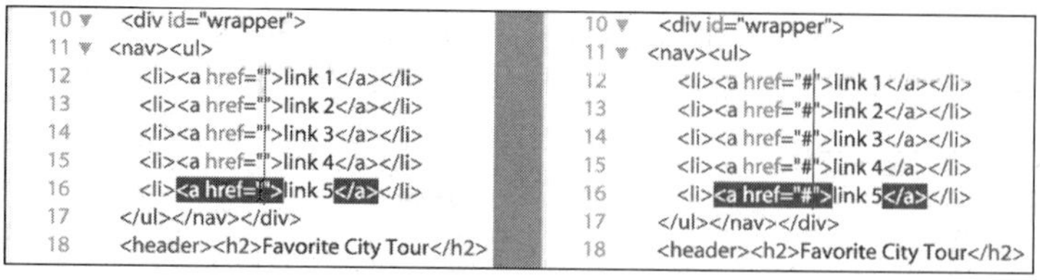

图3-14

5. 在 `<main>` 元素第一个 `<p>` 标签中的 p 和 > 之间插入光标。
6. 按住 Ctrl/Cmd 键并单击,将光标插入 `<main>` 元素中其他两个 `<p>` 开始标签中的 p 和 > 之间,如图 3-15 所示。
7. 按空格键插入一个空格,并输入 `class="first"`。

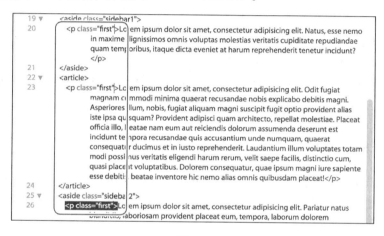

图3-15

类同时出现在全部 3 个 `<p>` 标签中。

8. 保存文件。

多光标支持能够节约许多重复性代码编辑任务的时间。

自定义Common工具栏

本课程中的一些代码编辑练习可能需要默认情况下不会在界面中出现的工具。Common工具栏以前被称为编码工具栏,仅在Code视图中显示。Dreamweaver(2020版)的Common工具栏出现在所有视图中,但只有当光标直接插入Code视图窗口中时,某些工具才可见。

如果练习中需要即使光标位于正确位置时也不可见的工具,您可能需要自定义工具栏。这可以通过首先单击Customize Toolbar按钮,然后在Customize Toolbar对话框中启用工具来完成。同时,您可以随时禁用不使用的工具,如图3-16所示。

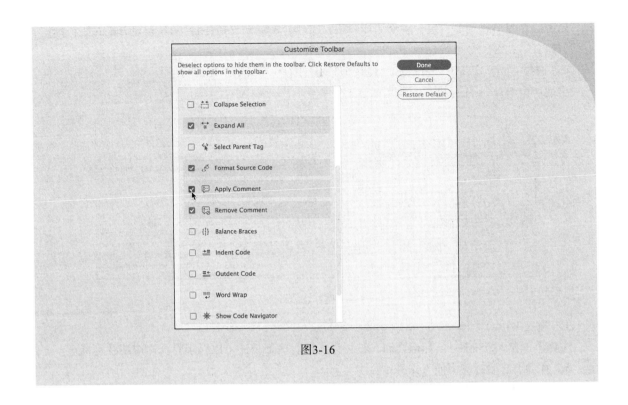

图3-16

3.3 为代码添加注释

注释可以在代码中留下注解（它们在浏览器中不可见），描述某些标记的目的，或为其他编码者提供重要信息。虽然您可以随时手工添加注释，但 Dreamweaver 具有内置功能，可加快此过程。

1. 打开 **myfirstpage.html**，切换到 Code 视图。
2. 在如下开始标签之后插入光标：

```
<aside class="sidebar1">
```

3. 单击 Apply Comment（应用注释）按钮，如图 3-17 所示。

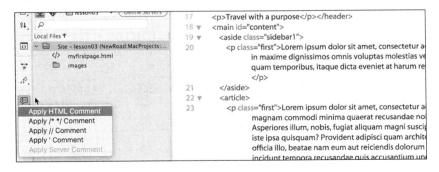

图3-17

出现一个弹出式菜单,包含多个注释选项。Dreamweaver 支持各种 Web 兼容语言的注释标记,包括 HTML、CSS、JavaScript 和 PHP。

4. 选择 Apply HTML Comment(应用 HTML 注释),如图 3-18 所示。

出现一个 HTML 注释块,文本光标位于中央。

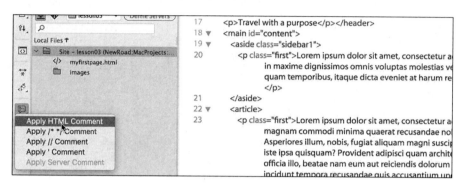

图3-18

5. 输入 `Insert customer testimonials into Sidebar 1`。

注释出现在 `<!-` 和 `-->` 标记之间,显示为灰色。该工具还可以对现有文本应用注释标记。

6. 在如下开始标签中插入光标:

`<aside class="sidebar2">`

7. 输入 `Sidebar 2 should be used for content related to the tour or product`。

8. 选择第 7 步中创建的文本,单击 Apply Comment 按钮,打开一个弹出式菜单。

9. 选择 Apply HTML Comment,如图 3-19 所示。

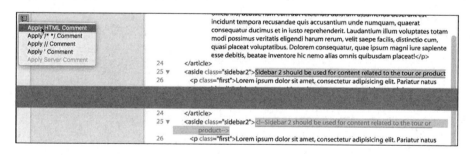

图3-19

Dreamweaver 对选择的文本应用`<!-` 和 `-->`标记。如果您需要从选择的文本中删除现有注释标记,单击工具栏中的 Remove Comment(删除注释)按钮。

10. 保存所有文件。

您已经创建了一个完整的基本网页,下一步是设置页面样式。Dreamweaver(2020 版)现在支持 LESS、Sass 和 SCSS 的 CSS Preprocessors。在下一个练习中,您将学习如何使用预处理器设置和创建 CSS 样式。

3.4 使用 CSS Preprocessors

Dreamweaver 新版本的一大变化是增加了对 LESS、Sass 和 SCSS 的内置支持。这些行业标准 CSS 预处理器是一些脚本语言，使您能够通过多种提高生产率的增强功能，扩展层叠样式表的功能，然后将结果编译为标准 CSS 文件。这些语言为喜欢手工编写代码的设计者和开发者提供了多种方面的好处，包括速度、易用性、可重用片段、变量、逻辑、计算等。在这些预处理中不需要其他的软件，但 Dreamweaver 也支持其他框架，如 Compass 和 Bourbon。

在这个练习中，您将体会到使用 CSS Preprocessors（CSS 预处理器）有多么容易，以及它们与常规 CSS 工作流相比的优势。

3.4.1 启用预处理器

对 CSS Preprocessors 的支持是特定于站点的，必须根据需要启用 Dreamweaver 中定义的每个站点。要启用 LESS、Sass 或 SCSS，首先需要定义一个站点，然后在 Site Setup 对话框中启用 CSS Preprocessors。

1. 选择 Site > Manage Sites（管理站点），出现 Manage Sites 对话框。
2. 在 Your Sites（您的站点）中选择 **lesson03**，单击窗口底部的 Edit the currently selected site 按钮，如图 3-20 所示。

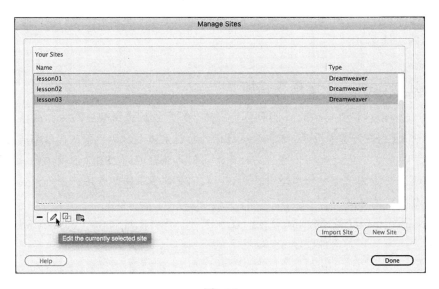

图3-20

出现 Site Setup 对话框。

3. 在 Site Setup 对话框中选择 **CSS Preprocessors**。

CSS Preprocessors 包含 6 个子类别，包括 General、Source & Output（源和输出）、Compass、Bourbon、Bourbon Neat 和 Bourbon Bitters。您可以访问 Dreamweaver 帮助主题，了解这些框架的更多信息。对于本练习，您只需要内置于程序本身的功能。

4. 选择 General 类别。

这个类别中有 LESS、Sass 或者 SCSS 编译器的开关，以及语言操作方式的选项。对于我们的目的来说，默认设置就足够我们使用了。

5. 如果有必要，选中 Enable Auto Compilation On File Save（保存文件时启用自动编译）复选框，启用预处理器编译程序，如图 3-21 所示。

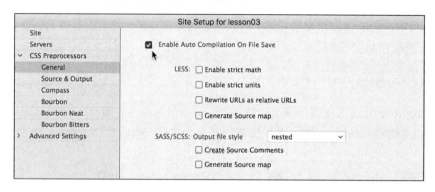

图3-21

启用此功能后，Dreamweaver 会自动在您的 LESS、Sass 或 SCSS 源文件保存时编译其中的 CSS。一些设计师和开发人员使用站点根文件夹进行编译。在本课程中，我们将把源文件和输出文件分别放在不同文件夹中。

> **LESS还是Sass——选择权在您**
>
> LESS和Sass提供类似的特性和功能，那么，您应该选择哪一个呢？这很难说。有些人认为LESS更容易学习，但是Sass提供的功能更强大。两种预处理器都能使编写CSS的繁杂任务变得更快捷，更重要的是，它们为长时间的CSS维护和扩展工作提供了明显的好处。关于哪一种预处理器更好，人们有许多不同的看法，但是，您会发现这都出自个人偏好。
>
> Dreamweaver提供两种Sass语法。在本课中，我们使用SCSS（Sassy CSS），这是编写方式和外观都更像CSS的Sass形式。

6. 选择 Source & Output 类别。

这个类别可以为您的 CSS Preprocessors 指定源和输出文件夹。默认选项以源文件保存位置为目标文件夹。

7. 选中 Define output folder（定义输出文件夹）单选框，如图 3-22 所示。

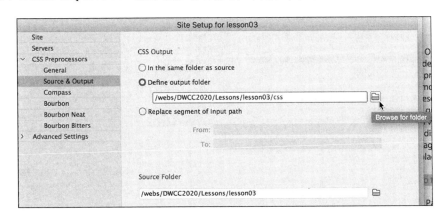

图3-22

选中该单选框时，当前文件夹路径应该变成可编辑状态。

> **注意**：css 文件夹尚不存在，您在 Files 面板中看不到它。第一次保存 SCSS 源文件后，该文件夹将立刻自动创建。

注意显示的路径。如果您看到 /css 已附加到课程文件夹，可以跳到第 12 步。

8. 单击 Browse for folder 按钮，出现一个文件浏览器对话框。
9. 如果有必要，浏览到站点根文件夹，创建新文件夹。
10. 将新文件夹命名为 **css**，单击 Create 按钮。
11. 选择 css 文件夹并单击 Select Folder/Choose（选择文件夹/选择）按钮，如图 3-23 所示。接下来，您必须选择源文件夹。

图3-23

12. 单击 Source Folder（源文件夹）字段旁边的 Browse for folder 按钮。
13. 导航到站点根文件夹，选择已有的 Sass 文件夹，单击 Select Folder/Choose 按钮。
14. 保存更改，单击 Save 按钮返回站点，如图 3-24 所示。

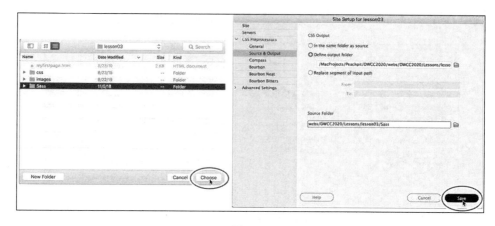

图3-24

现在，CSS Preprocessors 启用，指定了源和输出文件夹。接下来，您将创建 CSS 源文件。

3.4.2 创建 CSS 源文件

使用预处理器工作流时，您不用直接编写 CSS 代码，而是在源文件中编写规则和其他代码，然后将其编译为输出文件。对于以下练习，您将创建一个 Sass 源文件，并学习该语言的一些功能。

1. 从 Workspace 菜单中选择 Standard。

2. 必要时选择 Window> Files，打开 Files 面板。

如有必要，从 Site List（站点列表）下拉列表框中选择 lesson03。

3. 如果有必要，打开 **myfirstpage.html** 并切换到 Split 视图。

此时网页没有样式。

4. 选择 File> New，出现 New Document 对话框。

这个对话框允许您创建各类 Web 兼容文档。在对话框的 Document Type（文档类型）部分，您将看到 LESS、Sass 和 SCSS 文件类型。

5. 选择 New Document > SCSS，单击 Create 按钮，如图 3-25 所示。

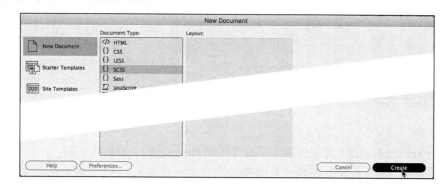

图3-25

新的空白 SCSS 文档出现在文档窗口中。SCSS 是 Sass 的一种，使用类似常规 CSS 的语法，许多用户觉得它更容易学习和使用。

6. 将文件保存在上个练习中作为源文件夹目标的 Sass 文件夹中，取名为 **favorite-styles.scss**，如图 3-26 所示。

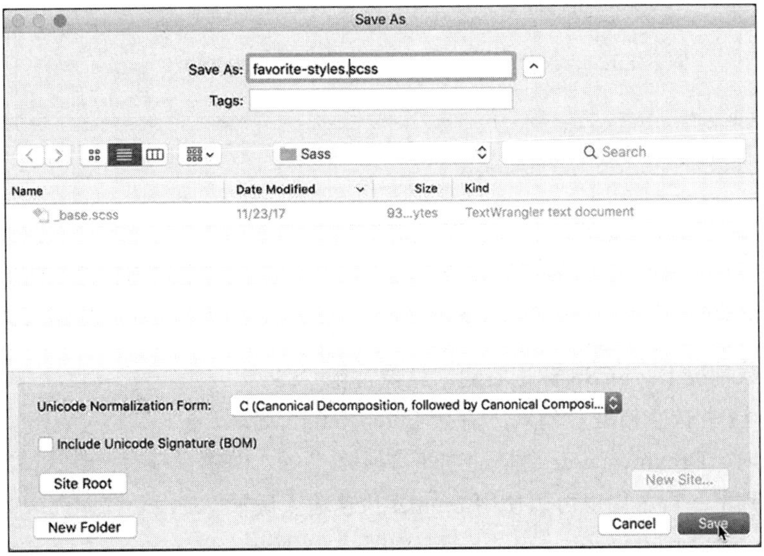

图3-26

这里没有必要创建 CSS 文件，因为 Dreamweaver 中的编译器将为您完成这项工作。这时您已经准备好开始使用 Sass 了。第一步是定义变量。变量是一种编程结构，可用于存储多次使用的 CSS 规格，例如站点主题中的颜色。

使用变量，您就只需要定义一次。如果将来要更改它，可以在样式表中编辑一个条目，变量的所有实例都将自动更新。

7. 将光标插入 **favorite-styles.scss** 的第 2 行。

输入 `$logoyellow: #ED6;` 并按 Enter/Return 键。

您已经创建了第一个变量，这是站点主题颜色——绿色。

让我们创建其余变量。

8. 输入如下内容。

```
$darkyellow: #ED0;
$lightyellow: #FF3;
$logoblue: #069;
$darkblue: #089;
$lightblue: #08A;
$font-stack: "Trebuchet MS", Verdana, Arial, Helvetica, sans-serif;
```

按 Enter/Return 键创建一个新行，如图 3-27 所示。

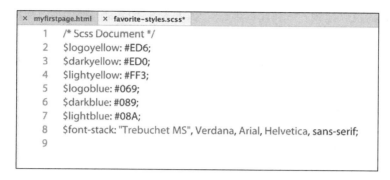

图3-27

在单独的行输入变量使它们更容易阅读和编辑，但不影响它们的执行。只需确保在每个变量的末尾添加一个分号（;）。

我们从设置<body>元素的基础或默认样式的样式表开始。除使用其中一个变量来设置字体系列之外，在大多数情况下，SCSS 标记看起来就像常规 CSS。

9. 输入 `body` 并按空格键。输入 `{` 并按 Enter/Return 键。

当您输入 `{` 时，Dreamweaver 会自动创建右括号（`}`）。创建新行时，默认情况下会缩进光标，并将右括号移动到下一行。您也可以使用 Emmet 快速输入设置。

10. 输入 `ff$font-stack` 并按 Tab 键，如图 3-28 所示。

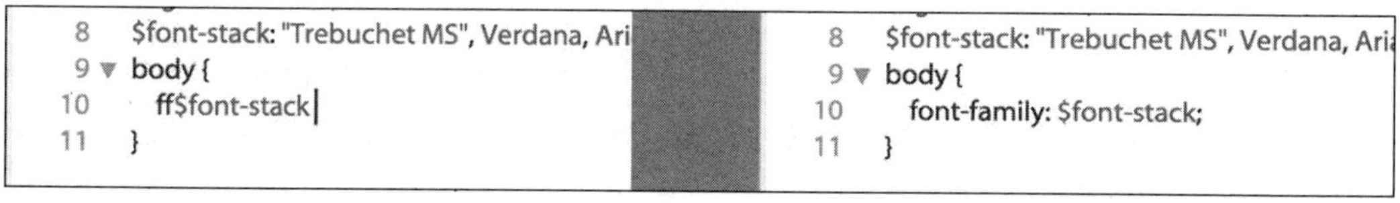

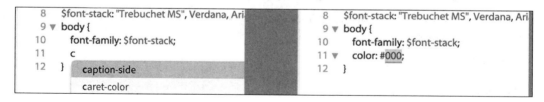

图3-28

上述简写展开为 `font-family: $font-stack;`。

11. 按 Enter/Return 键创建新行。输入 c 并按 Tab 键，如图 3-29 所示。

图3-29

简写展开为 `color:#000;`。这个默认颜色是可以接受的。

12. 按住 Alt/Cmd 键并按右箭头键，将光标移到当前代码行末尾。

13. 按 Enter/Return 键创建一个新行。输入 m0 并按 Tab 键，如图 3-30 所示。

```
 8      $font-stack: "Trebuchet MS", Verdana, Ari            8      $font-stack: "Trebuchet MS", Verdana, Ari
 9  ▼   body {                                                9  ▼   body {
10          font-family: $font-stack;                        10          font-family: $font-stack;
11          color: #000;                                     11          color: #000;
12          m0                                               12          margin: 0;
13      }                                                    13      }
```

图3-30

上述简写展开为 `margin:0;`。这个属性完成了 `body` 元素的基本样式。在您保存文件之前，是观察预处理器如何完成工作的好时机。

3.4.3 编译 CSS 代码

您已经完成了 `body` 元素的规格，但是还没有在 CSS 文件中直接创建样式。您的输入项完全在 SCSS 源文件中。在这个练习中，您将看到 Dreamweaver 内建编辑器如何生成 CSS 并输出。

1. 如果有必要，显示 Files 面板，展开站点文件列表，如图 3-31 所示。

 注意：文件显示可能与这里描述的不同。

站点由一个 HTML 文件和 3 个文件夹组成：Sass、images 和 css。

2. 展开 Sass 和 css 文件夹，如图 3-32 所示。

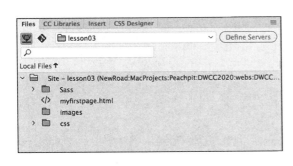

图3-31

图3-32

Sass 文件夹包含 **favorite-styles.scss** 和 **_base.scss**。css 文件夹包含 **favorite-styles.css**。当您开始本课时，这个文件不存在。它是您创建 SCSS 文件并保存到定义为源文件夹的站点文件夹时自动生成的。此刻，这个 CSS 文件不包含任何 CSS 规则或者标记。样板网页中也没有引用它。

 注意：**favorite-styles.css** 文件在前一个练习保存 SCSS 文件时自动创建。如果没有看到这个 CSS 文件，您可能需要关闭并重启 Dreamweaver。

3. 选择 **myfirstpage.html**。

如果有必要，切换到 Split 视图，如图 3-33 所示。

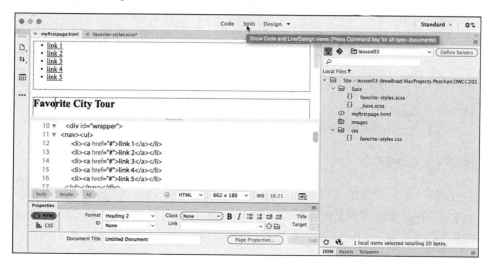

图3-33

页面只显示默认的 HTML 样式。

4. 在 Code 视图中，将光标插入 `<head>` 开始标签之后，按 Enter/Return 键插入新行。
5. 输入 `<link` 并按空格键，出现提示菜单。

您将把网页链接到生成的 CSS 文件。

6. 输入 `href` 并按 Enter/Return 键，如图 3-34 所示。

图3-34

出现完整的 `href` 属性，提示菜单变为显示 Browse（浏览）命令和网站中可用文件夹的路径名列表。

7. 按下箭头键选择路径 `css/` 并按 Enter/Return 键。

提示菜单现在显示 **favorite-styles.css** 的路径和文件名。

8. 按下箭头键选择 `css/favorite-styles.css` 并按 Enter/Return 键，如图 3-35 所示。

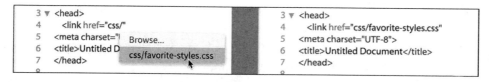

图3-35

CSS 输出文件的 URL 出现在属性中。将光标移到右引号之后,为下一个条目做好准备。要使样式表引用有效,您还需要创建两个属性。

9. 按空格键并输入 `rel`,按 Enter/Return 键,从提示菜单中选择 stylesheet,如图 3-36 所示。
10. 将光标移到右引号之后,输入 > 以关闭链接,如图 3-37 所示。

图3-36

图3-37

CSS 输出文件现在被网页引用。在 Live 视图中,样式不应该有任何差异,但是现在将看到 Related Files 界面中显示 **favorite-styles.css**。

 注意:如果您不小心在这一步前保存了 SCSS 文件,就可能看到 HTML 文件中的样式,并在 Related Files 界面中看到另一个文件名。

11. 在 Related Files 界面中选择 **favorite-styles.css**。

Code 视图显示的是 **favorite-styles.css** 的内容,仅显示注释条目 `/*Scss Document*/`。**favorite-styles.scss** 文档选项卡中的文件名旁边会显示一个星号,表示该文件已被更改,但尚未保存。

12. 选择 Window> Arrange(排列顺序)> Tile(垂直平铺),如图 3-38 所示。

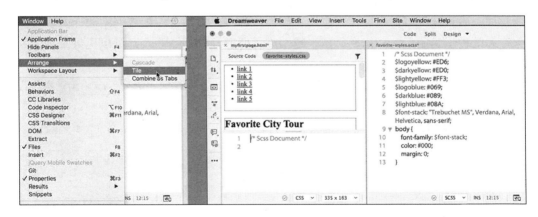
图3-38

网页和源文件并排出现在程序窗口中。

13. 将光标插入 **favorite-styles.scss** 中的任何位置并选择 File> Save,如图 3-39 所示。

过一会儿,**myfirstpage.html** 的显示改变,显示新的字体和边距设置。Code 视图也更新为显示 **favorite-styles.css** 的新内容,每次保存 SCSS 源文件时,Dreamweaver 将更新输出文件。

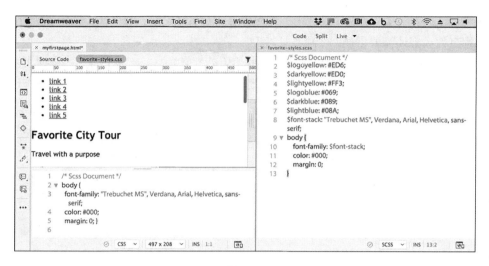

图3-39

 注意： 列表视图可能不会立刻更新显示，如果您没有看到预期的变化，试着切换到 Design 视图再返回，在极端情况下，您可能需要关闭并重新打开文件。

3.4.4 嵌套 CSS 选择器

将 CSS 样式定位到一个元素而不会意外地影响到另一个元素，这是 Web 设计师常常需要面临的挑战。后代选择器是确保样式应用正确的一种方法。但是，随着网站和样式表规模的扩大，创造和维护正确的后代结构变得越来越困难。所有预处理器语言都可以提供某种形式的嵌套选择器。

在本练习中，您将学习在设置导航菜单时嵌套选择器。首先，您将为 `<nav>` 元素本身设置基本样式。

1. 在 **favorite-styles.scss** 窗口中，插入光标到第 13 行 `body` 规则的右括号（`}`）之后。

 注意： 一定要使用 SCSS 文件。

2. 创建新行，输入 `nav {` 并按 Enter/Return 键。

nav 选择器和声明结构被创建，并为接收您的输入做好了准备。

Emmet 为所有 CSS 属性提供了简写输入。

3. 输入 `bg$logoyellow;` 并按 Tab 键，然后按 Enter/Return 键。

上述简写展开为 `background:$logoyellow;`，这是您在 SCSS 源文件中创建的第一个变量。它将把颜色 `#ED6` 应用到 nav 元素。

4. 输入 `ta:c;` 并按 Tab 键，然后按 Enter/Return 键。

简写展开为 `text-align:center;`。

5. 输入 `ov:a;` 并按 Tab 键，然后按 Enter/Return 键。

简写展开为 `overflow:auto;`。

6. 保存 SCSS 源文件，如图 3-40 所示。

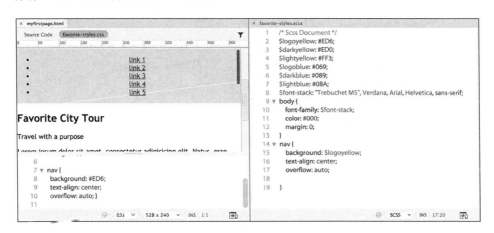

图3-40

`myfirstpage.html` 中的 `<nav>` 元素显示颜色 `#ED6`。这个菜单没有很大的效果，但您只是刚刚开始。接下来，您将格式化 `<ul>` 元素。注意，光标仍然在 nav 选择器的声明结构中。

7. 输入 `ul {` 并按 Enter/Return 键。

`nav` 规则内创建了新选择器和声明。

8. 创建如下属性。

```
list-style: none; margin: 5px;
```

这些属性重置项目列表的默认样式，删除项目符号和缩进。接下来，您将覆盖列表项的样式。

9. 按 Enter/Return 键并输入 `li {`，再次按 Enter/Return 键。

和之前一样，新选择器和声明完全在 ul 规则内。

10. 输入 `display: inline-block;` 并按 Enter/Return 键。

这个属性将把所有链接并排显示在一行中。最后要设置样式的元素是链接本身的 `<a>` 元素。

11. 输入 `a {` 并按 Enter/Return 键，创建如下属性。

```
margin: 0;
padding: 10px 15px;
color: $logoblue;
text-decoration: none;
background: $lightyellow;
```

3.4 使用CSS Preprocessors

a的规则和声明完全在li规则内。每条设置导航菜单样式的规则以合乎逻辑、直观的方式相互嵌套，产生同样合乎逻辑、直观的CSS输出。

12. 保存文件，如图3-41所示。

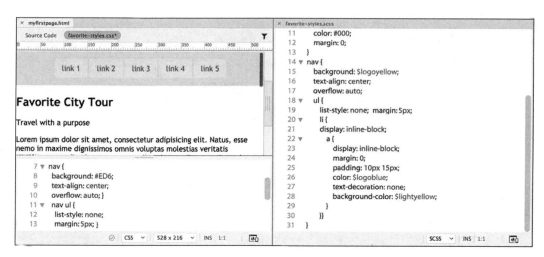

图3-41

myfirstpage.html中的导航菜单被重新格式化，并排显示一行链接。CSS输出文件显示几条新的CSS规则。新规则不像源文件中那样嵌套，它们是独立且截然不同的。更令人惊讶的是，选择器已被重写，以针对菜单的后代结构（如nav、ul、li、a）。您可以看到，在SCSS源文件中的嵌套规则消除了编写复杂选择器的烦恼。

3.4.5 导入其他样式表

为了使CSS样式更易于管理，许多设计师将他们的样式表分成多个单独的文件，例如一个用于导航组件，另一个用于文章，还有一个用于动态元素。大公司可以创建一个整体的企业标准样式表，然后允许各部门或子公司为自己的产品和目的编写自定义样式表。最终，所有这些CSS文件需要汇集在一起，供网站上的网页调用。但这可能会造成一个大问题。

链接到页面的每个资源都会创建一个HTTP请求，这些请求可能使页面和资源的加载陷于停顿。这对于小型网站或访问量小的网站来说不是一件大事，但是访客众多的流行网站面临的无数HTTP请求，可能使网络服务器超载，甚至导致页面在访问者的浏览器中"冻结"。太多这样的体验可能会导致访问者流失。

减少或消除多余的HTTP调用应该是所有设计师或开发人员的目标，特别是在大型企业或热门网站上工作的人员。这方面的重要技术之一是减少每个页面调用的单独样式表数量。如果页面需要链接到多个CSS文件，通常建议您将一个文件指定为主样式表，然后将其他文件导入其中，创建一个大型通用样式表。

在正常的CSS文件中，导入多个样式表不会产生任何好处，因为import命令会创建您首先要避免的同类 HTTP 请求。但是，由于您使用的是 CSS Preprocessors，因此在发出任何 HTTP 请求之前都会执行 import 命令。各种样式表被导入和组合，虽然会使样式表变大，但访问者的计算机仅需下载一次该文件，然后缓存起来供整个访问使用，从而加快了整个过程。

让我们看一看，将多个样式表合并成一个文件有多么容易。

1. 如果有必要，打开 **myfirstpage.html** 并切换到 Split 视图。打开 **favorite-styles.scss**，选择 Window> Arrange > Tile。

两个文件并排显示，更容易编辑 CSS，查看发生的更改。

2. 在 **myfirstpage.html** 中，单击 Related Files 界面中的 **favorite-styles.css**。

Code 视图显示 **favorite-styles.css** 的内容，它包含 SCSS 源文件中所编写规则的输出。

3. 在 **favorite-styles.scss** 中，插入光标到 body 规则之前。输入 @import"_base.scss"; 并按 Enter/Return 键插入新行。

这条导入命令保存在 Sass 文件夹中的 _base.scss 文件中。该文件在设置页面其他部分样式之前被创建。此时，一切都没有改变，因为 **favorite-styles.css** 还没有保存。

4. 保存 **favorite-styles.css**，观察 **myfirstpage.html** 中的变化，如图 3-42 所示。

图3-42

如果您正确地按照有关如何创建本课程 HTML 结构的说明操作，该页面现在是完全格式化的。如果检查 **favorite-styles.css**，就会看到在 body 规则之前插入了超过 100 行的附加 CSS 样式。导入的内容将从第 3 行开始添加。如果您需要在样式表中更后面的位置导入附加样式，可以移动 @import 命令的位置。一旦内容导入，CSS 的优先级和特异性就会生效。确保所有规则和文件引用出现在变量之后，否则变量将不起作用。

5. 保存并关闭所有文件。

在本节中，您不仅创建了一个 SCSS 文件，学习了 CSS Preprocessors 的使用方法，还体验了各种提高效率的高级功能，并对这一工具的深度和广度有了粗略的认识。

3.4.6 Linting 支持

Dreamweaver（2020 版）提供实时代码错误检查。Dreamweaver 默认启用 Linting 支持，这意味着程序将实时监控您的代码编写，并标出错误。

1. 如果有必要，打开 **myfirstpage.html**，并切换到 Code 视图。

   如果有必要，在 Related Files 界面中选择 Source Code。

2. 在 `<article>` 开始标签后插入光标，按 Enter/Return 键创建新行。

3. 输入 `<h1>Insert headline here`。

 注意：Dreamwever 可以一次性创建开始和结束标签。因这里不需要，所以在继续进行第 4 步之前删除 `</h1>` 结束标签。

4. 保存文件。

   您在第 3 步中没有关闭 `<h1>` 元素，因此会出现错误。当出现错误时，每当您保存页面，文档窗口底部将显示一个"⊗"。

5. 单击图标⊗，Output（输出）面板自动打开，显示编码错误，如图 3-43 所示。

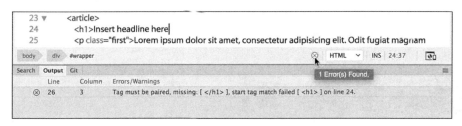

图3-43

 注意：您可能需要单击 Refresh（刷新）按钮来显示 Linting 报告。

在本例中，错误信息表示标签必须配对，并指出系统认为的错误发生行的行号。信息中将错误定位到第 26 行，但是这一现象的发生是 HTML 标签性质和结构所致。

 注意：Output 面板上的内容可能会令人困惑，因为它引用了两个行号。信息中指出的第二个行号更准确。

6. 双击错误信息，如图 3-44 所示。

Dreamweaver 将 Code 视图窗口中的焦点放到被识别出包含错误的部分。由于 Dreamweaver 寻找 `<h1>` 元素的结束标签时，会将遇到的第一个结束标签 `</article>` 标记出来，这是错误的。这种行为将帮助您靠近错误所在位置，但您往往必须自行找到真正的错误。通常，错误将发生在文档中较"高"的位置（在指示的行上方）。

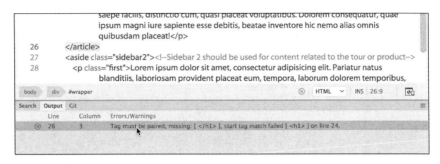

图3-44

7. 在代码 `<h1>Insert headline here` 的最后插入光标，输入 `</`。Dreamweaver 一般会自动关闭 `<h1>` 标签。如果没有，请自行关闭该标签。

> **注意**：如果您的标题在第 3 步中自动关闭，则可以输入 `</`。可以检查 Preferences 对话框中 Code Rewriting（代码改写）的设置，并根据需要调整。

8. 保存文件，如图 3-45 所示。

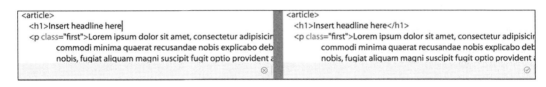

图3-45

一旦错误得到更正，⊗将被 ⊘ 取代。

9. 鼠标右键单击 Output 面板选项卡，从快捷菜单中选择 Close Tab Group。

在保存您的工作时，注意这个图标很重要，因为系统不会弹出表示有问题的错误信息。您应该在将页面上传到 Web 服务器之前捕捉和更正错误。

3.5 选择代码

Dreamweaver 提供了多种方法，让用户能在 Code 视图中交互和选择代码。

3.5.1 使用行号

您可以使用光标以多种方式与代码交互。

1. 如果有必要，打开 **myfirstpage.html**，并切换到 Code 视图。

2. 向下滚动并定位 `<nav>` 元素（大约在第 11 行）。

3. 拖动鼠标指针经过整个元素，包括菜单项。

这样使用鼠标指针，您就可以选择代码的任何部分或者全体。但是这样使用鼠标指针容易出错，导致您错过代码的关键部分。有时候，使用行号选择整行代码更容易。

4. 单击 `<nav>` 标签旁边的行号，窗口中的整行都被选中。
5. 向下拖动行号，选择整个 `<nav>` 元素，如图 3-46 所示。

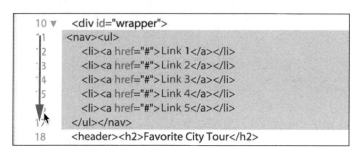

图3-46

Dreamweaver 高亮显示 7 行的全部内容。使用行号可以节约很多时间，避免选择中的错误，但是没有考虑代码元素的实际结构，这些元素可能在一行的中间开始或者结束。标签选择器是提供选择逻辑代码结构的更好手段。

3.5.2 使用标签选择器

一种简单、高效的代码选择方法是使用标签选择器，您在后面的课程中将经常这么做。

1. 向下滚动，找到如下代码。

```
<a href="#">Link 1</a>
```

2. 在文本 `Link 1` 的任何位置插入光标。

检查文档窗口底部的标签选择器。

 提示： 有时候，标签选择器没有正常刷新，可能不反映光标的位置。您可以尝试再次在元素内单击，或者单击标签本身。

Code 视图中的标签选择器显示 `<a>` 标签及其所有父元素，在 Live 或者 Design 视图中也一样。

3. 选择 `<a>` 标签选择器，如图 3-47 所示。

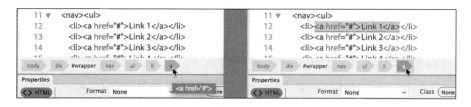

图3-47

整个 `<a>` 元素（包括其内容）在 Code 视图中高亮显示。现在，可以复制、剪切、移动或者折叠整个 `<a>` 元素。标签选择器能清楚地揭示代码结构，如 `<a>` 是 `<li>` 元素的子元素，后者是 `<ul>` 的子元素，依此类推，`<ul>` 是 `<nav>` 的子元素，`<nav>` 是 `<div#wrapper>` 的子元素。

标签选择器使选择代码结构的任何部分易如反掌。

4. 选择 `<ul>` 标签选择器，项目列表的代码被全部选中，如图 3-48 所示。

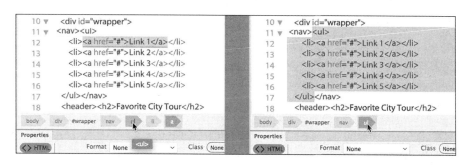

图3-48

5. 选择 `<nav>` 标签选择器，整个菜单的代码被选中。
6. 选择 `<div#wrapper>` 标签选择器，如图 3-49 所示。

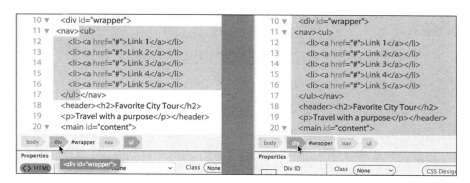

图3-49

现在，整个页面的代码被选中。使用标签选择器允许您确定和选择页面上任何元素的结构，但是需要您自行确定和选择父标签。Dreamweaver 提供了另一个工具，可以自动为您完成这项工作。

3.5.3 使用父标签

在 Code 视图中使用父标签选择器，可以使选择页面的层次结构更加简单。

1. 如果有必要，选择 Window > Toolbar > Common，显示 Common 工具栏。
2. 在文本 `Link 1` 中的任何位置插入光标。

3.5 选择代码 75

注意：默认情况下，Select Parent Tag（选择父标签）按钮可能不在 Common 工具栏上显示。如果有必要，单击 Customize Toolbar 按钮，启用该工具之后再继续第 3 步。

3. 在 Common 工具栏中，单击 Select Parent Tag 按钮，整个 `<a>` 元素高亮显示，如图 3-50 所示。

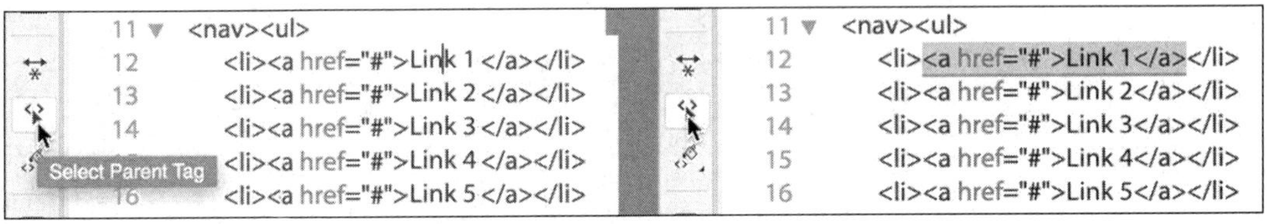

图3-50

4. 再次单击 Select Parent Tag 按钮，或者按 Ctrl+[/Cmd+[（左方括号）组合键，整个 `<li>` 元素被选中。

5. 单击 Select Parent Tag 按钮，整个 `<ul>` 元素被选中，如图 3-51 所示。

图3-51

6. 按 Ctrl+[/Cmd+[组合键直到 `<div#wrapper>` 被选中。

每当您单击按钮或者按下快捷键，Dreamweaver 便会选择当前被选中元素的父元素。一旦您选择了某元素，可能就会发现处理很长的代码段落很麻烦。Code 视图提供了其他一些方便的选项以折叠冗长的段落，使它们易于处理。

3.6 折叠代码

折叠代码是一种生产率工具，使复制或者移动大段代码变成简单的过程。当编码人员和开发人员查找页面上的特定元素或区段，且希望暂时隐藏不需要的区段时，也会折叠代码段。用户可以根据选择的代码或者逻辑元素折叠代码。

1. 选择 `<nav>` 元素中的前 3 个链接项。

注意 Code 视图左侧的 Collapse（折叠）按钮，此处的 Collapse 按钮表示选择的内容目前被展开。

2. 单击 Collapse 按钮▼，如图 3-52 所示。

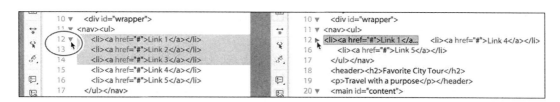

图3-52

将选择的文本折叠后，只显示第一个<li>元素和该元素中的一个文本片段。

您也可以根据逻辑元素（如<ul>或者<nav>）折叠代码。注意，包含元素开始标签的每一行也显示折叠按钮。

3. 单击<nav>元素所在行旁边的 Collapse 按钮▼。

整个<nav>元素在代码窗口中被折叠，只显示整个元素的一个缩略片段。

在任何一种情况下，代码都完全不会被删除或者破坏，仍然和预想的一样运作。而且，折叠功能只出现在 Dreamweaver 的 Code 视图中，在 Web 或者另一个应用中，代码将正常显示。要展开代码，只需要把这一过程颠倒过来，3.7 节中将做说明。

3.7　展开代码

当代码折叠时，您仍然可以复制、剪切或者移动它，就像对待任何其他被选中的元素那样。然后，您可以一次展开一个元素，或者一次性展开全部元素。

1. 单击<nav>元素所在行旁边的 Expand（展开）按钮▶，如图 3-53 所示。

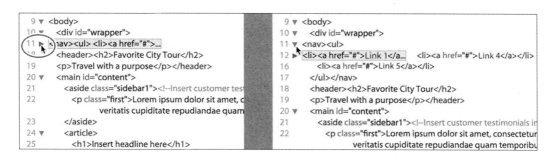

图3-53

<nav>元素被展开，但是前一个练习中折叠的 3 个<li>元素仍然被折叠。

2. 单击<li>元素所在行旁边的 Expand 按钮▶。

此时，所有折叠元素都将被展开。注意，3 个<li>元素的 Expand 按钮将完全消失。

3.8　访问拆分的 Code 视图

为什么编码人员要拒绝同时在两个窗口中工作呢？拆分 Code 视图使您可以一次性地在两个不

同文档或者相同文档的不同段落中工作。您可以随意选择拆分还是不拆分 Code 视图。
1. 如果有必要，切换到 Code 视图。
2. 选择 View > Split > Code-Code，如图 3-54 所示。

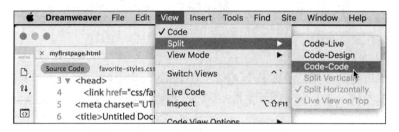

图3-54

文档显示两个 Code 视图窗口，两者的焦点都是 **myfirstpage.html**。
3. 将光标插入上方的窗口，向下滚动到 `<footer>` 元素。
4. 在下方窗口中插入光标，滚动到 `<header>` 元素，如图 3-55 所示。

拆分 Code 视图使您可以查看和编辑同一个文件的两个不同部分。

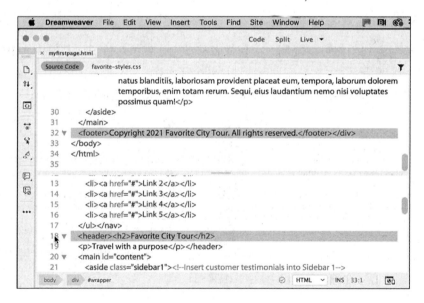

图3-55

您也可以查看和编辑任何相关文件的内容。
5. 在 Related Files 界面中，选择 **favorite-styles.css**。

样式表加载到其中一个窗口中。您可以在任何一个窗口工作，并实时保存您的更改。Dreamweaver 中任何一个已经改变而尚未保存的文件名上会显示一个星号。如果您选择 File> Save 或者按 Ctrl+S/Cmd+S 组合键，Dreamweaver 将保存光标插入的文档的更改。由于 Dreamweaver 在文档没有打开时也能对其进行更改，这一特性使您可以编辑并更新链接到网页的文件。

3.9 在 Code 视图中预览资源

即使您是一位顽固的编码人员或者开发人员，也没有理由不喜欢 Dreamweaver 的图形化显示。该程序在 Code 视图中提供了图形资源和某些 CSS 属性的可视化预览。

1. 打开 **myfirstpage.html**，选择 Code 视图。

在 Code 视图中您只能看到 HTML。图形资源只是出现在 CSS 文件 **favorite-styles.css** 中的引用。

2. 在 Related Files 界面中单击 **favorite-styles.css**。

样式表出现在窗口中。虽然它完全可以被编辑，但是不要浪费时间对其做任何更改。由于该文件是 SCSS 源文件的输出，您所做的任何更改都会在下次文件编译时被覆盖。

3. 找到 `header` 规则（大约在第 6 行）。

`header` 包含两个文本元素和两幅图像。您应该可以在 `background` 属性中看到图像引用。

4. 将光标放在 `background` 属性中的标记 `url("../images/favcity-logo.jpg")` 上（第 9 行），如图 3-56 所示。

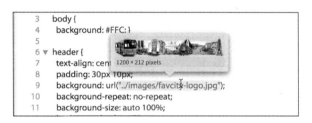

图3-56

Favorite City 标志的一个缩略预览图出现在光标之下。

5. 将光标放在 `background` 属性中的标记 `#ED6` 之上，如图 3-57 所示。

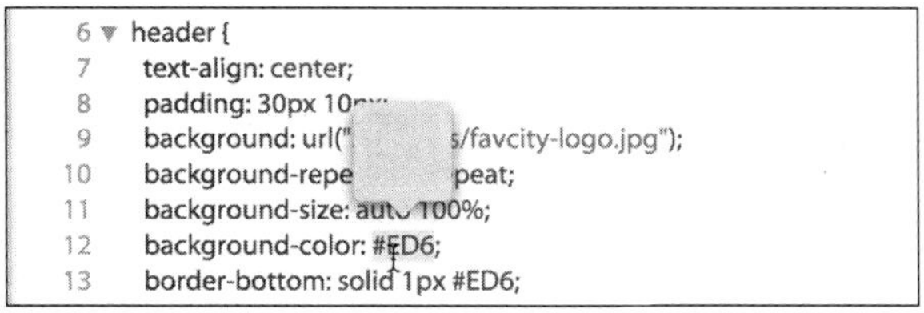

图3-57

一个小色块出现，显示指定的颜色。对所有颜色模式的预览方式都是相同的。您不再需要在 Live 视图或者浏览器中查看之前指定的图像或者颜色了。

在本课中，您学到了一些技巧，使编码更加方便、更有效率。您学习了使用提示和自动代码完成手工编写代码的方法，以及使用 Emmet 自动编写代码的方法。您还学习了用内建 linting 检查代码构造的方法，学习了选择、折叠和扩展代码，以及创建 HTML 注释、以不同的方式查看代码的方法。

总体来说，您已经知道，不管是视觉设计师还是编程开发人员，都可以依靠 Dreamweaver 的关键特性和功能创建和编辑 HTML 代码，无须做出任何妥协。请牢记这些技巧，并在合适的时候加以使用。

3.10 复习题

1. Dreamweaver 用哪些手段帮助您创建新代码？
2. 什么是 Emmet，它为用户提供了什么功能？
3. 在 Dreamweaver 中，您需要安装什么来创建 LESS、Sass 或者 SCSS 的工作流？
4. 当您保存文件时，Dreamweaver 中的什么功能会报告代码错误？
5. 判断正误：折叠的代码在展开之前不会出现在 Live 视图或浏览器中。
6. Dreamweaver 的什么功能提供了对大多数链接文件的即时访问？

3.11 复习题答案

1. Dreamweaver 为您输入的 HTML 标签、属性和 CSS 样式提供代码提示和自动完成功能，同时支持 ColdFusion、Javascript 和 PHP 等语言。
2. Emmet 是一个脚本工具包，它通过将简写条目转换成完整的元素、占位符甚至内容来创建 HTML 代码。
3. 使用 LESS、Sass 或者 SCSS 不需要额外的软件或服务。Dreamweaver 支持这些 CSS 预处理器，只需在 Site Setup 对话框中启用编译器。
4. Linting 在每次保存文件时都会检查 HTML 代码和结构，出现错误时，在文档窗口底部显示一个 ⊗ 图标。
5. 错。折叠代码对 Dreamweaver 之外的代码显示或操作没有影响。
6. Related Files 界面显示在文档窗口的顶部，使用户能够立即访问和审核链接到该网页的 CSS、JavaScript 和其他兼容文件类型。在某些情况下，界面中显示的文件将存储在互联网上的远程资源。虽然 Related Files 界面使您能够查看所有显示的文件的内容，但您只能编辑存储在本地硬盘上的那些文档。

第4课　CSS基础知识

课程概述

在本课中，您将熟悉CSS，并学习以下内容。

- CSS（层叠样式表）术语和术语学。
- HTML和CSS格式之间的不同。
- 编写CSS规则和标记的不同方法。
- 层叠、继承、后代和特异性理论如何影响浏览器应用CSS格式的方式。
- CSS3的新特性和功能。

完成本课需要花费大约1小时。

CSS控制网页的观感。CSS语言和语法很复杂、强大且有无穷的适应性。CSS需要花费很多时间和精力去学习,需要几年的时间才能熟练掌握,但它是现代Web设计人员不可或缺的工具。

4.1 什么是 CSS

HTML 的意图从来就不是成为一种设计媒介。除了粗体和斜体之外，版本 1 缺少加载字体或者格式化文本的标准方法。格式化命令直到 HTML 的版本 3 才逐渐被添加进去，用于解决这些局限性，但是这些改变并不够。设计师求助于各种技巧来产生想要的结果。例如，他们使用 HTML 表格来模拟文本和图形的多列和复杂布局，并在需要 Times 或 Helvetica 之外的字体时使用图像。

基于 HTML 的格式化是很有误导性的概念，因此在正式采用它之后不到一年的时间就被建议从语言中删除，以便于支持 CSS（层叠样式表）。CSS 避免了 HTML 格式化的所有问题，同时也节省了设计师的时间和金钱。使用 CSS，可以从 HTML 代码剥离不必要的成分，只剩下必不可少的内容与结构，然后单独应用格式化，因此可以更轻松地使网页适应特定的设备和应用程序。

观察最终设计（图 4-1 的左图），您绝对猜不到它是用 HTML 表格和图像创建的。因此，我们添加一些额外的边距，让您了解真正的构造（图 4-1 的右图）。

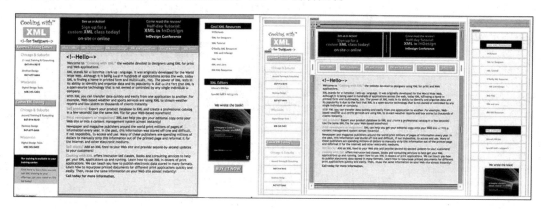

图4-1

HTML 与 CSS 格式的对比

比较基于 HTML 的格式化与基于 CSS 的格式化时，很容易看到 CSS 在时间和工作量方面产生的巨大效益。在下面的练习中，您将通过编辑两个 Web 页面来探索 CSS 的能力和功效，其中一个页面通过 HTML 进行格式化，另一个页面则通过 CSS 进行格式化。

1. 启动 Dreamweaver（2020 版本）。
2. 按照本书前言中的指南，以 lesson04 文件夹为基础创建一个新站点，命名为 **lesson04**。
3. 选择 File>Open。
4. 导航到 lesson04 文件夹，打开 **html_formatting.html**。
5. 单击 Split 按钮。如果有必要，选择 View> Split> Split Vertically，垂直拆分代码及 Live 视图。

> **注意**：Code 和 Live 视图可以通过选择 View 菜单下的选项，移动到顶部、底部、左侧和右侧，更多信息参见第 1 课。

内容的每个元素用已经弃用的 <font> 标签单独格式化。注意每个 <h1> 和 <p> 元素的 color="blue" 属性。

> **注意**：弃用意味着标签从 HTML 的未来支持中删除，但仍然可能被当前浏览器和 HTML 读取程序识别。

6. 在出现 blue 的每一行中以 green 进行替换。如果有必要，单击 Live 按钮以更新，如图 4-2 所示。

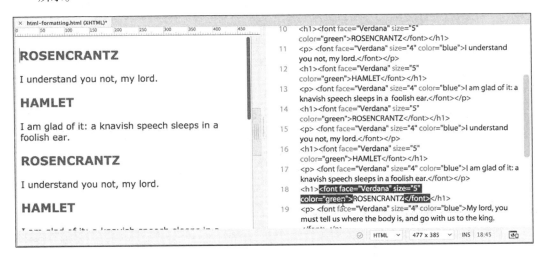

图4-2

现在，在更改颜色值的每一行中，文本显示为绿色。可以看到，使用过时的 <font> 标签进行格式化不仅缓慢，而且也容易出错。如果输入 greeen 或 geen，浏览器将完全忽略颜色格式。

7. 打开 lesson04 文件夹中的 **css_formatting.html**。
8. 单击 Split 按钮。

除用 CSS 格式化之外，这个文件内容与上一个文档内容完全相同。格式化 HTML 元素的代码出现在文件的 <head> 段。注意，代码只包含两个 color:blue; 属性。

9. 在代码 h1{color:blue;} 中，选择 blue，输入 green 代替它。如果有必要，单击 Live 按钮以更新显示。

> **注意**：当您打开或者创建一个新页面时，Dreamweaver 通常默认打开 Live 视图，如果不是这样，您可以从 Document 工具栏中的 Design/Live 视图下拉菜单中选择。

在 Live 视图中，所有标题元素和段落元素会被区分开，如图 4-3 所示。

10. 选择 p{color:blue;} 中的 blue，输入 green 替代它。单击 Live 按钮以更新显示，在 Live 视图中，所有段落元素都变成绿色。

4.1 什么是CSS **85**

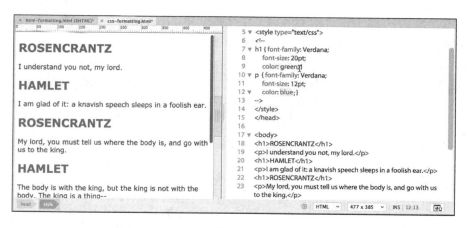

图4-3

11. 关闭所有文件，不保存更改。

在这个练习中，CSS 利用两处简单的编辑就完成了颜色改变，而 HTML 的 `<font>` 标签要求编辑每一行代码。您开始理解 W3C（规定互联网规范和协议的 Web 标准组织）不建议使用 `<font>` 标签且开发 CSS 的原因了吗？这个练习只是 CSS 提供的格式化能力和效率提高的一个小例子，而单独使用 HTML 是做不到这些的。

4.2 HTML 默认设置

从一开始，HTML 标签就有一个或多个默认格式、特征或行为。所以，即使您什么也没做，大部分浏览器中的文字都已经以某种方式格式化了。掌握 CSS 的基本任务之一是学习和理解这些默认值，以及它们对内容的影响。让我们来观察一下。

1. 打开 lesson04 文件夹中的 **html_defaults.html**。如果有必要，打开 Live 视图以预览文件内容。该文件包含一系列 HTML 标题和文本元素，每个元素直观地展示了大小、字体、间隔等基本样式。
2. 切换到 Split 视图，如图 4-4 所示。

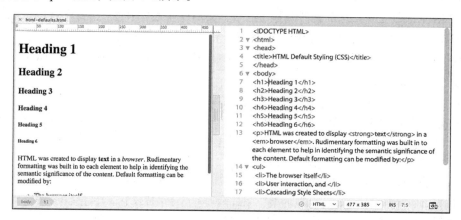

图4-4

3. 在 Code 视图中，找到 `<head>` 区段，尝试确定可能格式化 HTML 元素的任何代码。

匆匆一瞥就能知道，文件中没有任何明显的样式信息，但是文本仍然显示出不同的格式类型。这些格式从何而来？更重要的是，这些格式使用的是什么设置？

答案是视情况而定。过去，HTML 4 元素从多个来源提取特征。首先要查看的是 W3C，它创建了一个默认样式表，样式表定义了所有 HTML 元素的标准格式和行为。浏览器供应商以此样式表为基础，决定 HTML 元素的默认呈现格式，但那是 HTML5 出现之前的事情了。

4. 关闭 **html_defaults.html**，不保存任何更改。

4.2.1 HTML 5 默认设置

过去 10 年来，网络上一直进行着将"内容"与"样式"分开的运动。在撰写本书时，HTML 中"默认"格式的概念似乎已经消亡。根据 W3C 在 2014 年采用的规范，HTML 5 元素没有默认的样式标准。如果您像对 HTML 4 那样，在 W3C 上查找 HTML 5 的默认样式表，那是找不到的。目前，没有任何公开的动议来改变这种关系，浏览器制造商仍然将 HTML 4 默认样式应用于基于 HTML 5 的网页。

这种趋势有着戏剧性的深远影响。在不远的将来，HTML 元素可能不默认显示任何格式。也就是说，理解元素当前的格式比以往更为重要，这样您就可以在需求出现时做好准备，开发自己的标准。

注意： 如果当前的趋势持续，HTML 5 默认样式表的缺失将使您开发自己的网站标准变得更加重要。

为了节约时间，让您具有先行一步的优势，此处总结了一些常见的 HTML 默认设置，如表 4-1 所示。

表4-1 常见的HTML默认设置

项目	描述
背景	在大多数浏览器中，页面背景颜色为白色。元素`<div>`、`<table>`、`<td>`、`<th>` 和大多数其他标签的背景是透明的
标题	标题`<h1>`~`<h6>`为粗体，并向左对齐。6个标题标签应用不同的字体大小属性，`<h1>`最大，`<h6>`最小。浏览器之间的显示尺寸可能会有所不同
正文	在表格单元格之外，段落——`<p>`、`<li>`、`<dd>`、`<dt>`向左对齐，从页面顶部开始
表格单元格文本	表格单元格`<td>`内的文字在水平方向左对齐并垂直居中
表头	表头单元格`<th>`内的文本水平和垂直居中（这在所有浏览器中都不是标准的）
字体	文字颜色为黑色。浏览器指定和提供默认的字体和字体，而用户可以使用浏览器中的首选项设置来覆盖它
边距	元素边框/边界外部的间距由边距处理。许多HTML元素具有某种形式的边距。边距通常用于在段落和缩进文本之间插入额外的空格，如列表和块引用
填充	在元素边框内的间距由填充处理。根据默认的HTML 4样式表，没有元素具有默认填充

4.2.2 浏览器的"怪癖"

开发自定义样式标准的下一个任务是识别显示 HTML 的浏览器（及其版本）。那是因为，浏览器在解释或渲染 HTML 元素和 CSS 格式的过程中经常有所不同（有时是显著的）。另外，不同版本的同一浏览器解释相同代码时也可能产生显著的变化。

Web 设计的最佳实践是构建和测试 Web 页面，确保它们在大多数网络用户使用的浏览器中正常工作。现在，越来越多的人放弃台式计算机，喜欢使用平板计算机（简称"平板"）和智能手机。2019 年 7 月，W3C 发布了以下统计资料，说明了每年最受该组织网站上 5000 万访问者欢迎的浏览器，如图 4-5 所示。

虽然这个图表显示了各种浏览器的基本占有率，但它掩盖了每个浏览器有多个版本仍在使用中的事实。这很重要，因为较早的浏览器版本不太可能支持最新的 HTML 及 CSS 功能和特效。让事情变得更加复杂的是，这些统计数据显示了互联网整体的趋势，虽然可能与您自有网站的统计数据有很大的不同。

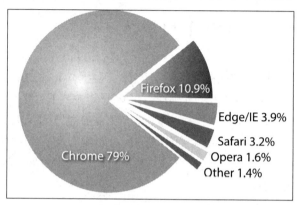

图4-5

随着 HTML 5 得到越来越广泛的支持，不一致的情况会减少，但它们可能永远不会消失。到目前为止，HTML 4、CSS1 和 CSS2 的某些方面尚未得到普遍的认可。仔细测试任何样式或结构是至关重要的。有些时候您会发现，必须创建自定义规则，才能应对一个或多个浏览器中出现的问题。

4.3 CSS 盒子模型

浏览器正常读取 HTML 代码，解释其结构和格式，然后显示网页。CSS 通过在 HTML 与浏览器之间游走来执行其工作，并且重新定义呈现每个元素的方式。它在每个元素周围强加了一个假想的盒子（box），然后允许您对这个方框及其内容各个方面的显示方式进行格式化，如图 4-6 所示。盒子模型是 HTML 和 CSS 强加的一种编程结构，使您可以格式化或者重定义任何 HTML 元素的默认设置。

CSS 允许指定字体、行间距、颜色、边框、背景阴影、图形，以及边距和填充等。在大多数情况下，这些盒子是不可见的，尽管 CSS 提供了格式化它们的能力，但这样做并不是必需的。

1. 如果有必要，启动 Dreamweaver（2020 版）。打开 lesson04 文件夹中的 **boxmodel.html**。
2. 如有必要，切换到 Split 视图，如图 4-7 所示。

该文件的 HTML 代码样板包含一个标题和两个段落，其中带有一些样板文本。对它们进行格式化，以阐释 CSS 盒子模型的一些属性。这些文本显示了可见的边框、背景颜色、边距和填充。有时，为了了解 CSS 的真正威力，观察没有 CSS 的页面外观是很有帮助的。

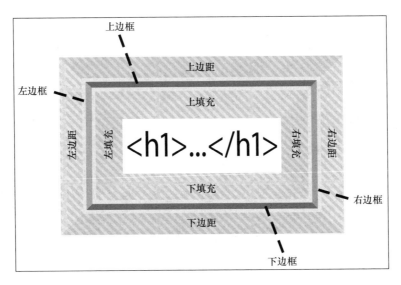

图4-6

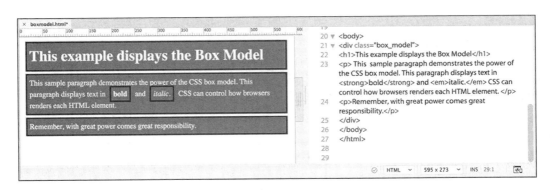

图4-7

3. 切换到 Design 视图。选择 View > Design View Options（Design 视图选项）> Style Rendering（样式呈现）> Display Styles（显示样式），如图4-8 所示。

注意：Style Rendering 命令只在 Design 视图中可用。

Dreamweaver 现在显示没有应用任何样式的页面。当今网络标准的基本原则是内容（文本、图像、列表等）与其呈现（格式）分离。虽然这些文本并不是完全非格式化的，但很容易看出 CSS 转换 HTML 代码的强大功能。

不管文本是否格式化，这都说明了内容结构与质量的重要性。如果去掉这些漂亮的格式，人们还会为您的网站而着迷吗？

4.3 CSS盒子模型

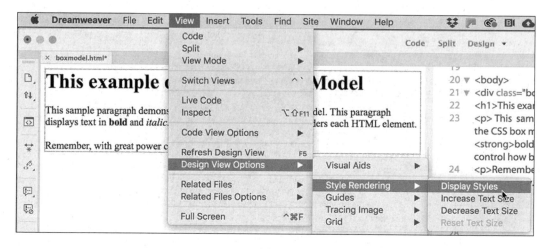

图4-8

4. 选择 View> Design View Options > Style Rendering > Display Styles，再次启用 CSS 呈现。
5. 关闭所有文件，不要保存更改。

4.4 应用 CSS 样式

你可以以 3 种方式应用 CSS 格式：内联（在元素本身上）、嵌入（在内部样式表中）或者链接（通过外部样式表）。CSS 格式化命令被称为规则。规则包括两个部分——一个选择器和一个或多个声明。选择器指定要格式化的元素或者元素组合，声明包含样式信息。CSS 规则可以重新定义任何现有 HTML 元素，也可以定义两种自定义元素限定符——类和 ID，如图 4-9 所示。

规则还可以组合选择器，针对多个元素，或者针对页面内元素以独特方式显示的特定实例，例如当一个元素嵌套在另一个元素中时。

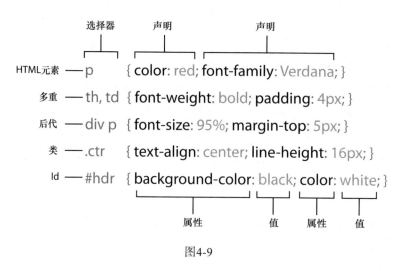

图4-9

这些样板规则展示了用于选择器和声明的典型构造。编写选择器的方式决定了样式的应用和规则之间的相互关系。

应用CSS规则并不是像在Adobe In Design、Adobe Illustrator或Microsoft Word中选择一些文本并应用段落或字符样式那样简单的事情。CSS规则可以影响单词、文本段落或文本/对象组合。单一规则可以影响整个网页、单个段落或只是几个单词/字母。基本上，任何具有HTML标签的东西都可以设置样式，甚至还有一个HTML标签用于设置无标签内容的样式。

确定CSS规则如何执行其工作时，会有很多因素发挥作用。为了帮助您更好地了解它是如何工作的，以下内容将介绍4个主要的CSS概念，这里将其称为理论：层叠、继承、后代和特异性。

4.4.1 层叠理论

层叠理论描述了样式表中或者页面上的规则影响样式应用顺序和位置的方式。换言之，如果两条规则相互冲突，哪一条会胜出？

看看样式表中可能出现的如下规则。

```
p { color: red; }
p { color: blue; }
```

两条规则都对段落标签 \<p\> 应用文本颜色。由于两者完全相同，它们都无法取胜。根据层叠理论，最后声明（最靠近HTML代码）的规则胜出，故文本将显示为蓝色。

> **CSS规则语法：编写或者错误**
>
> CSS是HTML的强大附件。它具有设置任何HTML元素样式及格式的能力，但是这种语言对于最微小的拼写错误或语法错误也很敏感。少写一个句号、逗号或分号，都可能使效果完全不一样。更有甚者，一条规则中的错误可能会使后续规则或整个样式表中的所有样式都不起作用。
>
> 例如下面的这条简单规则。
>
> ```
> p { padding: 1px;
>     margin: 10px; }
> ```
>
> 它对段落元素\<p\>应用填充和边距。
>
> 这条规则也可以不间断地写成如下格式。
>
> ```
> p{padding:1px;margin:10px;}
> ```
>
> 第一个例子中使用的空格和换行是没有必要的，只是为了帮助人们编写和阅读代码。删除过多的空格称为"精简"（Minification），常常用于优化样式表。浏览器和处理这些代码的其他应用不需要额外的空格，但是CSS中使用的各种标点符号可不是这样。

用圆括号（）或者方括号[]代替花括号{}，规则（可能还有您的整个样式表）就会失效。对于代码中的冒号（:）和分号（;）也是如此。

您能找出如下规则示例中的错误吗？

```
p { padding; 1px: margin; 10px: }
p { padding: 1px; margin: 10px; ]
p { padding 1px, margin 10px, }
```

构造复合选择器时也可能出现类似的问题。例如，在错误的位置里添加空格可能完全改变选择器的含义。

规则article.content{color:#F00}格式化<article>元素和代码结构中的所有子元素。结果如下。

```
<article class="content"><p>...</p></article>
```

相反，规则article .content{color:#F00}将完全忽略之前的HTML结构，只格式化如下代码中的<p>元素。

```
<article class="content"><p class="content">...</p></article>
```

一个微小的错误可能会产生戏剧性的深远影响。优秀的Web设计师应始终保持专注，认真地找出任何微小的错误，如错误放置的空格或者标点符号，以使他们的CSS和HTML正确地工作。当您进行以下练习时，请仔细观察所有代码是否有类似的错误。但如本书前言部分所述，在书中的说明里也许会有意忽略一些可能造成混乱或代码错误的句点和其他标点符号。

当您尝试确定将采用哪些CSS规则并应用哪种格式时，可以先看一看浏览器通常会遵循的层次结构顺序，其中第4种是最强大的。

1. 浏览器默认设置。
2. 使用外部样式表或者嵌入样式表。如果两者都存在，最后声明的项目优先于冲突中较早声明的项目。
3. 内联样式表（在HTML元素内）。
4. 应用!important属性的样式。

4.4.2 继承理论

继承理论描述了元素同时受到一条或多条规则影响的方式。继承可以影响同名的规则以及格式化父元素的规则（包含其他元素的规则），如下面的代码。

```
<article>
    <h1>Pellentesque habitant</h1>
    <p>Vestibulum tortor quam</p>
```

```
        <h2>Aenean ultricies mi vitae</h2>
        <p>Mauris placerat eleifend leo.</p>
        <h3>Aliquam erat volutpat</h3>
        <p>Praesent dapibus, neque id cursus.</p>
</article>
```

上述代码包含各种标题和段落元素,以及一个包含它们全部的父元素 `<article>`。如果要将蓝色应用于所有文本,那么可以使用以下这组 CSS 规则。

```
h1 { color: blue;}
h2 { color: blue;}
h3 { color: blue;}
p { color: blue;}
```

这么多代码都在描述相同的情况,是大部分 Web 设计人员希望能够避免的。在这种情况下使用继承性可以节约时间和精力。利用继承性,您可以用如下代码代替上述 4 行。

```
article { color: blue;}
```

那是因为所有的标题和段落都是 `article` 元素的子元素,只要没有其他规则覆盖它们,它们就会继承应用于父元素的样式。继承可以真正帮助您在设计页面时节省编写的代码量。但它也是一把双刃剑。建议您尽可能多地用这一理论设置元素样式,但也必须注意意料之外的效果。

4.4.3 后代理论

继承提供了将样式应用到多个元素的一种手段,但 CSS 还提供了根据 HTML 结构,将样式应用到特定元素的手段。

后代理论描述如何根据与其他元素的相对位置,将样式应用到特定元素。这种技术涉及组合多个标签(有些情况下还有 `id` 和 `class` 属性)创建标识特定元素或元素组的选择器。

观察如下代码。

```
<section><p>The sky is blue</p></section>
<div><p>The forest is green.</p></div>
```

注意,两个段落都没有包含非固有格式或者特殊属性,但是它们出现在不同的父元素里。假定您想要对第一行应用蓝色,对第二行应用绿色。您不能用一条仅针对 `<p>` 标签的规则完成这个任务,但是用如下的后代选择器就可以很简单地做到。

```
section p { color: blue;}
div p { color: green;}
```

请看,每个选择器中是如何组合两个标签的?选择器识别要格式化的特定类型元素结构或层次。其中一个选择器针对作为 `section` 标签后代的标签 `p`,另一个则针对 `div` 标签的后代。在选择器中组合多个标签来严格控制样式的应用效果、限制意外的继承情况,是很常见的。

最近几年,业界已经开发了一组特殊字符,将这种技术磨炼到尖端水平。例如,使用加号

4.4 应用CSS样式 **93**

（如 section+p）仅针对出现在 <section> 标签之后的第一个段落，使用波浪号（如 h3~ul）则针对 <h3> 标签之后的项目列表。

4.4.4 特异性理论

两条或者更多规则之间的冲突是大部分 Web 设计人员的痛苦之源，他们可能会浪费很多时间去查找 CSS 格式错误。过去，设计人员不得不花费时间逐一人工浏览样式表和规则，试图跟踪样式错误的根源。

特异性理论描述浏览器如何确定在有两条或者更多规则冲突时应用哪一个格式。有些人将此称作权重——根据顺序（层叠）、距离、继承和后代关系为某些规则指定较高优先级。使选择器权重更容易被理解的方法之一是为名称中的每个组件给定数值。

例如，每个 HTML 标签得到 1 分，每个类得到 10 分，每个 id 得到 100 分，内联样式属性得到 1000 分。通过加总每个选择器中各成分的价值，就可以计算出特异性并与另一个选择器的特异性比较，特异权重较高的胜出。

计算特异性

您会算术吗？查看如下选择器列表，看一看如何加总。通读本课中样板文件里出现的规则列表，您能确定每个选择器的权重，立即领会出哪条规则更特殊吗？

```
* (wildcard)    { }    0 +   0 +  0 + 0   =     0 points
h1              { }    0 +   0 +  0 + 1   =     1 point
ul li           { }    0 +   0 +  0 + 2   =     2 points
.class          { }    0 +   0 + 10 + 0   =    10 points
.class h1       { }    0 +   0 + 10 + 1   =    11 points
a:hover         { }    0 +   0 + 10 + 1   =    11 points
#id             { }    0 + 100 +  0 + 0   =   100 points
#id.class       { }    0 + 100 + 10 + 0   =   110 points
#id.class h1    { }    0 + 100 + 10 + 1   =   111 points
style=" "       { } 1000 +   0 +  0 + 0   =  1000 points
```

正如您在本课中学到的，CSS 规则通常不会单独工作。它们可以一次为多个 HTML 元素创建样式，并且样式可能会出现重叠或继承的情况。到目前为止描述的每个理论都可以通过在您的网页和整个网站应用 CSS 样式来发挥作用。当加载样式表时，浏览器将使用以下层次结构（第 4 个是最强大的）来确定应用样式，特别是在规则冲突时。

1. 层叠。
2. 继承。
3. 后代结构。
4. 特异性。

当然，当您面对数十条或者数百条规则和多个样式表的 CSS 冲突时，知道这一层次结构于事无补。幸运的是，Dreamweaver 有两种强大的工具能够帮助您。我们先介绍的是 Code Navigator（代码浏览器）。

4.4.5　Code Navigator

Code Navigator（代码浏览器）是一个 Dreamweaver 编辑工具，可以即时检查 HTML 元素并评估其基于 CSS 的格式。当它被激活时，将显示在格式化元素时具有某种作用的所有嵌入和外部链接 CSS，并将按它们的层叠应用和特异性顺序列出。Code Navigator 可以在 Dreamweaver 的各个视图中工作。

1. 打开 lesson04 文件夹中的 **css_basics_finished.html**。

由于上一个网页中您使用了 Split 视图，因此新文件打开时该视图应该仍被选中。一个窗口显示 Code 视图，另一个显示 Design 视图。

2. 在 Document 工具栏中选择 Live 视图，如图 4-10 所示。

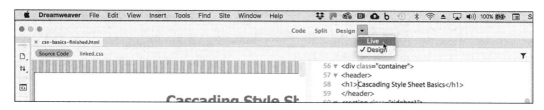

图4-10

根据显示器大小，您可能希望水平拆分屏幕，看到整个页面的宽度。

3. 选择 View > Split > Split Horizontally（水平拆分），如图 4-11 所示。

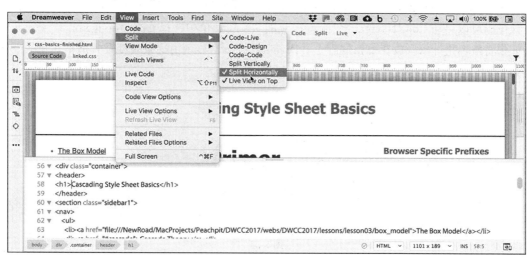

图4-11

屏幕截图显示，Live 视图在顶部。

4. 在 Split 视图中，观察 CSS 代码和 HTML 内容结构。

注意 Live 视图中的文本外观。

该页面包括各种 HTML 5 结构化元素（如 article、section 和 aside）表示的标题、段落和列表，以代码 `<head>` 段中出现的 CSS 规则设置样式。

5. 在 Live 视图中，将光标插入标题 "A CSS Primer" 中，如图 4-12 所示。

按 Ctrl+Alt+N/Cmd+Opt+N 组合键，出现一个小窗口，显示应用到这个标题的 8 条规则的列表。

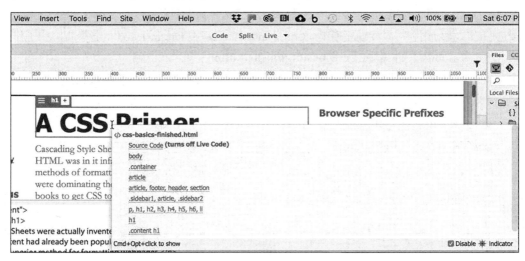

图4-12

这就是在 Live 视图中访问 Code Navigator 的方法。您也可以用鼠标右键单击任何元素，从快捷菜单中选择 Code Navigator。如果 Code Navigator 没有被禁用，单击元素时会出现一个方向盘图标，单击该图标可以启动 Code Navigator。否则，只能从快捷菜单中选择 Code Navigator。

如果将鼠标指针依次放在每条规则上，Dreamweaver 会显示由这条规则及其值格式化的任何属性，如图 4-13 所示。特异性最高的规则出现在列表底部。

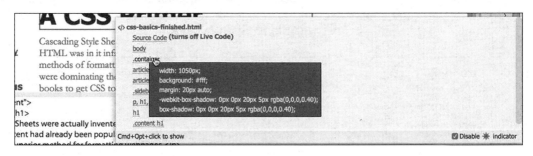

图4-13

 提示：默认情况下，Code Navigator 可能被禁用，当该窗口可见时取消选中 Disable（禁用）复选框，可以使它自动显示。

遗憾的是，Code Navigator没有显示通过内联样式应用的样式，所以您不得不单独检查这类属性，在头脑里盘算内联样式的效果。在其他情况下，列表中的规则顺序表示它们的层叠顺序和特异性。

当规则相互冲突时，列表中下方的规则覆盖上方的规则。记住，元素可能从一条或者多条规则继承样式，默认样式或者未被覆盖的规则可能仍然在最终显示里起作用。除此之外，Code Navigator 不会显示仍然起作用的默认样式特征，您必须自行领会。

本例中，.content h1 出现在 Code Navigator 窗口底部，表示它是设置该元素样式的最强大规则。但是有许多因素会影响规则胜出。有时候，两条规则的特异性完全相同，这时，决定实际应用规则的是样式表中声明的顺序（层叠）。

如前所述，更改规则的顺序往往影响了规则的工作方式。有一个简单的方法可以确定哪条规则凭借层叠或者特异性胜出。

6. 在 Code 视图，找到 `content h1` 规则（第 13 行左右），单击行号选择该行的全部代码。
7. 按 Ctrl+X/Cmd+X 组合键剪切该行。
8. 在样式表开头（第 8 行）插入光标，按 Ctrl+V/Cmd+V 组合键将剪切的那一行粘贴到样式表的开头。
9. 如果有必要，单击 Live 视图以刷新显示。

样式没有改变。

10. 单击标题文本"A CSS Primer"以选择它，像第 5 步那样激活 Code Navigator，如图 4-14 所示。

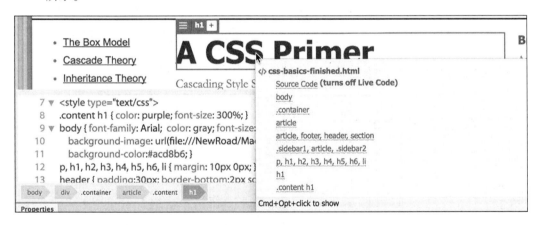

图4-14

虽然这条规则被移到样式表的开头（最弱的位置），但 Code Navigator 中的规则顺序没有改变。在这种情况下，层叠对规则的强度不起作用。`.content h1` 选择器的特异性高于 `body` 或者 `h1` 选择器。在这个例子中，不管将其放在代码中的哪个位置，它都将胜出。但是，它的特异性可以通过修改选择器更改。

11. 从 `.content h1` 选择器中选择并删除 `.content` 类标记。

现在，这条规则将格式化所有 `h1` 元素。

> **注意**：不要忘记删除表示类名的先导句点。

12. 如果有必要，单击 Live 视图以刷新显示，如图 4-15 所示。

图4-15

您注意到样式的变化了吗？"A CSS Primer"标题恢复成青色，其他 h1 标题放大到 300%。您知道为什么发生这种情况吗？

13. 单击标题"A CSS Primer"以选择它，激活 Code Navigator。

因为您从选择器中删除了类标记，所以现在它的价值和其他 h1 规则相同。但由于它是最早声明的，所以它失去了层叠位置中的优先权。

14. 使用 Code Navigator，检查并比较应用到标题"A CSS Primer"和"Creating CSS Menus"的规则。

> **注意**：Code Navigator 不显示内联 CSS 规则。由于大部分 CSS 样式不是以这种方式应用的，因此这不是什么大不了的限制，但是您仍然应该在使用 Code Navigator 中意识到这个盲点。

Code Navigator 显示，两者应用的是相同的规则，如图 4-16 所示。

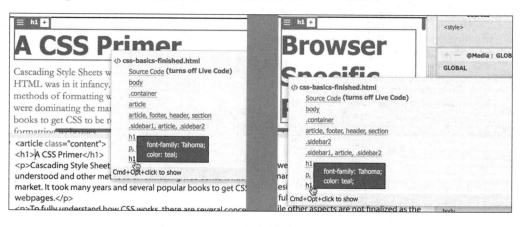

图4-16

因为从选择器中删除了 .content 类，所以规则不再仅仅针对 `<article class="content">` 元素中的 h1 标题，现在它设置页面上所有 h1 元素的样式。

15. 选择 Edit > Undo，将 .content 类恢复到 h1 选择器。

刷新 Live 视图显示，所有标题返回之前的样式。

16. 在标题"Creating CSS Menus"中插入鼠标指针，激活 Code Navigator。

标题不再由 `.content h1` 规则设置样式。

这是不是更容易理解了？如果您还不能理解，不需要担心，随着时间的推移您将会理解。在此之前请记住，Code Navigator 中最后显示的规则对任何特定元素的影响最大。

4.4.6　CSS Designer 面板

Code Navigator 是在此前的版本中引入的，对于查找 CSS 格式化中的错误极有帮助。接下来要讲的 Dreamweaver CSS 中的这个新工具绝不仅仅是一个出色的查错工具。CSS Designer 面板不仅显示与所选元素有关的全部规则，还允许您同时创建和编辑 CSS 规则。

当您使用 Code Navigator 时，它显示每条规则的相对重要性，但您仍然必须访问和评估所有规则的效果，确定最终的效果。由于有些元素可能受到十几条以上规则的影响，因此即使对于老练的 Web 编码人员，这都可能是一件令人畏缩的任务。CSS Designer 面板提供一个 Properties 窗格，可以推算最终的 CSS 显示，完全消除了这个压力。最好的一点是，和 Code Navigator 不同，CSS Designer 面板甚至可以推算内联样式的效果。

1. 如果有必要，在 Split 视图中打开 **css_basics_finished.html**。

2. 如果没有看到面板，选择 Window > CSS Designer，显示面板，如图 4-17 所示。

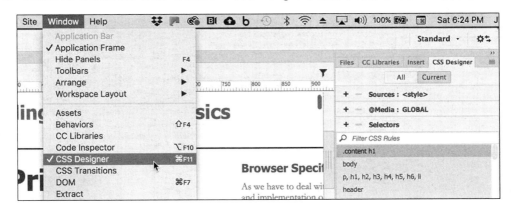

图4-17

CSS Designer 面板具有 4 个窗格：Sources、@Media、Selectors 和 Properties。可以随时根据需要调整窗格的高度和宽度。

面板也是响应式的，如果拖动面板边缘，甚至可以将内容拆分成两列，利用任何额外的屏幕空间。

3. 如果没有看到 CSS Designer 面板中的内容分成两列，可以向左拖动面板左侧边缘以增大宽度，如图 4-18 所示。

CSS Designer 面板将拆分成两列，左侧显示 Sources、@Media 和 Selectors 窗格，右侧显示 Properties 窗格。每个窗格专门用于设置应用到页面上的样式的某个方面——分别是样式表、元查询、规则和属性。

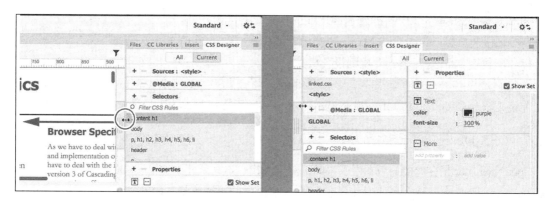

图4-18

通过选择每个面板上列出的项目，您可以用 CSS Designer 面板检查甚至编辑现有样式。当您试图确定相关规则或者查明样式问题时，这一功能很有帮助，但一些页面可能有成百上千条规则。

在这样一个页面上找出某条规则或属性可能很困难。幸运的是，CSS Designer 面板提供了专为这种情况设计的功能。

4. 如果有必要，取消选中 CSS Designer 面板中的 Show Set 复选框，如图 4-19 所示。

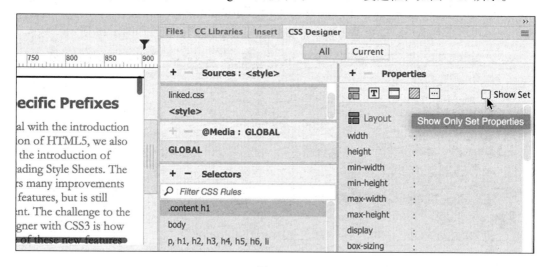

图4-19

安装 Dreamweaver 时，Show Set 默认为禁用状态，如果您是 CSS 新手，可能希望将其禁用，直到更适应这种语言。取消选中 Show Set 复选框时，CSS Designer 面板中显示 CSS 中可用的主要属性列表，如宽度、高度、边距、填充、边框、背景等。这些不是全部的选项，但确实是最常用的。如果您想要的某个属性在窗格中不可见，可以手工输入。

 提示：有时候，当您第一次试着选择文档中的某个元素时，Dreamweaver 可能高亮显示错误的元素。如果出现这样的情况，可以单击页面不同部分的一个元素，并再次尝试。

Dreamweaver 将整个界面集成到创建网页和设置样式的任务中。重要的是要理解这种集成界面的工作原理。第一步是选择您想要检查或者格式化的元素。

5. 在 Live 视图中选择标题"A CSS Primer"，如图 4-20 所示。

A CSS Primer

图 4-20

 注意：元素被选中时，它可能显示橙色或蓝色的边框，这会影响 CSS Designer 面板显示的选择器和属性。

Element Display 出现在 Live 视图中的标题周围。这一简单的动作告诉 Dreamweaver，您打算处理这个特定的元素。您可以浏览 Selectors 窗格中的列表，找出格式化标题的规则，但可能要花上几个小时。此时，我们有更好的办法。

CSS Designer 面板有两种基本模式：All 和 Current。使用 All 模式时，您可以在面板上查看和编辑全部现有 CSS 规则，创建新规则；在 Current 模式中，您可以在面板上确定和编辑已经应用到所选元素的规则和样式。

 注意：在 All 模式中，CSS Designer 面板按照样式表中出现的顺序显示规则；在 Current 模式中，规则按照特异性排列。

6. 如果有必要，单击 CSS Designer 面板中的 Current 按钮，如图 4-21 所示。

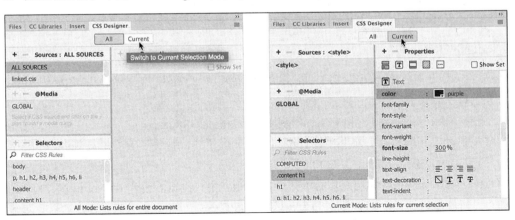

图 4-21

4.4 应用 CSS 样式 **101**

Current 模式激活时，面板显示影响标题的 CSS 规则。在 CSS Designer 面板中，最强大的规则出现在 Selectors 窗格顶部，这与 Code Navigator 相反。

7. 单击 Selectors 窗格中的规则 `.content h1`，如图 4-22 所示。

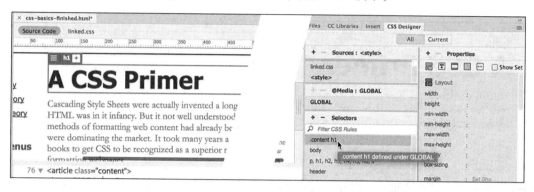

图4-22

取消选中 Show Set 复选框时，Properties 窗格显示一个似乎无穷无尽的属性列表，这在您第一次为某元素设置样式时很有帮助，但在现有样式的检查或纠错中，可能会令人困惑且效率低下。因为这样会难以区分哪些为应用到该元素上的属性，哪些不是。幸运的是，CSS Designer 面板允许您只显示当前应用到所选元素的属性。

8. 在 CSS Designer 面板中选中 Show Set 复选框，启用该选项，如图 4-23 所示。

图4-23

启用 Show Set 时，Properties 窗格只显示该规则中设置的属性。在本例中，该条规则真正设置的只有颜色和字体大小。

9. 选择出现在 Selectors 窗格中的每条规则，观察它们的属性。

有些规则设置相同属性，有些则设置不同属性。为了排除冲突、查看所有规则组合的预期结果，Dreamweaver 提供了 COMPUTED 选项。

COMPUTED 选项分析影响元素的所有 CSS 规则，生成浏览器或者 HTML 阅读器应该显示的属性列表。通过显示相关 CSS 规则的列表，然后计算 CSS 应该呈现的效果，CSS Designer 面板比 Code Navigator 更进一步，但还不止如此。

Code Navigator 可以选择一条规则并在 Code 视图中编辑该规则，而在 CSS Designer 面板中可以直接编辑 CSS 属性。CSS Designer 面板甚至能够计算和编辑内联样式。

10. 在 Selectors 窗格中选择 COMPUTED，如图 4-24 所示。

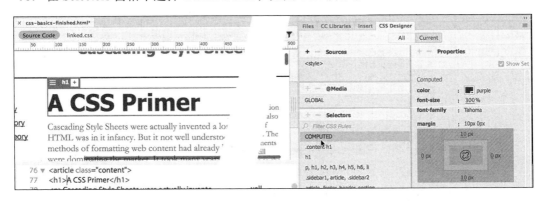

图4-24

Properties 窗格只显示实际格式化所选元素的样式。使用这些特性，您就不用花几个小时手工检查和对比规则与属性了。

 提示：单击基于文本的颜色名称，也可以使用颜色选择器选择颜色。

但是，CSS Designer 面板的功能不止于此，它还能编辑属性。

11. 在 Properties 窗格中，选择 `color` 属性。在输入框中输入 `red`。按 Enter/Return 键完成更改，如图 4-25 所示。

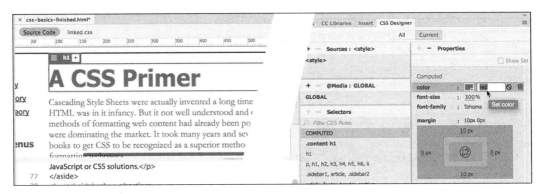

图4-25

您现在应该看到布局中的标题显示为红色。您可能没有注意到，您所做的更改实际上已经直接输入最先对样式起作用的规则中。

12. 在 Code 视图中，滚动到嵌入样式表，检查 `.content h1` 规则，如图 4-26 所示。

4.4 应用CSS样式 103

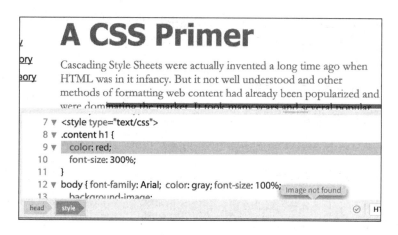

图4-26

您可以看到，设置颜色的代码已经改变并添加到了对应的规则。

13. 关闭所有文件，不保存更改。

在接下来的练习中，您将有机会随着学习更多 CSS 的有关知识而体验 CSS Designer 面板的方方面面。

4.5 多重规则、类、ID

利用层叠、继承、后代和特异性理论，可以对网页上任意位置的几乎任何元素进行格式化。但是，CSS 提供了另外几种方式，用于进一步优化和自定义格式化效果。

4.5.1 对多个元素应用格式

为了加快工作速度，CSS 允许同时对多个元素应用格式，只需在选择器中列出每个元素并用逗号隔开它们即可。例如，下面这些规则中的格式。

```
h1 { font-family:Verdana; color:gray; }
h2 { font-family:Verdana; color:gray; }
h3 { font-family:Verdana; color:gray; }
```

也可以这样表达。

```
h1, h2, h3 { font-family:Verdana; color:gray; }
```

4.5.2 使用 CSS 简写

虽然 Dreamweaver 会为您写出大部分 CSS 规则和属性，但有时您需要编写自己的 CSS 规则和属性。所有属性都可以完整写出，但许多也可以使用简写方法。简写不仅使 Web 设计师的工作更容易，而且还减少了必须下载和处理的代码总数。例如，当边距或填充的所有属性相同时。

```
margin-top:10px;
```

```
margin-right:10px;
margin-bottom:10px;
margin-left:10px;
```

可以简写为 `margin:10px;`

当顶部、底部或左右边距或者填充完全相同时。

```
margin-top:0px;
margin-right:10px;
margin-bottom:0px;
margin-left:10px;
```

可以简写为 `margin:0px 10px;`

即使 4 个属性完全不同。

```
margin-top:20px;
margin-right:15px;
margin-bottom:10px;
margin-left:5px;
```

它们仍然可以简写为 `margin:20px 15px 10px 5px;`。

 注意：边距和填充按照顺时针方向指定，起点是盒子模型的顶部。

在这 3 个例子中，您可以清楚地看到使用简写节约了多少代码。引用和简写技术很多，无法一一介绍。

本书自始至终都尽可能使用常用的简写表达式，看一看我们是否可以识别它们。

4.5.3 创建类属性

到目前为止，您已经了解到可以创建用于格式化的特定 HTML 元素，或者针对特定 HTML 元素结构/关系的 CSS 规则。在某些情况下，您可能希望将某种特定格式应用于已由一个或多个现有规则格式化的元素。为了实现这一点，CSS 允许创建自定义 class（类）和 ID 属性。

Class 属性可以应用于页面上的任意元素，而 ID 属性只可能在每个页面上出现一次。对于印刷设计师，其可以把 Class 属性看成类似 Adobe InDesign 的段落、字符、表格和对象样式的组合。Class 和 ID 名称可以是单个单词、缩写词、字母和数字的任意组合或者几乎任何内容，但是不能以数字开头，也不能包含空格。在 HTML 4 中，ID 不能以数字开头，但在 HTML 5 中似乎没有类似的限制。为了向后兼容，您应该避免使用数字作为 Class 和 ID 名称的首字符。

虽然创建 Class 和 ID 没有严格的规则或指导方针，但 Class 本质上应该更普遍，而 ID 应该更具体。大家似乎各持己见，但目前还没有绝对正确或错误的答案。

然而，大多数人认为，Class 和 ID 应该是描述性的，如 `co-address` 或 `author-bio`，而不

是 `left-column` 或 `big-text`。这将有助于改善您的网站分析，Google 和其他搜索引擎可以更好地理解您的网站结构和组织，您的网站在搜索结果中也将排名更高。

要声明一个 CSS 类选择器，可在样式表中的名称之前插入一个句点，如下所示。

```
.content
.sidebar1
```

然后，将 CSS 类应用到一个完整的 HTML 元素。

```
<p class="intro">Type intro text here.</p>
```

或者用 `<span>` 标签将其应用到单独字符或者单词。

```
<p>Here is <span class="copyright">some text formatted differently</span>.</p>
```

4.5.4 创建 ID 属性

HTML 把 ID 指定为唯一的属性。因此，在每个页面上不应该把特定的 ID 分配给多个元素。过去许多 Web 设计师使用 ID 属性指向页面内的特定成分，如标题、脚注或文章。随着 HTML 5 元素（`header`、`footer`、`aside`、`article` 等）的出现，以此为目的使用 ID 和 Class 属性的必要性不像过去那样强烈了。但是 ID 仍然可以用于标识特定的文本元素、图像和表格，以帮助设计师在页面和站点内构建强大的超文本导航。在第 10 课中将学习关于这样使用 ID 的更多知识。

要在样式表中声明 ID 属性，可以在名称前面插入一个数字符号或 Hash 标记（#），如下所示。

```
#cascade
#box_model
```

下面将 CSS ID 作为属性应用到一个完整的 HTML 元素。

```
<div id="cascade">Content goes here.</div>
<section id="box_model">Content goes here.</section>
```

下面是应用到元素某一部分的方法。

```
<p>Here is <span id="copyright">some text</span> formatted differently.</p>
```

4.5.5 CSS3 特性与特效

CSS3 有二十多个新特性。其中许多已经在所有现代浏览器中实现，目前就可以使用；其他仍然是实验性的，尚未得到广泛支持。您会发现如下新功能。

- 圆角和边框特效。
- 盒子和文字阴影。
- 透明与半透明。

- 渐变填充。
- 多列文本元素。

您可以通过 Dreamweaver 实现所有这些功能。该软件甚至可以在必要时帮助您构建供应商特定标记。为了让您快速浏览一些功能和效果，本书以单独文件形式提供了一个 CSS3 样式的示例。

1. 打开 lesson04 文件夹中的 **css3_demo.html**。

在 Split 视图中显示文件，观察 CSS 和 HTML 代码。

有些新特效无法在 Design 视图中直接预览，您必须使用 Live 视图或者真正的浏览器，才能得到完整的特效。

2. 如果有必要，激活 Live 视图预览所有 CSS3 特效，如图 4-27 所示。

图4-27

该文件是包含特性与效果的"大杂烩"，可能会让您惊喜，但不要太兴奋。虽然 Dreamweaver 中已经支持许多这类功能，它们在许多新的浏览器中可以正常工作，但仍然有很多旧硬件和软件可能将您的梦幻站点变成噩梦。

即便到现在，一些新的 CSS3 功能也尚未标准化，某些浏览器可能无法识别 Dreamweaver 生成的默认标记。在这些情况下，您可能必须包含特定于供应商的命令，才能使其正常工作，例如 -ms-、-moz- 和 -webkit-。

当您仔细查看演示文件代码中的新功能时，能想到在自己的页面中使用这些效果的方法吗？

> **注意**：编写仍然需要供应商前缀的 CSS3 属性时，将标准属性放在最后。这样当针对的浏览器最终支持标准规范时，它们的层叠位置将使其可以取代其他设置。

4.5.6 CSS3 概述

互联网的发展不会长期停滞，技术和标准正在不断发展和变化。W3C 的成员一直在努力使网络适应最新的现实，例如强大的移动设备、大型平板显示器、高清图像和视频，所有这些每天似乎都在变得更好、更经济。这种紧迫性推动着 HTML 5 和 CSS3 发展。

许多这类新标准尚未正式定义，浏览器供应商正在以不同的方式实施它们。但别担心，Dreamweaver 的最新版本已更新，利用最新的更改，并根据这些不断发展的标准提供了许多新功能，包括对 HTML 5 元素和 CSS3 格式最新组合的充分支持。随着新功能的开发，您可以期待 Adobe 公司用 Adobe Creative Cloud 尽快将它们添加到程序中。

在您完成后续的课程后，您将在自己的样板页面中了解并真正体验这些激动人心的新技巧。

4.6 复习题

1. 您应该使用基于 HTML 的格式吗?
2. CSS 在每个 HTML 元素上施加了什么影响?
3. 判断真伪:如果您什么都不做,HTML 元素将没有任何格式或者结构。
4. 影响 CSS 格式应用的 4 个"理论"是什么?
5. 判断真伪:CSS3 特性都是试验性的,您完全不应该使用它们。

4.7 复习题答案

1. 不。基于 HTML 的格式化于 1997 年采用 HTML 4 时被弃用。行业最佳实践建议使用基于 CSS 的格式化代替。
2. CSS 在每个元素上增加一个想象的"盒子"。这个盒子及其内容可以用边框、背景颜色、图像、边距、填充和其他类型的格式设置样式。
3. 错。即使什么都不做,许多 HTML 元素也将具有默认的格式。
4. 影响 CSS 格式化的 4 个理论:层叠、继承、后代和特异性。
5. 错。许多 CSS3 特性已经得到现代浏览器的支持,可以立即使用。

第5课　Web设计基础知识

课程概述

在本课中,您将学习以下内容。

- 网页设计的基础知识。
- 如何创建页面缩略图和线框。

 完成本课需要花费大约 45 分钟。

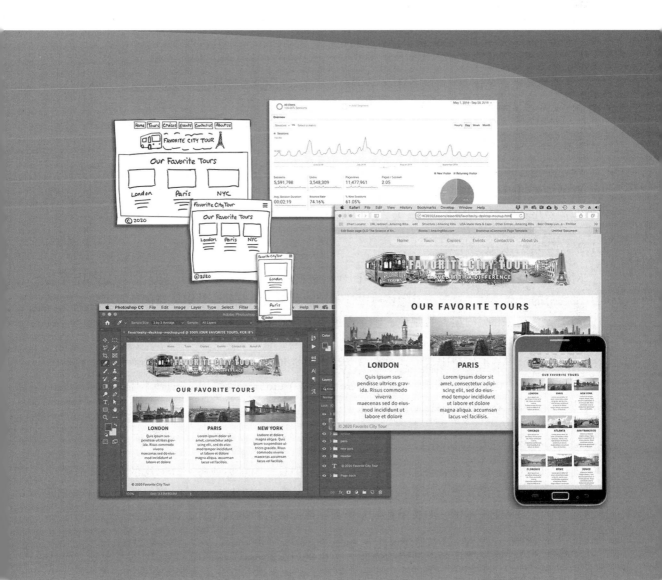

不管您使用缩略图还是线框图，Dreamweaver都能快速地将您的设计概念转化成完整的、基于标准的 CSS 布局。

5.1 开发一个新网站

> **Dw** **注意**：下载课程文件，并创建用于第 5 课的新站点，详见前言。

在您为自己或客户开始任何网页设计项目之前，需要回答 3 个重要问题。
- 网站的目的是什么？
- 网站的受众是谁？
- 受众群体如何找到这个网站？

5.1.1 网站的目的

网站是销售产品还是提供某种服务？网站是用于娱乐还是其他？网站会提供信息或者新闻吗？网站需要购物车或数据库吗？网站是否接受信用卡付款或者电子转账？了解网站的目的能够告诉您将要开发和使用的内容类型，以及需要加入哪些类型的技术。

5.1.2 网站的受众

网站的受众群体是成年人、儿童、年长者，专业人员、业余爱好者，男人、女人还是所有人？了解您的受众是谁，对于站点的整体设计和功能是至关重要的。针对儿童的站点可能需要更多的动画、交互性和亮丽迷人的颜色，成年人想要的是严肃的内容和深入的分析，年长者可能需要较大的字体及其他可访问性增强特性。

了解竞争对手是很好的第一步。现有网站是否提供相同的服务或销售相同的产品？它们是否成功？您不必模仿竞争对手的作为。看一看 Google 和 Yahoo——它们提供的基本服务相同，但网站设计却有着非常多的不同之处。

5.1.3 受众群体如何找到这个网站

谈到互联网时，这听起来像是一个奇怪的问题。但是，与实体业务一样，您的在线客户可以通过各种方式来找到您。例如，他们是在台式计算机、笔记本电脑、平板计算机还是手机上访问您的网站？他们是使用宽带、无线还是拨号服务？他们最有可能使用什么浏览器？显示器的尺寸和分辨率是多少？

这些答案将告诉您很多客户期望的体验。手机用户可能不希望看到很多的图形或视频，而具有大显示器和高速连接的用户可能要求您尽可能多地发送给他们有震撼效果的图形或视频。

那么您从哪里得到这些信息呢？有些信息必须经过艰苦的研究和人口统计学分析才能获得，有些信息则要根据自己的口味和对市场的了解进行猜测。但是，实际上在互联网上已经有许多现成的信息。例如，W3School 跟踪大量关于访问和使用的统计信息，所有这些统计信息都会定期更新。

如果您正在重新设计现有网站，您的网络托管服务本身就可能会提供有关历史流量模式甚至访问者自身的有价值统计信息。如果您自己管理网站，可以将第三方工具（例如 Google Analytics 和 Adobe Analytics）纳入您的代码，免费或花少量费用进行跟踪。

截至 2019 年夏季，Windows 操作系统的台式计算机仍然统治着互联网（74%）。在浏览器方面，大多数用户喜欢 Google Chrome（81%），其次是 Firefox（9.2%），各种版本的 Internet Explorer/Edge（3.3%）排名第三但远远落后。大多数浏览器（98%）的分辨率被设置为高于 1280 像素 ×800 像素。

如果使用平板和智能手机访问互联网的用户比例没有快速增长，这些统计数据对于大多数 Wed 设计师和开发人员而言将是个好消息。设计在平板显示器和智能手机的屏幕上都美观且能有效工作的网站是一个艰巨的任务。分析软件提供网站访问者的全面统计数字。图 5-1 是使用了 Google Analytics 得到的信息。

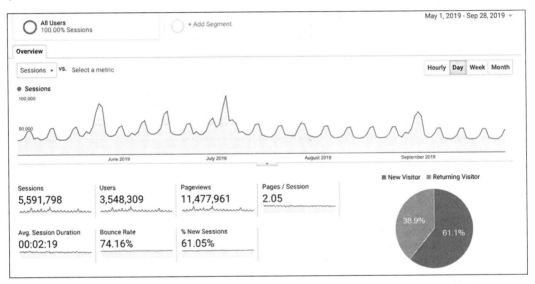

图5-1

响应式Web设计

每天都有很多人使用手机和其他移动设备来访问互联网，有些人使用这些设备访问互联网可能比使用台式计算机更频繁。这给Web设计师带来了一些令人头疼的挑战。一方面，即使是最小的平板，也比手机屏幕大得多。如何将两栏或者三栏的页面设计挤到3寸或4寸屏幕的狭小空间？

另一方面，在5年之前，Web设计通常要求您针对最优尺寸（以像素表示的高度和宽度）设计网页，然后按照这些规格构建整个网站。今天，这种情况已经变得很少见了，您必须做出决策，构建一个能够根据任何尺寸的显示器缩放（响应式），或者支持少数桌面及移动用户目标显示器类型（自适应）的网站。

您将根据所要提供的内容，以及访问网页的设备能力做出决定。如果没有在各种不同显示器尺寸和设备能力上投入大量的研究，构建一个支持视频、音频和其他动态内容且吸引人的网站是很困难的。

响应式Web设计（responsive web design）一词是波士顿的Web开发人员伊森·马科特（Ethan Marcotte）提出的。在这本书中，他描述了设计能够自动适应多种屏幕尺寸的页面的思路。在本书的后面，您将学习较为标准的技术，同时学习许多响应式Web设计的技术，以及在网站中实现它们的方法。

印刷品设计的许多概念并不适用于Web，因为您不能控制用户体验。例如，印刷品设计师预先知道他们要设计的页面大小。当您从纵向旋转为横向时，印刷品不会变化。另一方面，为典型平板显示器精心设计的页面在智能手机上基本是没有用的。

5.2 场景

为了本书的目的，您将开始为Favorite City Tour开发一个网站，这是一个虚构的旅游组织。该网站提供各种产品和服务，需要广泛的网页类型，包括使用诸如jQuery（Java Script的一种形式）之类技术的动态页面。

您的客户来源于各个年龄层，他们拥有可支配收入，受教育水平较高，是寻求新体验、对旅游有着与众不同前卫看法的群体。

您的市场研究表明，大多数客户使用台式计算机或笔记本电脑，通过高速互联网服务连接。您可以预测，有20%～30%的访问者只通过智能手机和其他移动设备上网，其余访问者中，大部分也将不时使用移动设备。

为了简化学习Dreamweaver的过程，我们将把重点放在创建一个基于该软件预建启动器布局的网站上，您将学习如何使设计主题适应现有框架。

5.3 使用缩略图和线框图

在明确了关于Web站点目的、受众和访问模式这3个问题的答案之后，下一步是确定您将需要多少个页面，这些页面将做什么，以及它们的外观。

5.3.1 创建缩略图

许多Web设计师通过铅笔和纸绘制缩略图来开始他们的设计。您可以把缩略图视为网站所需页面的图形式购物清单。缩略图可以帮助您设计出基本的网站导航结构，在缩略图之间绘制的线条显示了网站导航与它们的联系方式，如图5-2所示。

大多数站点分成多个层次（级）。通常，第一级包括主导航菜单中的所有页面，访问者可以直接从主页到达这些页面；第二级包括您只能通过特定的动作或者从特定的位置到达的页面，如购物车或者产品详情页面。

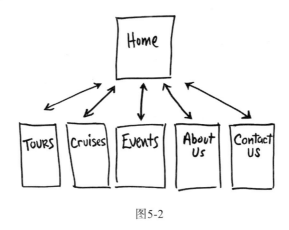

图5-2

5.3.2 创建页面设计

一旦您搞清楚了网站在页面、产品和服务方面的需要，就可以考虑这些页面的外观了。列出每个页面上您希望具备的组件，如标题、页脚、导航，以及用于主要内容和侧栏的区域（如果有的话）。撇开每个页面上不需要的任何项目，您还需要考虑其他因素吗？如果移动设备是设计形象的重要考虑因素，上述组件中有哪些在这些设备上是必需（而不是可选）的？尽管许多组件都可以简单地在移动设备屏幕上改变大小，但有些必须完全重新设计或者重新构想，如图 5-3 所示。

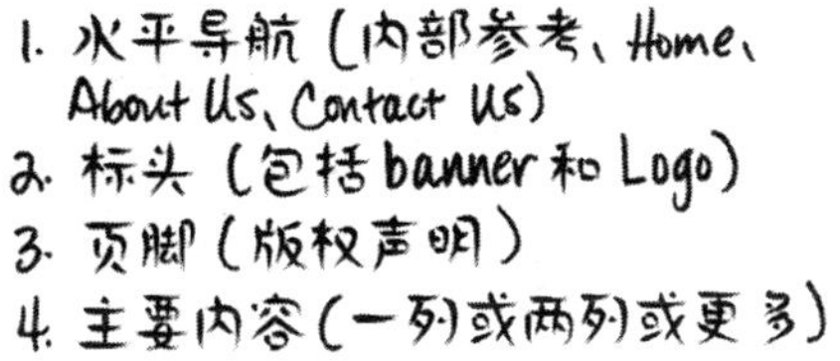

您有公司标志、企业标识、图形图像，或者其他的配色方案吗？您需要模拟现有或拟议中的出版物、宣传册或者广告活动吗？将它们收集到一起很有助益，您可以在书桌或者会议桌上一次看到所有要求。如果您幸运的话，从这些收集来的信息中可以自然地想出一个主题。在某些情况下，从网页设计还能演变出印刷标识和出版物。

图5-3

桌面还是移动

在每个页面上创建了您需要的组件清单之后，可以勾画出用于这些组件的几种粗略布局。根据对受众的访问数据，您可能会决定是专注于针对台式机进行优化的设计，还是在平板和智能手机上进行最有效的设计。

大多数设计师选择设计在灵活性和美观之间达成妥协的基本页面。一些网站设计可能自然地倾向使用多于一种基本布局的设计，但抗拒单独设计每一页。最小化页面设计的数量听起来可能像是很大的局限，但却是生成易于管理的专业网站的关键。这就是有些专业人士（如医生和航空公司的飞行员）需要穿制服的原因。使用一致的页面设计或模板，可向您的访问者传达专业精神和信心。当您确定网页外观的时候，必须确定基本组件的大小和位置。您放置组件的位置可能会大大影响其效果和实用性。

在印刷中，布局的左上角被设计师认为是"重要位置"之一，您可以把设计的重要特征（如标志或标题）放在这个位置。这是因为在现在的阅读习惯中，我们大多是从左到右、从上往下阅读。第二个重要位置是右下角，因为那是您完成阅读时眼光停留的地方。遗憾的是，在 Web 设计中，这种理论不那么有效，原因很简单：您永远无法确定用户将怎样查看您的设计。他们是使用 20 英寸（1 英寸≈2.54 厘米）的平板，还是使用 3 英寸的智能手机？

在大多数情况下，您唯一可以确定的是用户可以看到任何页面的左上角。您希望在这个位置上放旋转的公司标志吗？还是在这里放置一个导航菜单，使网站更好用？这是 Web 设计师的关键难题之一。您孜孜以求的是华丽的设计，还是实用性，抑或在二者之间寻找一种平衡？

5.3.3　创建线框图

在挑选了迷人的设计之后，线框图就是设计出站点中每个页面结构的快捷方式。线框图就像是页面结构的缩略图，但是更大，用于表示每个页面的草图和各个组件的更详细信息，例如实际链接名称和主标题，但只有最低限度的设计或样式。在编写代码时，这个步骤有助于在遇到问题之前捕获或预见它们。建议您手工画草图，因为您使用数码手段花费几小时甚至几天制作的东西，手工画个草图只需要几分钟，如图 5-4 所示。

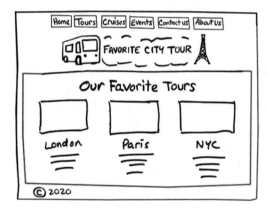

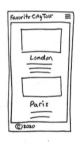

图5-4

一旦设计出了基本概念，许多设计师就会采取一个额外的步骤，即使用像 Fireworks、Photoshop 甚至是 Illustrator 这样的软件创建全尺寸模型或者进行"概念验证"。您会发现，有些客户不会仅根据铅笔画的草图就认可设计，因此这是一种方便的方法。这样做的优点是，使用这些软件都可以将结果导出为可在浏览器中查看的全尺寸图像（JPEG、GIF 或 PNG）。这种模型与看到的真实情况一样好，并且制作它们只需花很少的时间，如图 5-5 所示。

1. 启动 Photoshop CC 或更高版本。
2. 打开 lesson05/resources 文件夹中的 **favoritecity-desktop-mockup.psd**，如图 5-6 所示。

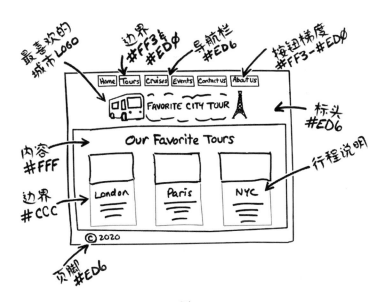

图5-5

图5-6

> **注意**：您应该可以用 Photoshop CC 或者更高版本打开书中的示例文件，如果您使用的版本与图中不同，则面板和菜单选项也可能不同。

5.3 使用缩略图和线框图 117

> **Dw 注意**：模型使用 Typekit 的字体，这是 Adobe 在线字体服务中的字体；要在 Photoshop 中正确查看最终设计，您需要下载并安装这些字体；您的 Creative Cloud 订阅中包含 Typekit 字体。

Photoshop 文件包含一个完整的 Favorite City Tour 站点设计模型，它由各种设计组件矢量图以及存储在不同图层中的图像资源组成。注意在设计中使用到的颜色和渐变。您可以随意试验图层和各种组件，了解它们是如何创建的。

> **Dw 注意**：如果您没有 Photoshop，可以打开同名的 HTML 文件。

除创建图形模型之外，Photoshop 还有专门为 Web 设计师提供的功能。

5.3.4 为移动设备设计

根据需求和受众群体的人口统计学特征，您还必须迎合使用智能手机和平板的访问者。这些设备有各种各样的尺寸，从区区几百个像素到接近台式显示器大小的都有。对于许多网站来说，移动用户可能是主要的目标用户，如果您的网站是这种情况，可能就要考虑使用移动优先策略。

移动优先策略将重点放在手机和平板的设计需求上，然后才考虑桌面用户。通过设计对这些访问者最优的环境，网站能够创造受人欢迎的用户体验，也能转化成更多的流量和收入。

由于手机和许多平板设备提供的显示空间很小，因此您必须重新考虑常用的设计习惯。例如，许多设计人员试图强调图形和照片，在横向显示的大型显示器上最大限度地增大图形的尺寸和构成比例。但是，这种策略在纵向显示的小尺寸手机屏幕上适得其反，引人注目的图像显示的宽度只有几寸。在大型显示器上可以同时看到的标题和文本，在手机上可能需要多次滚动屏幕才能看到。有效地编写用于移动用户的网站代码是一件困难的任务。在某些情况下，公司实际上为不同类型的访问者提供了定制化的内容。通过使用基于 PHP、ASP 和 JavaScript 等编程语言的动态方案，网站可以确定查看其内容的设备类型，然后提供专门针对该种设备类型显示尺寸的内容。

5.3.5 第三种方法

设计网站的第三种方法是在桌面和移动访问者之间求得妥协。您会发现，许多访问者交替使用桌面和移动设备，有时甚至在同一天里使用不同的设备。他们将在家里和办公室使用台式计算机或笔记本电脑，而在路上或者奔走于城中各地时使用手机和平板。

这是最简便、代价也最低的策略，不需要任何特殊编程或开发，在本书中都将使用这种方法。为了了解这种方法的原理，这里也创建了移动用户网站设计的模型。

1. 打开 lesson05 文件夹中的 **favoritecity-tablet-mockup.psd** 文件，如图 5-7 所示。

图5-7

这个文件包含平板上的网站设计模型。

2. 打开 **favoritecity-phone-mockup.psd** 文件，如图 5-8 所示。

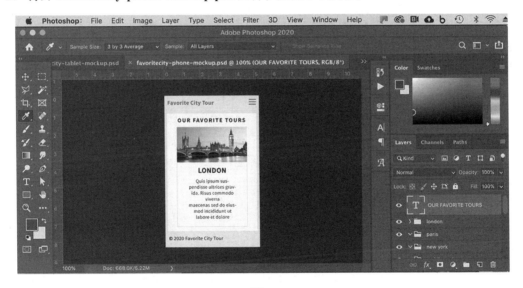

图5-8

这个文件包含智能手机上的网站设计模型。

这些模型都可以在 Photoshop 或者 Dreamweaver 中打开，您可以单击文档窗口顶部的选项卡切换。切换不同布局并比较它们。注意每个设计是如何表现相同内容，而又根据特定环境改变大小和格式的。

Favorite City Tour 网站设计模型包括各种矢量设计组件，以及保存在不同图层的图像资源。注

5.3 使用缩略图和线框图 **119**

意设计中使用的颜色和渐变。您可以随意试验图层和各种组件，了解它们是如何创建的。

除创建图形模型之外，Photoshop 还有专门为 Web 设计师提供的功能。该软件的 Adobe Generator 功能可以使用户在 Photoshop 中工作时实时创建图像资源。

在第 6 课中，您将学习如何修改内建的 Dreamweaver 模板、匹配网站设计模型。

5.4 复习题

1. 在开始任何 Web 设计项目之前,您应该提出哪 3 个问题?
2. 使用缩略图和线框图的目的是什么?
3. 为什么创建一个考虑到智能手机和平板计算机的设计很重要?
4. 什么是响应式设计,为什么 Dreamweaver 用户应该了解这种设计?
5. 为什么要使用 Photoshop、Illustrator 或其他程序来创建网站设计模型?

5.5 复习题答案

1. 网站的目的是什么?受众是谁?他们怎样找到这个网站?这些问题以及它们的答案在帮助您开发站点的设计、内容和策略方面是很有用的。
2. 缩略图和线框图是用于草拟站点设计和结构的快速技术,这样就不必浪费许多时间来编码示例页面。
3. 移动设备用户是网络上增长最快的群体之一。许多访问者经常或者只使用移动设备来访问您的网站。为台式机设计的网页在移动设备上往往显示效果不佳,使网站难以或不可能用于移动设备。
4. 响应式设计是一种 Web 设计方法,通过使网页自动适应不同类型显示器及设备,最大限度地高效利用网页及其内容。
5. 使用 Photoshop 和 Illustrator,您可以比使用 Dreamweaver 设计代码更快地生成页面设计和模型。页面设计和模型甚至可以导出为与 Web 兼容的图形,在浏览器中查看以获得客户的认可。

第6课　创建页面布局

课程概述

在本课中，您将学习更快速、更轻松和效率更高地工作的方法。您将学习如下内容。

- 评估设计模型中的基本页面结构。
- 以预定义的启动器布局为基础，创建一个布局。
- 上传 Photoshop 模型，使其作为一个 Creative Cloud 资源。
- 从 Photoshop 模型中提取样式、文本和图像资源。
- 将提取的样式、文本和图像资源应用到 Dreamweaver 中的 HTML 页面。

完成本课需要花费大约 2 小时 30 分。

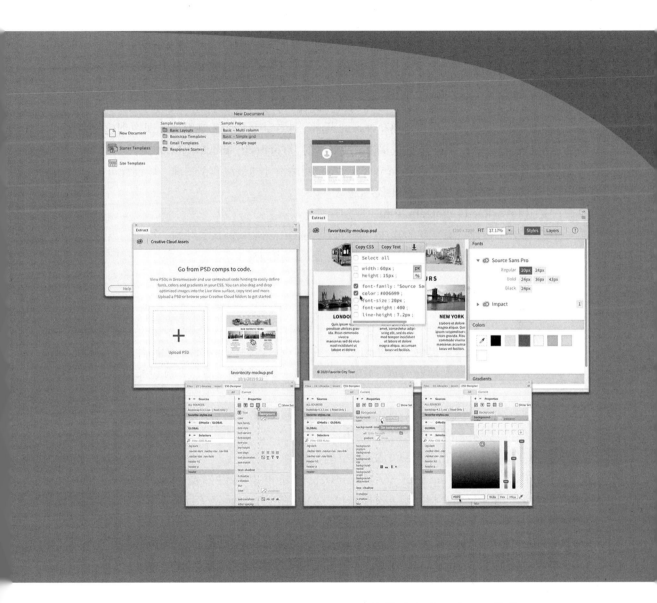

Dreamweaver 提供强大的工具，以集成在其他 Adobe 应用（如 Photoshop）中创建的样式、文本和图像资源。

6.1 评估页面设计选项

> **Dw** 注意：按照本书前言的说明，下载课程文件并为第 6 课创建一个新站点。

在第 5 课中，您经历了确定特定网站所需页面、组件和结构的过程。所选择的设计应根据其他各种因素（例如网站访问者类型及其连接方式），对那些需求进行平衡。在本课中，您将学习如何实现基本布局中的一些结构和组件。

由于构建特定设计的方式是多种多样的，因此我们将集中精力构建一个使用最少 HTML 语义元素的简单结构。这将产生容易实现和维护的页面设计。让我们首先观察第 5 课中创建的模型。

1. 在 Dreamweaver 中打开 lesson06 文件夹中的 **favoritecity-mockup.html** 文件。

该文件包含第 5 课中所见的 Favorite City Tour 网站设计的最终模型图像。该设计可以分为基本组件（如页眉、页脚、导航）、主体内容元素。

2. 关闭 **favoritecity-mockup.html**。

一旦您拥有了构建页面布局的技巧，就可以使用 Dreamweaver 从头开始执行任何设计。在此之前的选项之一是使用 Dreamweaver 自身提供的方便的网页布局。

6.2 使用预定义布局

Dreamweaver 一直试图为所有 Web 设计师提供最新的工具和工作流程，无论他们的技能水平如何。例如，多年来，该程序提供了一些预先设定的模板、各种页面组件和代码片段，以便设计师们可以快速、轻松地构建和填充网页。建立网站的第一步往往是查看这些预设布局之一是否符合您的需求。

Dreamweaver（2020 版）延续这种传统，提供了样板 CSS 布局和框架，让您可以适应许多流行类型的项目。您可以从 File 菜单访问这些示例。

1. 选择 File > New，出现 New Document 对话框。

除了 HTML、CSS 和 JavaScript，Dreamweaver 还可以构建广泛的 Web 兼容文件。New Document 对话框显示许多文档类型，包括 PHP、XML 和 SVG。预定义布局、模板和框架也可以从这个对话框中访问到。让我们来看一看这些选项。

2. 在 New Document 对话框中，选择 Starter Templates > Basic Layouts（基本布局）。

基本布局有 3 种：Basic-Multi column（基本 - 多列）、Basic-Simple grid（基本 - 简单网格）和 Basic-Single page（基本 - 单页）。

在编写本书时，Dreamweaver（2020 版）提供 3 种基本布局、6 个 Bootstrap 模板、4 个电子邮件模板和 3 个响应式启动器布局。随着时间推移，这些布局的确切数量和特征可能会通过 Creative Cloud 进行自动更新。此列表可能会未经通知就发生变化，因此请随时注意这个对话框中的新选项。

所有的启动器模板都使用 HTML5 兼容结构构建响应式设计，这将帮助您获得有关这个新兴标准的宝贵经验。除非您需要支持较旧的浏览器（如 IE5 或 IE6），否则在使用这些较新设计时不用担心。我们来看看选项。

3. 如果有必要，选择 **Basic - Multi column**，如图 6-1 所示。

观察对话框中的预览图像。

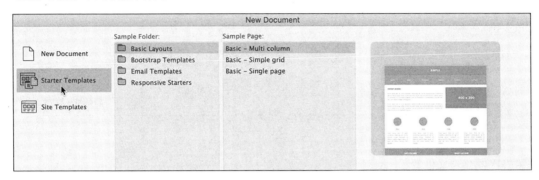

图6-1

预览图像显示多列网页设计。

4. 选择 **Basic - Simple grid**，如图 6-2 所示。

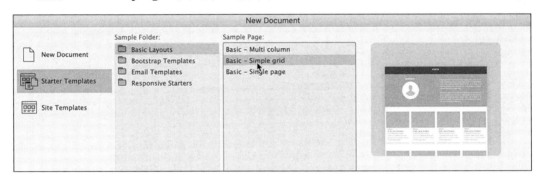

图6-2

预览图像改为基于网格的新型设计。

5. 依次选择每种设计选项，观察对话框里的预览图像。

每个模板提供适合于特定应用的设计。查看所有样板设计之后，只有 Bootstrap-eCommerce（Bootstrap- 电子商务）模板接近 Favorite City Tour 模型的设计。

6. 选择 **Bootstrap Templates**（Bootstrap 模板）> **Bootstrap-eCommerce**。

7. 单击 Create 按钮，如图 6-3 所示。

该文件包含一个单列布局，具备导航、主题内容和页脚组件。在我们继续工作之前，保存文件。

8. 选择 File > Save。

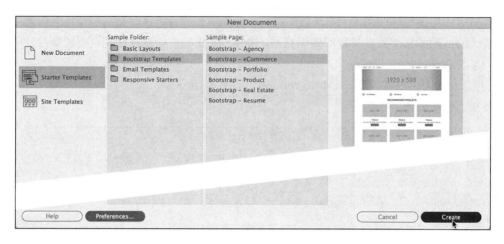

图6-3

第一次保存新文件时，Save 和 Save As（另存为）命令完全相同。

文件保存后，使用 Save As 命令可以以新名称保存文件，或者将其保存在不同文件夹下。

9. 将文件命名为 **mylayout.html**，将其保存在 lesson06 文件夹的根下，如图 6-4 所示。

 提示：如果有必要，单击 Site Root（站点根目录）按钮导航到 lesson06 的根文件夹。

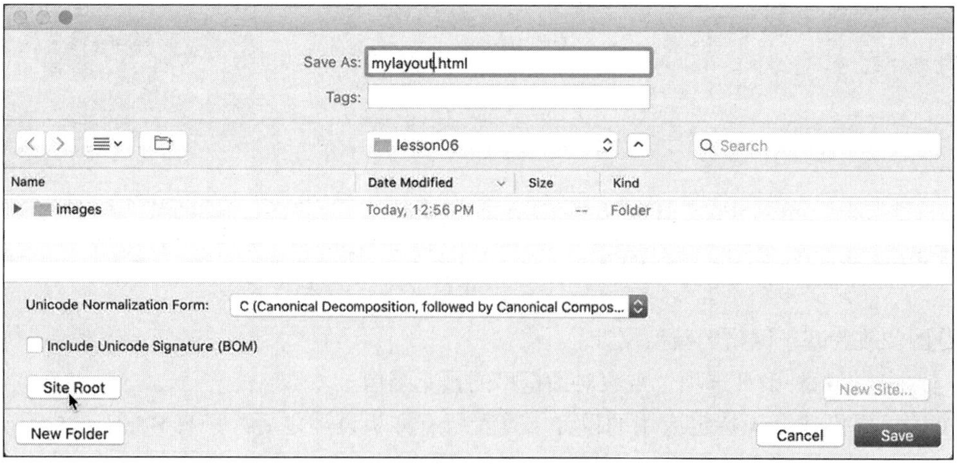

图6-4

保存文件时，Dreamweaver 会自动往站点文件夹中添加各种资源——图像占位符、CSS 和 JavaScript 库，以支持模板的 Bootstrap 功能。您可以在 Files 面板中看到这些新资源。

检查新网页，您可以看到它与之前看到的站点模型有些相似。在下一个练习中，您将学习如何改编这个布局，使其与设计匹配，并创建第 7 课中的站点模板。

6.3 为现有布局设置样式

一旦掌握了必备的技能，构建一个网页布局就是简单的事情了。现在，Dreamweaver 的启动器模板提供了很好的出发点，使您可以开始构建您的站点模板。

1. 如果有必要，打开 lesson06 文件夹中的 **mylayout.html**，最大化文档窗口（至少 1200 个像素）。

这个网页基于完全响应式的 Bootstrap 模板。您看到的样式将根据 Dreamweaver 中文档窗口的宽度和方向而改变。为了确保得到与本课相同的结果，除非练习中专门说明，否则要确保文档窗口宽度至少为 1200 个像素。

第一步是使这个通用布局具有某些个性。通常，您必须采用老式方法——手工编辑 CSS，来做到这一点。但是由于布局是在 Adobe Photoshop 中创建的，因此 Dreamweaver 有利用这种网站模型的内建功能：Extract。

Extract 是 Dreamweaver 前几个版本加入的功能。这是一个托管到 Creative Cloud 的功能，可以通过程序中的一个面板访问。

> **Dw** 注意：在访问 Extract 面板之前，您必须运行 Creative Cloud 桌面应用，登录您的账户。

2. 选择 Window > Extract，出现 Extract 面板。

该面板连接到您的 Creative Cloud 账户，显示您的资源中的所有 Photoshop 文件。要使用站点模型，您首先必须将其上传到 Creative Cloud 服务器。

3. 单击 Upload PSD（上传 PSD）按钮，如图 6-5 所示。

图6-5

显示一个文件对话框。

4. 选择 lesson06/resources 文件夹中的 **favoritecity-mockup.psd** 并单击 Open 按钮，如图 6-6 所示。

图6-6

该文件被复制到您的计算机上的 Creative Cloud Files 文件夹，然后同步到 Creative Cloud 进行远程存储。文件上传后，可以从 Extract 面板上看到它。

5. 单击 Extract 面板中的 **favoritecity-mockup.psd**，如图 6-7 所示。

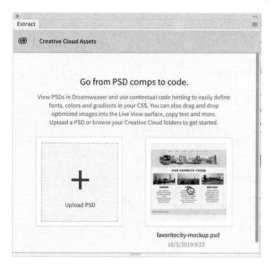 

图6-7

模型加载并填充整个面板。Extract 面板使您可以访问模型并获得其中的样式信息、图像资源甚至文本。

6.4 用 Extract 面板设置元素样式

Extract 面板可以从 Photoshop 文件中获得图像资源和样式数据。在本练习中，我们感兴趣的是样式数据。让我们从页面的顶部开始向下设置。首先，我们捕捉背景颜色。

1. 在 Extract 面板中，单击页面的背景，如图 6-8 所示。

当您单击预览图像时，会出现一个弹出窗口，允许您选择想要从模型中取得的数据。窗口顶部的按钮表示所选组件中可用的数据，如 CSS、文本和图像资源。注意，Copy CSS（复制 CSS）和 Extract Asset（提取资源）按钮是可选的，表示样式和图像资源可用。Copy Text（复制文本）按钮变成灰色，表明无法下载任何文本内容。

窗口中 CSS 样式以带有复选框的列表形式显示。当您选中一个复选框，那些规格将被复制到程序内存中。显示的 CSS 样式包括宽度、高度和背景颜色。您可以选择所有样式或者只使用您想要的样式。

2. 如果有必要，取消选中 **width**（宽度）和 **height**（高度）复选框，选中 **background-color**（背景颜色）复选框。

3. 单击 Copy CSS 按钮，如图 6-9 所示。

图6-8　　　　　　　　　　　　　　　　　　图6-9

复制设置之后，您可以直接在 Dreamweaver 中将它们应用于布局。使用这一数据的最简单方法是通过 CSS Designer 面板。

4. 如果有必要，选择 Window > CSS Designer，打开或者显示 CSS Designer 面板。

首先，我们希望将规格应用到当前布局中顶部的导航菜单。您可以从 Selectors 窗格中选择与这个导航菜单对应的规则，或者在 Live 视图中选择这个导航菜单中的元素。

当前布局是完全响应式的，因此样式根据宽度应用，有时还根据文档窗口的方向决定。为了获得正确的样式，您必须确保文档窗口以至少 1200 个像素显示完整的桌面版设计。

5. 在 Live 视图中，单击以选择顶部的导航菜单，如图 6-10 所示。

6.4　用Extract面板设置元素样式　**129**

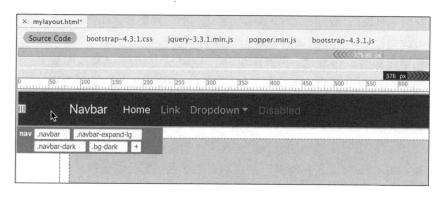

图6-10

Element Display 出现，指向 <nav> 元素。元素指定了 4 个类：.navbar、.navbar-expand-lg、.navbar-dark 和 .bg-dark。在某些情况下，当您选择了文档窗口中的一个元素时，Dreamweaver 首先选择的不是您想要的那一个。为了确保目标元素正确，您应该使用标签选择器界面。

6. 在标签选择器界面中选择 nav，如图 6-11 所示。

图6-11

正确选择元素时，当您单击 Current，CSS Designer 面板将显示应用于该元素的 CSS 规则列表。本例中，列表将包括针对 .navbar、.navbar-expand-lg、.navbar-dark 和 .bg-dark 类的规则。有时候，首次选择元素时显示可能不准确。如果列表中没有包含您认为针对该元素的规则，可以再次在标签选择器中进行选择，如图 6-12 所示。

跟踪元素的当前样式时，您应该意识到，该样式可能直接应用到 <nav> 元素、指定到元素的任何一个单独类，或者在两条或更多规则之间分配。这种情况下，您的工作之一是找出样式的来源，然后替换或覆盖它。

正如您在第 4 课中所学，单击 Current 按钮后会显示布局中选择的元素上设置的所有样式。CSS Designer 面板中的 Selectors 窗格显示当前导航菜单上应用的规则。列出的 CSS 规则是 .bg-dark、.navbar-expand-lg 和 .navbar。

这些规则中的一条将背景颜色应用到 nav 元素。单击 Selectors，您可以检查指定给这条规则的属性。在 CSS Designer 面板中，列表顶部的规则最强大。如果它和任何其他规则有冲突，第一条规则中的属性将覆盖其他属性。

7. 选择 .bg-dark，并检查 Properties 窗格，如图 6-13 所示。

这条规则应用背景颜色 #343a40。如果规则包含在一个常规的样式表中，您可以用来自模型的背景颜色替换原有颜色。但应用在该页的样式表由 Bootstrap 框架创建，在 CSS Designer 面板中标记为 Read Only（只读）。您可以看到，CSS Designer 面板中的规则和属性均为灰色显示。为了覆盖现有样式，您必须创建一个单独的新样式表。从现在起，您创建的所有样式应该添加到这个新样式表中。

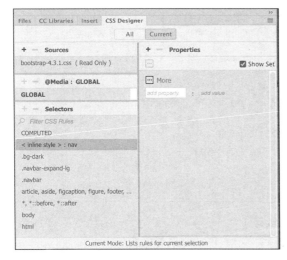

图6-12

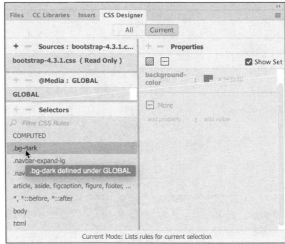

图6-13

 注意：有些 Windows 用户反映，Bootstrap 样式表没有标记为只读。无论如何，建议您保留 Bootstrap CSS，并按照本书的指导进行。

8. 在 CSS Designer 面板的 Sources 窗格中，单击 Add CSS Source（添加 CSS 源）图表。显示一个菜单，您可以创建新的 CSS 文件、附加原有 CSS 文件或者定义嵌入页面代码中的样式表。

Bootstrap 样式表被格式化为只读文件，避免您无意中更改了该框架复杂的样式设置。当您在页面上工作时，屏幕顶部不时会出现一条警告消息，表明该文件只读，并提示您可以将其标记为可写，如图 6-14 所示。

图6-14

您可以单击右侧的 Close 按钮，忽视这条消息。Dreamweaver 提供了标记该文件为可写的选项。但建议您抵制将 Bootstrap 样式表变为可编辑文件的"诱惑"。

9. 从菜单中选择 **Create A New CSS File**（创建新的 CSS 文件），出现 Create A New CSS File 文件对话框。
10. 在对话框中输入 **favorite-styles.css**，单击 OK 按钮创建样式表引用，如图 6-15 所示。

6.4 用Extract面板设置元素样式 **131**

 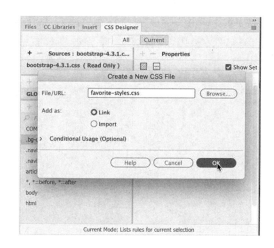

图6-15

> **注意**：这里的 CSS 文件尚未创建，直到您创建了一条 CSS 规则并保存文件后才能正式创建；如果 Dreamweaver 在此之前崩溃，您就必须单独重新创建该文件。

单击 OK 按钮，新样式表引用添加到 CSS Designer 面板的 Sources 窗格中。这个 CSS 还没有真正被创建，但在页面的 `<head>` 区段已添加了一个链接，当您创建第一条自定义规则并保存文件时，该文件将立刻自动创建。

这一过程中，另一件您可能没有注意到的事是，Dreamweaver 会自动切换到 CSS Designer 面板中的 All 界面，并选择新的样式表。这很重要，因为当 Current 按钮被选中时，您无法创建新的选择器或属性。

11. 如果有必要，单击 Sources 窗格中的 **favorite-styles.css**，如图 6-16 所示。

@Media 和 Selectors 窗格都为空。这意味着文件中没有任何 CSS 规则或媒体查询，您可以在一张白纸上添加任何设计或修改。由于您没有直接更改 Bootstrap CSS，这个样式表将成为您根据需要更改结构和内容的手段。

对 `nav` 元素应用当前背景颜色的规则是 `.bg-dark`。为了覆盖该设置，您必须在新样式表中创建一条完全相同的规则。

12. 在 Selectors 窗格中单击 Add Selector（添加选择器）按钮 ，如图 6-17 所示。

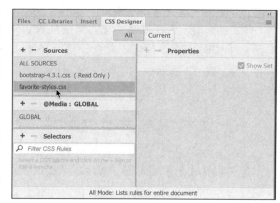

图6-16

Selectors 窗格上出现一个输入框，您可以输入新选择器名称。Dreamweaver 甚至能够根据窗口中选择的元素生成一个样板名称。这里，该选择器选择全部指定给 `nav` 元素的类。设置背景颜色的规则只使用一个类，新规则应该与之完全相同，以避免任何意外的结果。

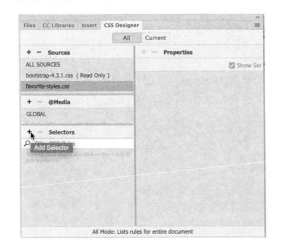 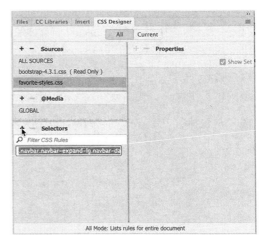

图6-17

13. 输入 .bg-，如图 6-18 所示。

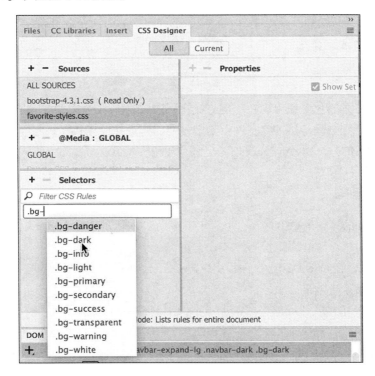

图6-18

自动选择器名称高亮显示，它被新文本完全替换。不要忘记以 CSS 中定义类名的 . 号开始。提示菜单出现，列出了 HTML 中使用的所有类，或者 CSS 中与输入文本匹配的选择器。您应该可以

看到列表中的 `.bg-dark`。

14. 选择提示菜单中的 `.bg-dark`，按 Enter/Return 键完成选择器名称。

`.bg-dark` 选择器出现在 **favorite-styles.css** 样式表中。注意，此时还没有定义任何属性。一旦创建选择器，您就可以应用从模型中提取的样式。

15. 将鼠标指针移到 `.bg-dark` 选择器上并单击鼠标右键，显示快捷菜单。

该菜单提供编辑、复制或粘贴 CSS 规格的规则。这里，您将粘贴来自 Extract 面板的样式。

16. 从快捷菜单中选择 Paste Styles（粘贴样式），如图 6-19 所示。

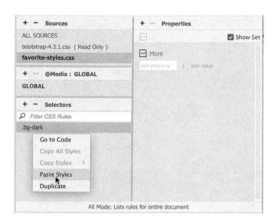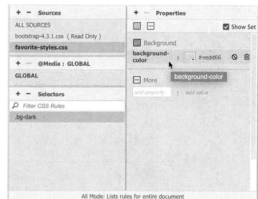

图6-19

现在，模型的背景颜色属性出现在新的 CSS 规则中，但有一个问题。导航栏仍然显示深色背景。其他样式表中规则之间产生冲突在网上是常见的。知道如何查找样式问题是 Web 设计人员的重要技能之一。幸运的是，Dreamweaver 有一些很棒的查错工具。

6.5 CSS 样式查错

这可能是您碰到的第一个 CSS 冲突，但肯定不是最后一个。Dreamweaver 中有各种各样的工具，使发现这些错误成为相对简单的任务。

1. 如果有必要，在 CSS Designer 面板中单击 Current 按钮。
2. 单击 `nav` 标签选择器。

Selectors 窗格显示格式化导航栏或其上级结构某些特征的规则列表。窗格中的第一个选择器是 `.bg-dark`。

3. 单击 Selectors 窗格中的 `.bg-dark`，检查其属性，如图 6-20 所示。

> **Dw** 提示：如果 `nav` 标签不可见，您可能需要先在文档窗口选择 Navbar 或者它的一个组件。

> **注意**：如果您看到一个橙色边框，这意味着选择的是内容而非元素，单击 Element Display 按钮以获得蓝色边框，然后编辑 CSS。

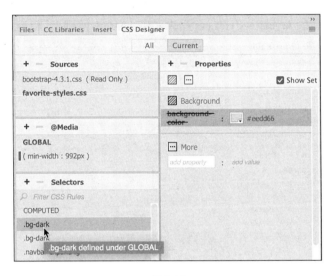

图6-20

Properties 窗格中规则 .bg-dark 和您刚添加的 background-color 属性在列表中的第一个。这通常表示该规则有较高的特异性，会覆盖其他任何样式。但在本例中，属性上有一条黑线。这表明这条规则因某种原因而被禁用。幸运的是，内建查错功能并不止于此。

4. 将鼠标指针移到 CSS Designer 面板中的 background-color 属性上。

出现一个工具提示，报告背景颜色被禁用，原因是 Bootstrap 模板中的规则标记为 !important。这个 CSS 特性仅用于紧急情况下处理无法用任何其他方法修复的样式冲突，如图 6-21 所示。

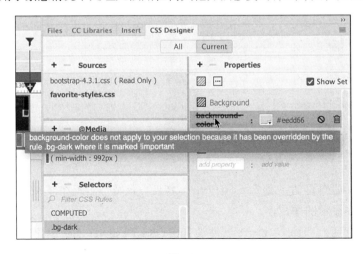

图6-21

6.5 CSS样式查错 **135**

修复这个问题有两种方法。您可以删除 Bootstrap 规则中的 !important 特性，或者为新属性添加 !important 特性。由于这里 Bootstrap 样式表格式化为只读，因此您必须使用后一种方法。

5. 鼠标右键单击 .bg-dark 规则。

选择快捷菜单中的 Go To Code（转至代码），如图 6-22 所示。文档窗口水平拆分，在底部显示 Code 视图，焦点放在新的 **favorite-styles.css** 样式表和 .bg-dark 规则上。

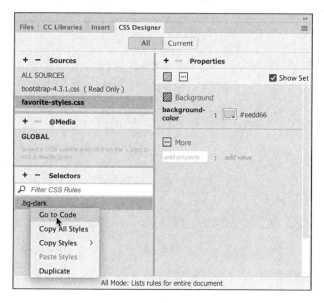

图6-22

6. 在颜色值 #eedd66 后插入光标，如图 6-23 所示。
7. 按空格键插入一个空格，然后输入 !。

> **注意**：空格不是必需的，插入空格只是为了使代码更容易被阅读和编辑。

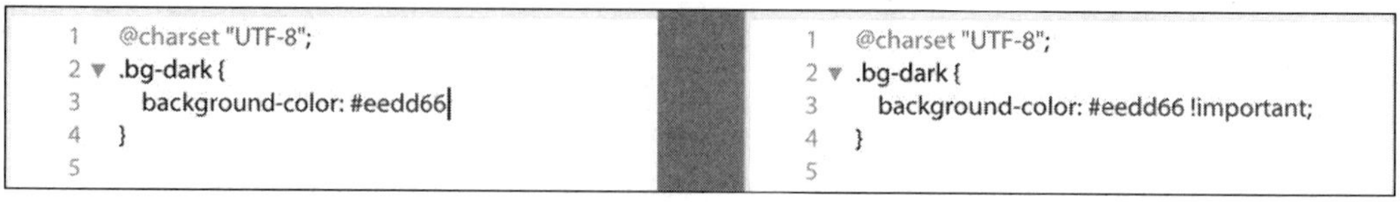

图6-23

Dreamweaver 一般会自动完成 !important 特性。该特性出现在样式表后，导航栏立刻重新格式化，匹配模型中显示的样式。

您可能已经注意到，!important 特性没有在 CSS Designer 面板中任何地方体现。将来查找其他 CSS 问题时，请牢记这一点。

8. 选择 File>Save All。

通过使用 Save All，您已经保存了对网页的更改，在站点文件夹中创建了 **favorite-styles.css** 文件。还可以通过 Extract 面板选择模型中的文本内容。

 注意：当新文件被添加到文件夹中时，Files 面板可能不会立即显示它们。

6.6 从 Photoshop 模型中提取文本

从 Extract 面板中可以选择文本格式和文本本身。

在这个练习中，您将从模型中同时提取两者。

1. 如果有必要，打开 lesson06 文件夹中的 **mylayout.html**。确保文档窗口宽度为 1200 像素或更宽。
2. 如果有必要，选择 Window> Extract，显示 Extract 面板。

模型应该仍然显示在面板中。如果没有，从资源列表中选择它。

 提示：Extract 面板可能遮盖部分您正在处理的页面，在任何时候都可以随意改变面板位置或者停靠面板。

3. 检查模型中的导航菜单。

导航栏除了以下 6 个菜单项外没有任何组件：Home、Tours、Cruises、Events、Contact Us 和 About Us。Bootstrap 布局中的导航栏完全不同，它有 4 个菜单项，其中一个是下拉菜单，包含自己的附加选项，另外还有一个是带按钮的搜索框。

使用第三方模板时，尽快删除您不需要的项目，这样它们就不会妨碍您的工作。

Bootstrap 菜单中的第一项是 Navbar。这个项目是一个超链接，但不是菜单的一部分。桌面模型中没有出现这样的项目，但平板和手机设计中会出现一个文本元素。该文本元素在较小的屏幕上替代页首和标志图像。

4. 选择 Navbar 元素。

文本周围应该出现一个橙色的方框，表示文本可以编辑。

5. 双击单词"Navbar"，整个单词高亮显示。
6. 输入 `Favorite City Tour`，如图 6-24 所示。

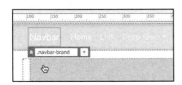  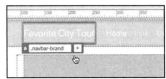

图6-24

公司名将出现在手机和平板上，但对桌面访问者隐藏。我们暂时使其可见。

Home 菜单项的格式不同于其他项目。当您看到这样的奇怪格式，通常原因是其他项目没有指定某个 CSS 类。

7. 选择 Home 菜单项。

Element Display 出现，焦点在 a 标签上。注意元素周围的橙色框。

这个元素没有什么特别之处。让我们检查一下 `<li>` 元素。您可以使用鼠标或者键盘改变 Element Display 的焦点。

8. 按 Esc 键。

`<a>` 元素的边框变为蓝色。

9. 按上箭头键，如图 6-25 所示。

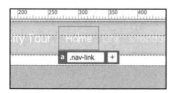 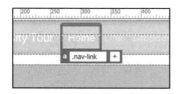 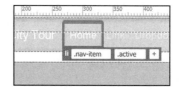

图6-25

> **注意**：在蓝色边框可见时按上、下箭头键将改变 Element Display，把焦点放在 DOM 中出现的元素上。

Element Display 的焦点变为 li 元素。注意，这个链接指定了附加的 .active 类。

10. 将光标放在 .active 类上。

单击该类上的 Remove Class/ID（删除类 /ID）按钮。

删除 .active 类后，Home 菜单项的格式与 Link 项相同。

菜单模型中的下一项是 Tours。在 Extract 面板中，您可以从模型中拉取文本内容，也可以拉取 CSS。

11. 在 Extract 面板中选择第二项 Tours。

确保选择文本而非按钮。

显示弹出窗口，注意，弹出窗口顶部的 3 个按钮全部都将被激活。这表明您可以提取样式、文本和图像资源。

12. 单击 Copy Text（复制文本）按钮，如图 6-26 所示。

13. 在 Live 视图中，双击 **mylayout.html** 中的"Link"。

文本高亮显示，周围出现橙色框，表明您处于文本编辑模式。

14. 鼠标右键单击选择的文本。

显示快捷菜单，您可以选择剪切、复制和粘贴文本。

15. 从快捷菜单中选择 Paste（粘贴），如图 6-27 所示。

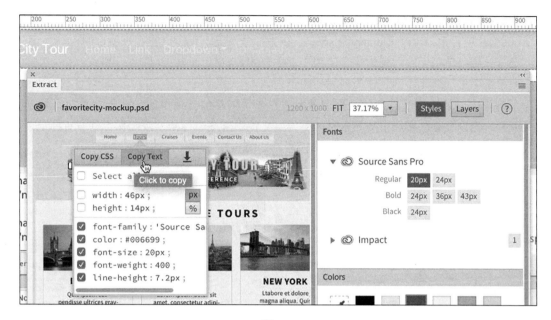

图6-26

> **Dw** 提示：文本提取功能实际上是用于更长的文本段，如果您喜欢，也可以手工输入菜单项。

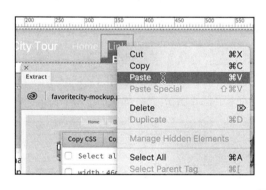 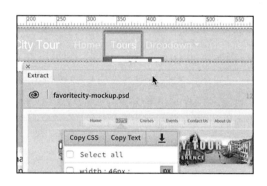

图6-27

Tours 代替了文本 Link。

Bootstrap 菜单中的下一项是下拉菜单。模型中没有这样的项目，所以没有理由保留它。

6.7 从模板中删除组件与特性

如果在模板中看到不需要的组件，您尽可以将其删除。删除组件时，重要的是要删除整个元素，不要留下任何一部分 HTML 代码。

1. 选择文档窗口中的 Dropdown 菜单项。

Dropdown 项目上将出现 Element Display。在大部分情况下，焦点将在该项目的 <a> 元素上。

大部分导航菜单用无序列表构建，使用 3 个主要的 HTML 元素：ul、li 和 a。下拉菜单的构建方法通常是用另一个无序列表作为列表项的子列表。

为了删除这个下拉菜单，您可以删除子列表，或者删除包含菜单的父元素。最简单的方法是删除父元素。当您要删除布局中的元素时，可以始终使用标签选择器，以确保得到所有标记。

2. 从 Dropdown 项目中选择 li 标签选择器，如图 6-28 所示。

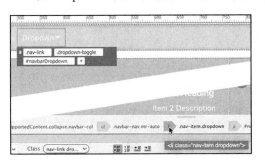 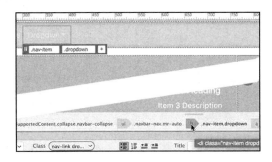

图6-28

Element Display 的焦点现在应该在 li 元素上。注意元素周围的橙色边框，这个颜色表示元素内容可以直接编辑。这种行为突出说明了 Dreamweaver Live 视图功能的一个重大变化。

 注意：当橙色边框出现时，CSS Designer 面板中可能显示的是应用于内容的样式，而非应用于元素本身的样式。

在旧版本的 Dreamweaver 中，您可以在 Live 视图中直接删除元素，但必须双击它才能进入编辑模式。而在这个版本中，您可以直接编辑元素，但必须再次选择元素才能删除它。

3. 单击 Element Display，将焦点放在 Dropdown 项目的 li 元素上，如图 6-29 所示。

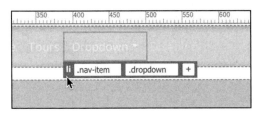 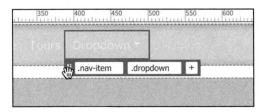

图6-29

注意，元素边框变为蓝色，这意味着选择的是元素本身，而不是内容。

4. 按 Delete 键。

Dropdown 菜单项及其子标记都被完全从页面上删除。所选元素被删掉后，Element Display 自动高亮显示 Disabled 菜单项，该元素周围出现一个蓝色边框。注意，这个菜单项以比其他项目更浅的颜色显示,这是因为它应用了特殊的 `.disable` 类。如果删除该类,元素的格式将遵从其他菜单项的设置。

`.disable` 类应用到 `<a>` 元素,但该元素在 Live 视图或标签选择器中不可见。当子元素没有出现在 Live 视图的界面上时,有多种方法可以选择它。如果您在 Live 视图中看到蓝色边框,可以尝试前面用过的 DOM 选择方法。

5. 按键盘上的下箭头键,如图 6-30 所示。

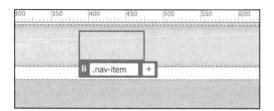 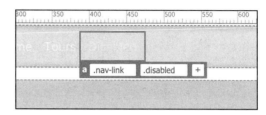

图6-30

Element Display 的焦点变为 `<a>` 元素。现在您可以在 Element Display 中看到 `.disable` 类。

6. 单击 Element Display 中 `.disable` 类上的 Remove Class/ID 按钮,如图 6-31 所示。

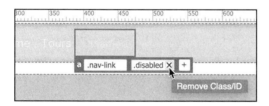 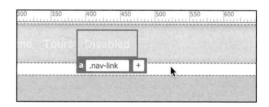

图6-31

删除类后,Disabled 菜单项的格式遵从其他菜单项的设置。

7. 双击文本 "Disabled",输入 `Cruises`。

第三个菜单项现已完成。在我们创建缺失的菜单项之前,先清理导航栏的其余部分。因为模型没有包含一个搜索框,所以您也将删除它。

8. 选择 Search 搜索框。

通过检查标签选择器,您可以看到这个按钮是一个更大的组件的一部分。该组件由 3 个 HTML 元素组成:`form`、`input` 和 `button`。`form` 元素是父元素。

9. 选择 `form` 标签选择器,如图 6-32 所示。

Element Display 出现,焦点在 `form` 元素上,该元素有一个橙色边框。

> **Dw 注意**:选择表单元素时它的边框有可能是蓝色,如果出现这种情况,跳到第 11 步。

10. 单击 Element Display,如图 6-33 所示。

6.7 从模板中删除组件与特性 **141**

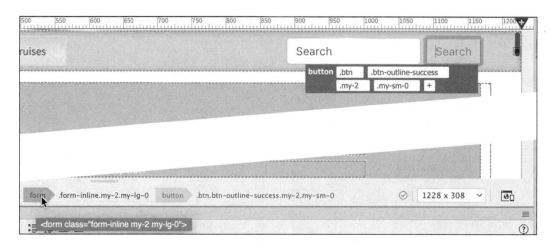

图6-32

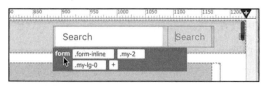 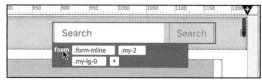

图6-33

边框变为蓝色。

11. 按 Delete 键。

整个 Search 表单将被删除。

您已经删除了搜索组件并创建了 3 个菜单项，还需要再创建 3 个。下面我们将创建缺失的项目，完成菜单的制作。

6.8 插入新菜单项

您在前一个练习中已经学到，水平菜单由一个无序列表组成。用 Dreamweaver 添加新菜单项很简单。

1. 在文档窗口中选择第三个菜单项 Cruises。

在大部分情况下，当您选择菜单中的一个项目时，Dreamweaver 将把焦点放在 <a> 元素上并显示一个橙色边框。注意，它指定了 .navlink 类。

2. 按 Esc 键。

Live 视图的焦点从所选内容变为元素本身。要创建新菜单项，您必须复制当前 HTML 结构。

3. 按上箭头键，如图 6-34 所示。

Element Display 此时的焦点在 li 元素上。注意，它指定的是 .nav-item 类。

Dreamweaver 提供了多种创建新菜单项的方法。

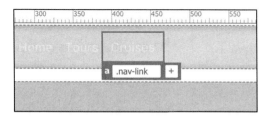 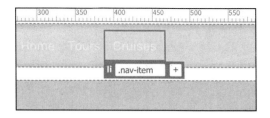

图6-34

4. 选择 Insert>List Item（列表项），显示 Position Assist 对话框。
5. 选择 After，如图 6-35 所示。

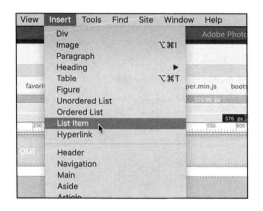 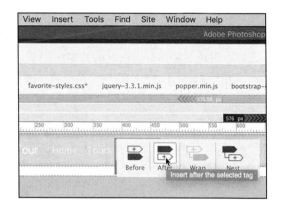

图6-35

新菜单项出现，包含占位文本。

6. 选择占位文本"Content for li Goes Here"，输入 Events，如图 6-36 所示。

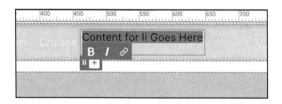 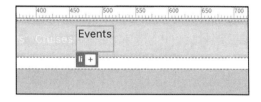

图6-36

这个菜单项此时与其他菜单项的外观不同，但很快就可以改正。其他菜单项指定了类 .nav-item。

7. 单击 Element Display 中的 Add Class/ID（添加 Class/ID）按钮 。
8. 输入 .nav-item 并按 Enter/Return 键，如图 6-37 所示。

在您输入的同时，提示菜单将显示文档或样式表中已经定义的类。您在列表中看到需要的类时，就可以直接选择。

6.8 插入新菜单项 143

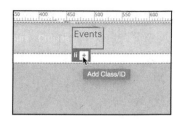 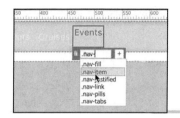 

图6-37

新菜单项的格式仍与其他项目不符，那是因为它缺少一个组件。该菜单项需要一个超链接并指定相应的 CSS 类。虽然目前还没有任何东西与该项目链接，但您可以用井号（#）创建一个链接占位符。

9. 选择文本 Events，出现 Text Display 对话框。

您可以用这个对话框为选择的文本应用粗体、斜体和超链接。

10. 单击 Hyperlink（HREF）（超链接）按钮 ，输入 # 并按 Enter/Return 键，如图 6-38 所示。

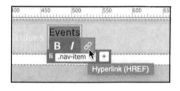 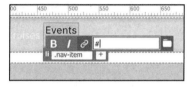 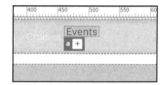

图6-38

Element Display 的焦点在新的 \<a\> 元素上。为了匹配其他链接，您必须添加类 .nav-link。

11. 单击 Element Display 中的 Add Class/ID 按钮。

12. 输入 .nav- 并选择 .nav-link，按 Enter/Return 键，如图 6-39 所示。

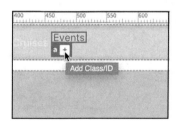 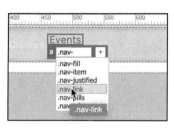 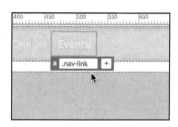

图6-39

应用类后，新链接的外观与其他链接相同。您还可以用 DOM 面板创建新菜单项。

6.9 用 DOM 面板创建新元素

DOM 面板描绘页面的 HTML 结构，包括 Class 和 ID，但忽略内容。它的功能还不止这些，您可以通过编辑、移动、删除甚至创建新元素，操纵页面结构。

1. 如果必要，选择 Window > DOM，显示 DOM 面板。

DOM 面板的焦点在文档窗口中选择的元素上。Events 菜单项的 <a> 元素应该高亮显示。要插入另一个项目，您必须首先选择 <li> 元素。

2. 选择面板中最后一个 <li> 元素。
3. 单击 DOM 面板中的 Add Element（添加元素）按钮 ．
4. 选择 Insert After（在此项后插入），如图 6-40 所示。

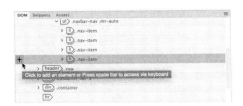 

图6-40

新的 <div> 元素将出现在 DOM 面板中。该项目高亮显示，仍然可以编辑。如果您按 Enter/Return 键，将创建新元素。但我们需要的是一个 <li> 元素。

5. 输入 li 并按 Tab 键。

li 替代了 div。光标移到特性框中。

您可以用 DOM 面板创建 HTML 元素，也可以创建 Class 和 ID。

6. 输入 .nav- 并选择 .nav-item，按 Enter/Return 键，如图 6-41 所示。

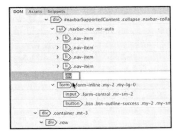  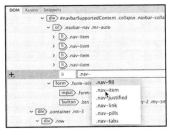

图6-41

新菜单项和占位文本出现在文档窗口中。

7. 选择占位文本，输入 Contact Us，如图 6-42 所示。

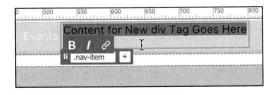 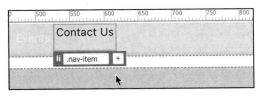

图6-42

6.9　用DOM面板创建新元素　**145**

8. 选择文本"Contact Us",出现 Text Display 界面。
9. 单击 Hyperlink(HREF)按钮,输入 # 并按 Enter/Return 键,如图 6-43 所示。

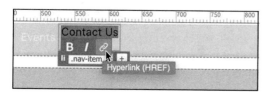 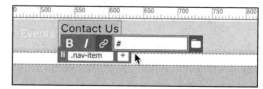

图6-43

10. 将类 .nav-link 应用到 `<a>` 元素。

Contact Us 项目的格式化完成了,还剩下一个项目需要设置。到目前为止,创建菜单项最简便的方法就是使用复制和粘贴。

6.10 用复制和粘贴功能创建菜单项

如您所见,创建一个新菜单项需要许多步骤。通过使用复制和粘贴,您可以显著地减少这些步骤。

1. 选择 Contact Us 菜单项。
2. 选择 li 标签选择器,如图 6-44 所示。

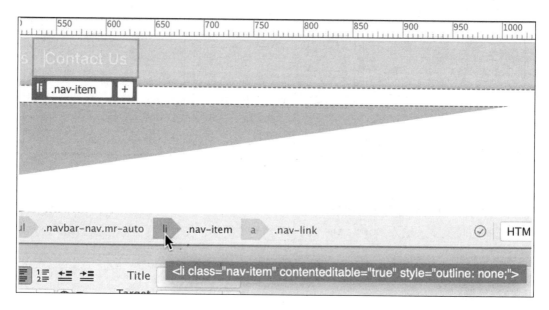

图6-44

Element Display 出现,焦点在 li 元素上,它的周围有一个橙色边框。

3. 按 Esc 键，如图 6-45 所示。

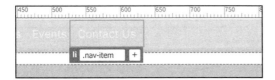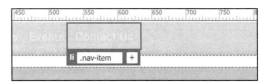

图6-45

边框从橙色变为蓝色，表明现在选择的是元素。

4. 鼠标右键单击 Contact Us 的 Element Display 界面，从快捷菜单中选择 Copy，如图 6-46 所示。

 注意：确保使用快捷菜单时光标在 Element Display 标签上。有时候，焦点可能变为 <a> 元素，导致粘贴错误。

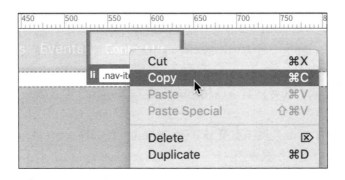

图6-46

在文档窗口中选择一个元素，再使用 Paste 命令可以将新元素直接插入选择的元素之后，使其成为被选中元素的同级元素。

5. 鼠标右键单击 Contact Us 的 Element Display 界面。从快捷菜单中选择 Paste，如图 6-47 所示。

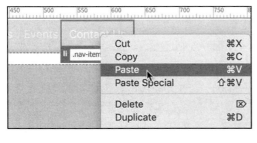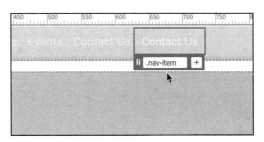

图6-47

一个复制的 Contact Us 菜单项出现在原菜单项旁边，格式与其完全相同。

6. 双击新菜单项中的单词 Contact。
7. 输入 About 并按 Esc 键，如图 6-48 所示。

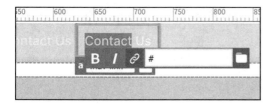 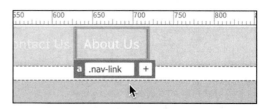

图6-48

最后一个菜单项完成。

8. 选择 File> Save All。

菜单的内容已经完成，您可以专注于格式化菜单中的文本和按钮了。

6.11 提取文本样式

导航栏中的文本格式化的颜色为白色，这个颜色在导航栏背景颜色为黑色时很合适，但在黄色背景上就不容易辨认。在这个练习中，您将学习用 Extract 面板选取模型中文本样式的方法，以及按钮本身的格式化方法。

在模型应用样式之前，您必须有可以粘贴的位置。Bootstrap 样式表是只读的，这意味着您必须创建规则，才能导入 CSS。

1. 如果有必要，在 Live 视图中打开 **mylayout.html**，并确保文档窗口宽度至少为 1200 像素。
2. 选择导航菜单中的一个菜单项。

 注意：选择文本时，确保 Dreamweaver 的焦点在 <a> 元素上。往往需要两次或更多次单击才能将焦点放在正确的元素上。

菜单由5种HTML元素组成：nav、div、ul、li和a。文本样式可以应用到其中任何一个元素上，甚至可以同时应用于这 5 种元素。我们的目标是用模型中的样式覆盖 Bootstrap 样式表中的设置。

3. 单击 CSS Designer 面板中的 Current 按钮。

Selectors 窗格显示影响选择的文本的 CSS 规则。列表顶部的规则最强大。那是您通常要注意的规则。

 注意：Sources 窗格中以粗体显示 **bootstrap-4.3.1.css**，意味着格式化选择的元素的所有规则保存在该文件中。虽然 Selectors 窗格顶部的规则最为强大，但不一定是格式化所选元素的规则。导航菜单等动态元素默认有由 CSS 格式化的 4 种不同状态：链接、已访问、悬停和活动。您将在第 10 课中学习这方面的知识。目前，您只需要提取菜单项的默认（链接）状态。

4. 鼠标右键单击 .navbar-dark .navbar-nav .nav-link 选择器，如图 6-49 所示。

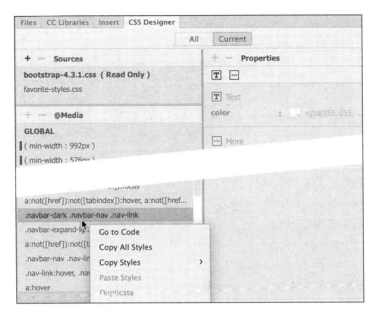

图6-49

快捷菜单显示了多种命令，大部分都为灰色。如果 Bootstrap 样式表不是只读的，您就可以使用 Duplicate 再现 **favorite-styles.css** 中需要的选择器。我们将绕开这一限制，实现相同的结果。

5. 选择快捷菜单中的 Go To Code。

出现一个对话框，通知您 Bootstrap 样式表被锁定，并提供将样式表设置为可写或查看的选项。

 注意：一些 Windows 用户反映，Bootstrap 样式表没有标记为只读。如果您遇到这种情况，样式表应该立即加载。

6. 单击 View 按钮，如图 6-50 所示。

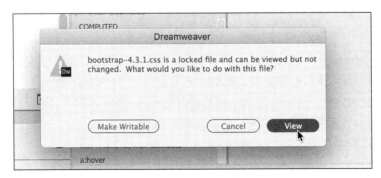

图6-50

文档窗口垂直拆分，底部显示 Code 视图，焦点在目标规则上。您可能需要向下滚动才能看到

6.11 提取文本样式

选择器。

7. 选择并复制选择器，如图 6-51 所示。

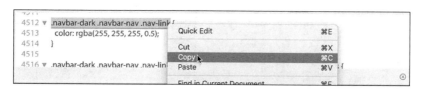

图6-51

您已经复制了格式化菜单项默认状态的格式，现在您需要在 **favorite-styles.css** 中重现它。

8. 单击 CSS Designer 面板中的 All 按钮。

文档窗口的焦点在 Code 视图上，显示的是 Bootstrap 样式表。要在 CSS Designer 面板中查看 **favorite-styles.css**，您就必须将焦点设置到 Live 视图上。

9. 在 Live 视图中选择任何一个菜单项。

10. 在 Sources 窗格中选择 **favorite-styles.css**。

11. 单击 Add Selector 按钮 ，打开新选择器名称输入框，此时界面会自动显示一个样板选择器。

12. 按 Ctrl+V/Cmd+V 组合键粘贴选择器，如图 6-52 所示。

图6-52

在第 7 步中复制的选择器将出现在输入框中。

13. 按 Enter/Return 键完成选择器。

现在，您已经做好了从模型中提取文本格式的准备。

14. 在 Extract 面板中，选择导航菜单中的任何文本项。弹出窗口，显示提取选项。

15. 如果有必要，选择字体和颜色规格，如图 6-53 所示。

 注意：菜单中使用的字体是来自 Adobe Typekit 的 Source Sans Pro。第 5 课中已经做过解释，您必须登录、下载和安装字体，才能在 Dreamweaver 中正确使用。

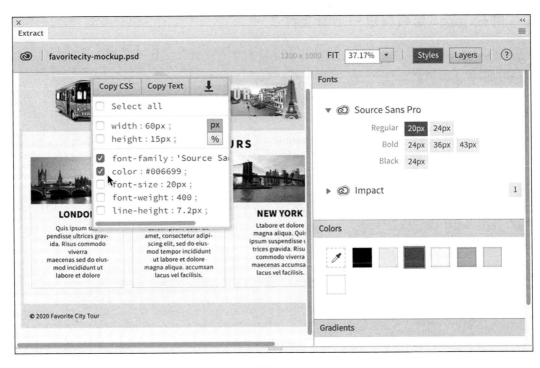

图6-53

16. 单击 Copy CSS 按钮。

从模型复制 CSS 规格后,您必须确定模板中格式化菜单项文本的规则。这可能很困难,因为文本样式非常复杂,往往有多条规则影响同一个文本元素。但这并不意味着您不能成功地格式化某个项目,只能说您在应用新样式时务必特别小心。

17. 鼠标右键单击第 13 步创建的规则,选择 Paste Styles,如图 6-54 所示。

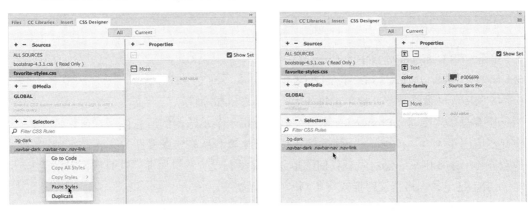

图6-54

Properties 窗格显示字体和颜色的规格。现在 Dreamweaver 中有 6 个菜单项的文本样式与模型相符。下一个任务是格式化菜单按钮。

6.11 提取文本样式 **151**

6.12 用 Extract 面板创建一个渐变背景

您在 Extract 面板预览中可能难以辨认，但导航栏中的按钮有一个渐变背景，顶部是较深的黄色，底部则是较浅的黄色。

和菜单文本一样，您必须确认为菜单项创建任何背景颜色的规则。在大部分情况下，这些格式应用到 <li> 或 <a> 元素。

1. 如果有必要，在 Live 视图中打开 lesson06 文件夹下的 **mylayout.html**，并确保文档窗口宽度至少为 1200 个像素。
2. 选择水平菜单中的任何一个项目。

通常，默认选择的应该是 <a> 元素。因为 <a> 元素是 <li> 元素的子元素，您可以通过选择该元素检查应用到菜单项的所有样式。

3. 单击 a 标签选择器，如图 6-55 所示。

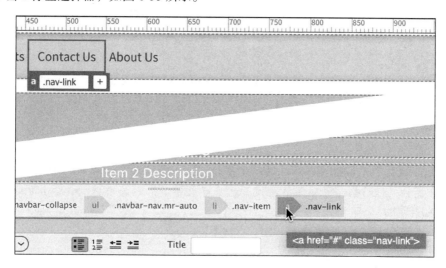

图6-55

4. 单击 CSS Designer 面板中的 Current 按钮。
5. 如果有必要，选中 CSS Designer 面板中的 Show Set 复选框。
6. 从 Selectors 窗格顶部开始单击每条规则，如图 6-56 所示。

当您检查每条规则时，Properties 窗格会显示应用于菜单结构的所有样式。首先是 <a> 元素，最终将显示应用于 <li> 和 <ul> 元素的样式。接下来查找所有背景属性。

检查完每一条规则后，您将发现任何菜单元素都没有设置背景属性。这时您可以使用 <li> 或者 <a> 元素，这里我们将把按钮样式应用到 <li> 元素。

第一步是创建可以应用样式的规则。使用如下步骤以确保新规则正确创建。

7. 单击 li 标签选择器，如图 6-57 所示。
8. 单击 CSS Designer 面板中的 All 按钮。
9. 在 Sources 窗格中选择 **favorite-styles.css**。

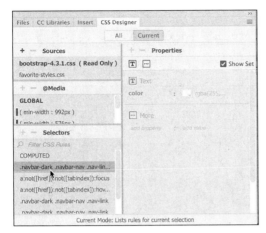
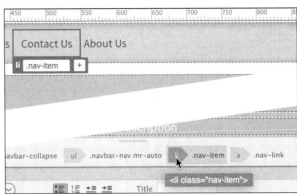

图6-56　　　　　　　　　　　　　图6-57

10. 单击 Add Selector 按钮 ➕ 。

选择器输入框打开，填充了 Dreamweaver 写入的自定义选择器。默认情况下，这些名称的特异性很高，您可以按上或下箭头改变其特异性。虽然您希望这个选择器针对菜单项，但不需要过分冗长。

11. 按上箭头键，直到出现如下选择器。

`.navbar-nav .mr-auto .nav-item`

> **Dw** 注意：在某些情况下，您可能必须按下箭头键才能得到您所需的选择器。

12. 将选择器编辑为 `.navbar-nav .nav-item`，按 Enter/Return 键，如图 6-58 所示。

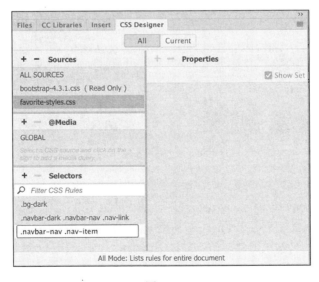

图6-58

6.12　用Extract面板创建一个渐变背景　**153**

格式化按钮的规则准备就绪。

13. 如果有必要，选择 Window > Extract，选择 **favoritecity-mockup.psd**。

14. 选择模型中的任意菜单按钮，如图 6-59 所示。

图6-59

您将导入背景和边框样式。

15. 如果有必要，在弹出窗口中选中 width 复选框，取消选中 height 复选框。

16. 单击 Copy CSS 按钮，如图 6-60 所示。

图6-60

17. 鼠标右键单击 .navbar-nav .nav-item 规则，从快捷菜单中选择 Paste Styles，如图 6-61 所示。此时从模型复制的样式出现在 Properties 窗格中。单独菜单项显示渐变背景、独特的边框和类似于模型的一致宽度，但按钮仍然需要稍作调整，如图 6-62 所示。

18. 在 CSS Designer 面板中，取消选中 Show Set 复选框。

图6-61

图6-62

取消选中该复选框后，Properties 窗格将显示可应用到元素的 CSS 属性的完整列表。`.navbar-nav .nav-item` 仍然应该被选中。

模型的按钮之间有些许空隙，但那种样式不受 Photoshop 支持，您必须自己创建。

19. 单击 Layout（布局）按钮，如图 6-63 所示。

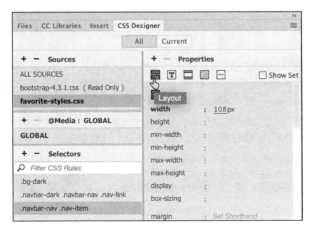

图6-63

6.12　用Extract面板创建一个渐变背景　**155**

20. 在左和右边距属性中输入 4px，如图 6-64 所示。

图6-64

21. 单击 Text 按钮**T**。
22. 选择 `text-align: center`，使按钮中的文本居中对齐。
23. 选择 File> Save All。

现在，导航菜单完成了。模型的下一个组件是标志图像。通常，将这些图像插入 `<header>` 元素中。Bootstrap 模板没有这样的元素，您必须自行添加。

6.13 从模型中提取图像资源

公司标志出现在导航菜单下方。您将从模型中提取图像，并将其插入一个新创建的 `<header>` 元素中。

1. 在 Extract 面板中，选择标志图像，如图 6-65 所示。

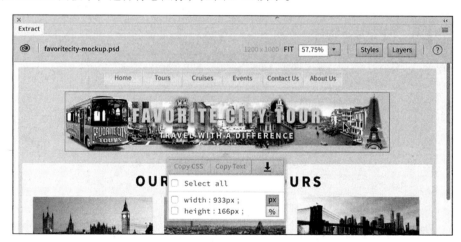

图6-65

虽然选择了标志图像，但不要以为 Extract 面板只能导出图像。如果图像是 Photoshop 图层的一部分，该图层中包含的文本或其他特效也将被导出。检查图像的构造是个好主意。不要担心——您不需要用 Photoshop 来检查所选元素的构成，Extract 面板能够读取和显示 Photoshop 文件中图层的内容。

2. 单击 Layers（图层）按钮，如图 6-66 所示。

图6-66

注意面板中选择的图层。标志是 Header 图层的一部分，该图层包含了公司名称和座右铭。如果选择 Header 图层，Extract 面板将创建一个同时包含文本的图像。在某些情况下，这是我们需要的，但在本练习中不是。如果您在网页中插入文本，搜索引擎可以索引它，也许还能改善您的网站在搜索结果中的排名。

3. 如果有必要，选择 **favcity-logo** 图层。
4. 单击图层中的 Extract Asset（提取资源）按钮 ⬇，如图 6-67 所示。

图6-67

出现一个弹出窗口，您可以命名图像、选择想要创建的图像类型，并选择保存图像的位置。在第9课中，您将学习关于 Web 兼容图像的所有相关知识以及处理方法。对于本练习，您将创建一个 JPEG 文件。

> **注意**：如果您在站点定义对话框的高级设置中设置了默认图像文件夹，则站点图像文件夹就已经成为目标。

5. 如果有必要，在弹出窗口的文件夹输入框中选择 lesson06 的图像文件夹。

此时弹出窗口中的 Save As 输入框中应该显示 `favcity-logo`，这个名称来自 Photoshop 图层。如果该输入框显示其他名称，请核实您是否选择了错误的图层。

6. 单击 JPG 按钮。

> **注意**：Extract 面板只能创建 PNG 和 JPEG 图像类型。

7. 如果有必要，设置 Optimize（优化）选项为 80，如图 6-68 所示。

图6-68

8. 单击 Save 按钮。

如果您在定义 lesson06 站点时已经设置了图像文件夹，标志图像将自动保存到那里。现在，您已经为创建 `<header>` 元素做好了准备。

6.14 创建新的 Bootstrap 结构

您从模型中可以看到，`header` 元素与导航栏一样，横贯整个屏幕，而其他页面组件不是如此。Bootstrap 使用行和列来划分屏幕。在导航栏中添加一列，`header` 将自动地使用相同的宽度。

Deramweaver 简化了在 Bootstrap 组件中添加新行的工作，只需要单击一下就行了。

1. 选择导航栏中的任何菜单项。
2. 选择 `nav` 标签选择器，如图 6-69 所示。

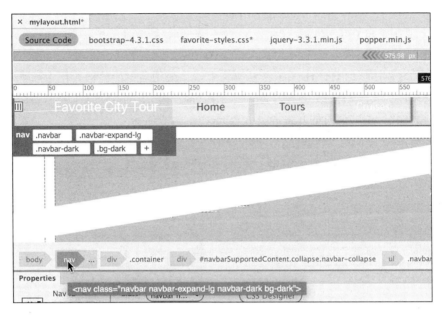

图6-69

出现 Element Display 界面，焦点在 `nav` 元素上。

3. 选择 Window>Insert，显示 Insert 面板。
4. 在 Insert 面板的下拉列表框中选择 Bootstrap Components（Bootstrap 组件）。

Bootstrap 组件可以在您的布局中添加各种组件，并且所有组件设计都自动支持桌面、平板和手机浏览器。

5. 单击 Grid Row with column，出现 Position Assist 对话框。
6. 单击 After 按钮，在 No. of columns to add（需要添加的列数）输入框中输入 1。
7. 单击 OK 按钮，如图 6-70 所示。

图6-70

新的 `div.row` 元素将出现在导航栏下方，带有占位文本。

虽然 `<div>` 是完全可以接受的元素，但使用 HTML 5 `header` 元素更有一定的语义价值。

8. 按 Ctrl+T/Cmd+T 组合键，出现 Quick Tag Editor（快速标签编辑器）。

9. 用 `header` 代替 div 并按 Enter/Return 键。

`div.row` 现在变成了 `header.row`。

10. 选择占位文本，输入 FAVORITE CITY TOUR。

这段文本没有应用任何 HTML 元素。从语义上说，公司名称应该格式化为标题。按照最佳实践，页面应该只有一个 h1 标题，这个标题为主页面标题保留。因此对这个公司名称格式，您将使用 h2 代替。格式化文本的最简单方法是使用 Properties 检查器。

11. 如果有必要，选择 Window > Properties，如图 6-71 所示。

> **Dw 注意：** 如果 Properties 检查器显示为浮动面板，您尽可以将它停靠在文档窗口底部。

 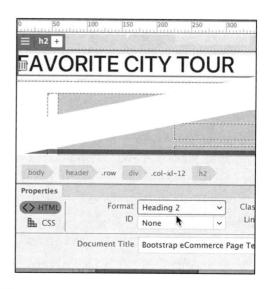

图6-71

在 Properties 检查器的 Format（格式）下拉列表框中选择 Heading 2（标题 2）。

12. 在 Extract 面板中，选择公司名称。

13. 取消选中 `font-weight` 和 `line-height` 复选框，如图 6-72 所示。单击 Copy CSS 按钮。样式复制后，您必须为公司名称创建一条规则。

14. 在 CSS Designer 面板中，选择 **favorite-style.css**。创建新规则：`header h2`。粘贴第 13 步复制的样式，如图 6-73 所示。

文本格式很漂亮，这里显示的文本对齐方式是向左对齐。

15. 如果有必要，在 CSS Designer 面板中选择 header h2。

图6-72

图6-73

16. 单击 Text 按钮 T。
17. 选择 text-align: center，如图 6-74 所示。

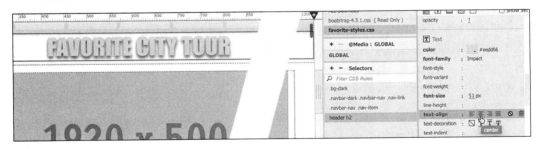

图6-74

18. 在 Extract 面板中，选择座右铭 TRAVEL WITH A DIFFERENCE，取消选中 line-height 复选框并单击 Copy CSS 按钮。
19. 在公司名称最后插入光标。
20. 按 Enter/Return 键创建新行。

6.14 创建新的Bootstrap结构

21. 输入 TRAVEL WITH A DIFFERENCE，如图 6-75 所示。
22. 创建一条新规则：header p。
23. 在新规则上粘贴样式。添加属性 text-align: center。

图6-75

标题文本完成，可能还需要一些调整，但我们先继续完成其他步骤。

24. 保存全部文件。

接下来，您将以公司标志作为背景图像。

6.15 为标题添加一个背景图像

公司名称和座右铭无法与标志图像出现在相同位置，除非在图像中加入文本，或者将图像作为背景属性插入。背景可能包含一幅或者多幅图像，以及至少一种总体颜色。对多个特效进行分层时，您必须确保属性的顺序正确。

 注意：16进制颜色用3对字母和/或数字描述RGB值。当每对字母或数字完全相同（如EEDD55）时，您可以将颜色对缩写为单个字符（如ED5）。缩写的颜色在HTML中有效，但如果Dreamweaver将其重写为完整的值，也不要感到吃惊。

1. 如果有必要，在 Live 视图中打开 mylayout.html，确保文档窗口宽度至少为 1200 像素。
2. 在 CSS Designer 面板中，确保单击 All 按钮。

如果有必要，取消选中 Show Set 复选框。

3. 创建如下规则：header。
4. 单击新规则中的 Background（背景）按钮。
5. 单击 background-color 属性的颜色选择器。在颜色输入框中输入 #ED5。按 Enter/Return 键，如图 6-76 所示。

<header> 显示与导航栏匹配的背景颜色。现在我们来添加标志图像。

6. 单击 background-image 属性中的 Browse 按钮，如图 6-77 所示。
7. 选择 lesson06 图像文件夹中的 favcity-logo.jpg，单击 Open 按钮，如图 6-78 所示。

标志图像出现在标题中，但底部被切断且在水平方向上重复显示。默认情况下，背景图像会在水平方向和垂直方向上重复显示。在某些情况下需要背景重复，但这里并不需要。此时可以对 CSS

做一些调整，使背景看起来更漂亮。

  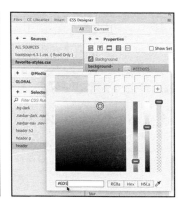

图6-76

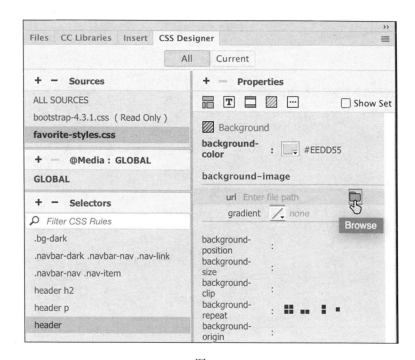

图6-77

8. 在规则 `header` 中添加如下属性，如图 6-79 所示。

```
background-position: center center
background-size: 80% auto
background-repeat: no-repeat
```

背景图像看起来更漂亮了，但底部仍然被截断。

9. 单击 Layout 按钮。

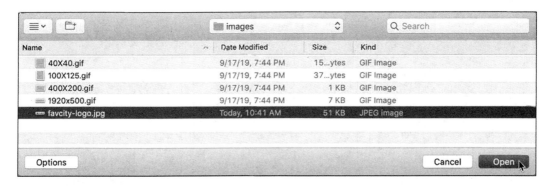

图6-78

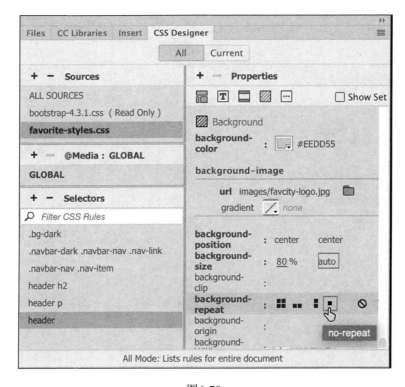

图6-79

10. 在 `header` 规则中添加如下属性，如图 6-80 所示。

`height: 212px`

标题得以扩展，并且完全显示标志图像。公司名称和座右铭在背景图像上没有居中。下面将再一次调整文本元素和 `header`。

11. 在规则 `header h2` 中编辑或添加如下属性。

`margin-top: 1em`

```
font-size 350%
line-height: 1.2em
letter-spacing: 0.12em
```

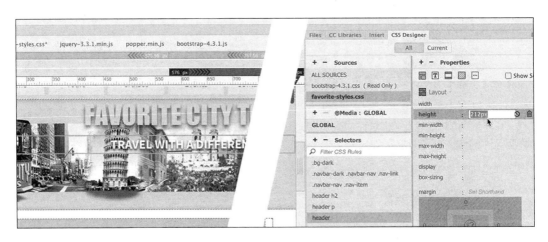

图6-80

这些属性使公司名称的位置与模型更加相符。再进一步调整座右铭的位置，工作就可以结束了。

12. 在规则 `header p` 中编辑或添加如下属性。

```
font-size: 150%
line-height: 1em
letter-spacing: 0.4em
```

座右铭出现在背景图像上，与模型中一样有了字符间距。完成标题前还有最后一件事要处理。

在模型中，导航栏与标题栏之间有一条浅黄色分隔线。这条线没有延伸到边缘，因此您必须确认有相同属性的元素。

标题延伸到页面两端，但水平菜单没有。

13. 单击一个菜单项。

`div.container` 包含整个导航栏。

14. 选择 `div.container` 标签选择器，出现 Element Display 界面。

注意，选择的元素没有延伸到左右两侧的边缘。

15. 创建如下规则：`nav.container`。

不要忘记在 `nav` 元素后加上空格。

16. 为新规则添加如下属性，如图 6-81 所示。

```
padding-bottom: 10px
border-bottom: 2px solid #FF3
```

`header` 元素完成，并完成台式机屏幕格式化。

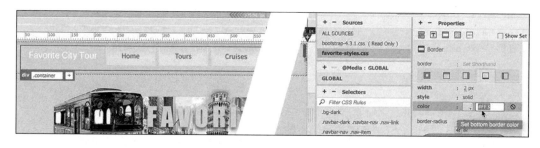

图6-81

17. 选择 File> Save All。

在后面的课程中,您将学习格式化多个页面组件,以适应台式计算机屏幕、手机和平板设备的方法。

6.16 完成布局

布局还有几个规格需要应用。

1. 如果有必要,在 Live 视图中打开 **mylayout.html**,确保文档窗口宽度至少为 1200 个像素。

在模型中,布局左右两侧有很宽的边框。由于这些边框延伸到屏幕边缘,因此主体元素是这一样式设置的目标。

2. 在 **favorite-styles.css** 中创建如下规则。

`body`

3. 在 body 规则中添加如下属性,如图 6-82 所示。

```
border-right: 15px solid #ED5
border-left: 15px solid #ED5
```

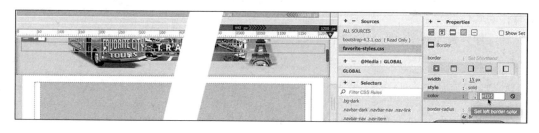

图6-82

布局左右侧出现大边框。

下一课中您将学习处理页面的主要内容。在本课中,您需要处理的最后一部分内容是页脚。首先,从模型中导入文本。

4. 在 Extract 面板中复制页脚文本。

5. 在 **mylayout.html** 中选择占位文本并粘贴页脚文本,如图 6-83 所示。

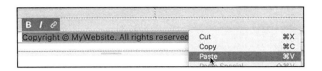 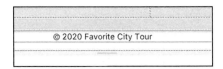

图6-83

页脚中的文本居中对齐。默认情况下，HTML 中的文本向左对齐。因此这意味着有某个设置覆盖了默认设置。

6. 选择 footer 标签选择器。

注意指定到 footer 元素的类。应用样式的是 .text-center 类。

7. 从 footer 元素中删除 .text-center 类，如图 6-84 所示。

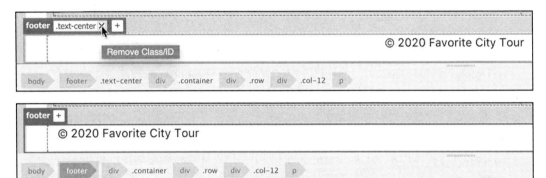

图6-84

文本现在向左对齐，最后一步是应用背景颜色。

8. 在 **favorite-styles.css** 中创建如下规则。

footer

9. 在 footer 规则中添加如下属性。

```
padding-top: 5px
color: #069
background-color: #ED5
```

10. 选择 File>Save All。

祝贺您！您已经学习了从 Photoshop 模型中提取样式，并将其应用到预定义 Bootstrap 模板的方法。在下面几课的学习中，您将继续学习调整和格式化内容的方法，并学习各种 HTML 和 CSS 技巧。第 7 课将把这个 Bootstrap 启动器布局转化为 Dreamweaver 站点模板。

6.17 复习题

1. Dreamweaver 是否为初学者提供了设计辅助？
2. 您从使用响应式启动器布局中得到了什么好处？
3. Extract 面板可以做什么？
4. Extract 能否下载 GIF 图像资源？
5. 判断真伪：Extract 面板生成的所有 CSS 都是准确的，您所需要的就是设置网页及其内容的样式。
6. Dreamweaver 支持多少个背景图像？

6.18 复习题答案

1. Dreamweaver（2020 版）提供 3 种基本布局、6 种 Bootstrap 模板、4 种电子邮件模板和 3 种响应式启动器布局。
2. 响应式启动器布局提供包含预定义 CSS 和占位内容的完整布局，帮助您开始设计网站或者布局。
3. Extract 面板可以从 Adobe Photoshop 和 Adobe Illustrator 创建的页面模型中获取 CSS 样式、文本内容和图像资源。
4. 否。Extract 只支持 PNG 和 JPEG 图形格式。
5. 错。虽然许多 CSS 属性完全可用，但 Photoshop 和 Illustrator 中的样式针对的是打印输出，因此一些并不完全适合于 Web 应用。
6. CSS 可以应用多个背景图像，但是只能有一种背景颜色。

第7课 使用模板

课程概述

在本课中,您将学习如何更快地工作、更轻松地执行更新,如何变得更有效率。您将学习如下知识。

- 创建 Dreamweaver 模板。
- 插入可编辑区域。
- 制作子页面。
- 更新模板和子页面。

 完成本课需要花费大约 2 小时。

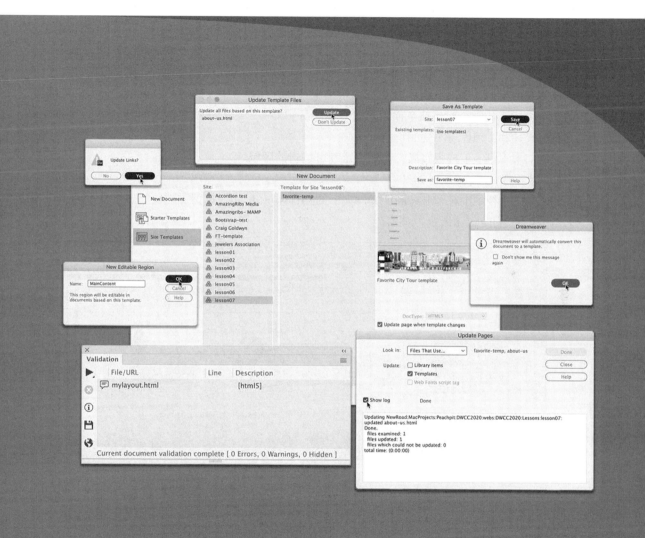

对于忙碌的设计师来说，Dreamweaver的生产力促进工具和站点管理能力是其受欢迎的主要原因。

7.1 创建 Dreamweaver 模板

> **Dw** **注意**：下载课程文件，按照前言的描述为第 7 课创建一个新站点。

Dreamweaver 模板是一种母版页面（Master Page），可以通过它来创建子页面。模板用于设置和维护 Web 站点的总体外观，同时它提供了快速、轻松地制作站点内容的方式。模板不同于 Dreamweaver 中的常规 HTML 页面。

在常规网页中，Dreamweaver 可以编辑整个页面。在模板中，指定区域被锁定，无法被编辑。在团队环境中工作时，模板使页面内容可以被团队中的多个人创建和更改，而 Web 设计师则能够控制页面设计和必须保持不变的特定元素。

让我们来观察一下样板布局，确定锁定和可编辑的区域。

1. 启动 Dreamweaver（2020 版）。
2. 在 Live 视图中打开 lesson07 文件夹中的 **mylayout.html**，确保文档窗口宽度至少为 1200 个像素，如图 7-1 所示。

图7-1

3. 从头到尾检查布局。

这个页面分为不同用途的区域，如导航、企业标识、评论内容、联络信息，以及法律条款。

评论部分有 3 种不同类型的内容模式：轮播图像、基于卡片的图像区段，以及基于列表的文本区段。

评论内容是每个页面上唯一需要改变的东西，其他区域在整个网站内都保持不变。人们通常将这些区域称为"样板"（Boilerplate）。模板中的这些区域将在 Dreamweaver 内被锁定。当布局转换为 Dreamweaver 模板时，包含评论内容的部分将被指定为"可编辑区域"。但在这么做之前，您还有一些工作要做。由于当前的布局太杂乱了，因此模板必须精简到只剩最低限度的必要组件。

7.2 删除不需要的组件

模板应该精简到只剩尽可能少的基本元素，这将使创建子页面时的清理工作减少。我们从基于卡片的部分开始。

如果您的文档窗口宽度至少为 1200 个像素，您就会看到分为两行的 6 个卡片元素。在后面的课程中，您将用这些元素构建旅游描述。但没有理由在模板中保存全部 6 个元素，一行就足够了。

1. 选择第二行首个元素中的 400 像素 × 200 像素占位图像，如图 7-2 所示。出现 Element Display 界面，焦点在 `<img>` 元素上。

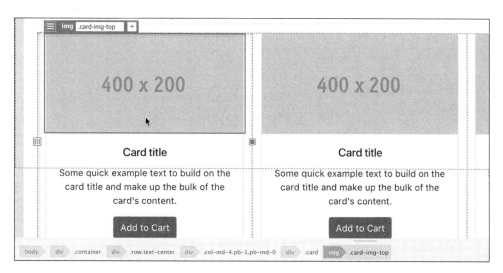

图7-2

检查标签选择器，您就可以看到占位图像有 4 个 `div` 父元素。使用标签选择器是探究 HTML 内容结构的方法之一。

2. 选择占位图像的第一个父元素 `div.card`，如图 7-3 所示。

Element Display 的焦点变为 `div.card`。您可以从蓝色边框看出第一个卡片元素的大部分被选中。在可能的情况下，我们的目标是选择整行元素。

3. 选择 `div.col-md-4.pb-1.pb-md-0` 标签选择器。

标签选择器高亮显示第一个卡片的全部区域。

4. 选择 `div.row.text-center.mt-4` 标签选择器。

整个第二行被选中，但您可以看到还有一个标签选择器。

图7-3

5. 选择 div.container,如图 7-4 所示。

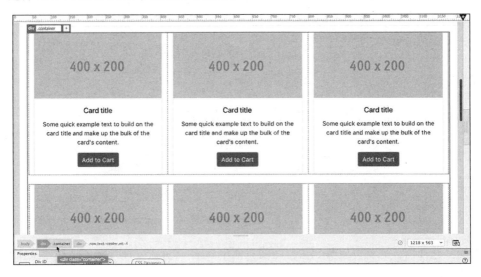

图7-4

选择这个标签选择器后,整个卡片部分高亮显示。在大部分情况下,上一个标签选择器仍然可见。

> **注意**:如果上一个标签选择器不可见,就从第 1 步起重复选择过程。

6. 选择 div.row.text-center.mt-4 标签选择器。

如果没有看到前一个标签选择器，重复第 1～4 步选择对应的标签，如图 7-5 所示。

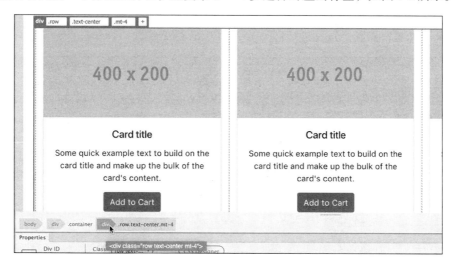

图7-5

整个第二行再次被选中。

7. 按 Delete 键。

 注意：删除元素时，确定 Element Display 是蓝色边框。橙色边框表示只选择了元素中的内容，而不是元素本身。

该行被删除，卡片区段只留下一行占位图像。

下面我们将处理基于列表的内容。

基于列表的区段构造不同于基于卡片的部分。删除多余的元素所需过程稍有不同，但仍从标签选择器开始。这个区段有 3 行元素，我们的目标是完成操作时只剩下一行。

8. 选择第三行首个元素上的占位图像，如图 7-6 所示。

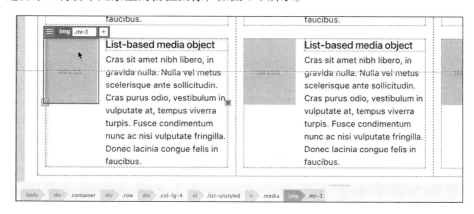

图7-6

7.2　删除不需要的组件　175

从标签选择器可以看到，占位图像是一个无序列表的一部分。但您不能通过删除这个列表来移除第三行，因为这个列表是垂直显示而不是水平显示的。

9. 选择 ul 标签选择器，如图 7-7 所示。

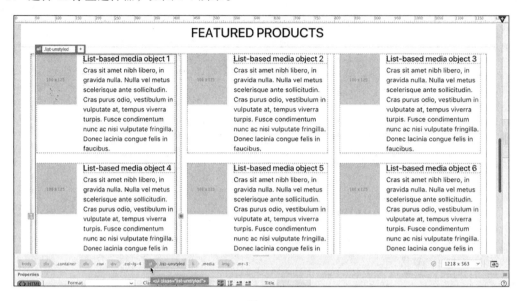

图7-7

Element Display 界面高亮显示基于列表区段的整个第一列。这 3 行实际上是 3 个无序列表，每个包含 3 个列表项。要删除第二和第三行，您就必须删除每个列表中的后两个项目。

和以前一样，第一列中第三个项目的 li 标签选择器应该仍然可见。

10. 选择 li 标签选择器并按 Delete 键，如图 7-8 所示。

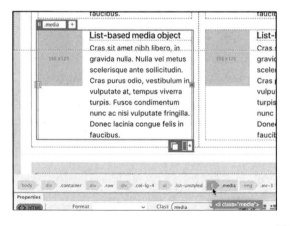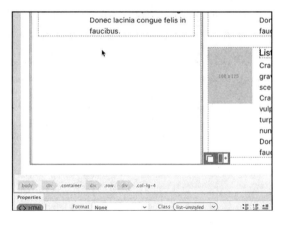

图7-8

第一列的第三个项目被删除。

11. 重复第 10 步，删除每列中的第二和第三个列表项，如图 7-9 所示。

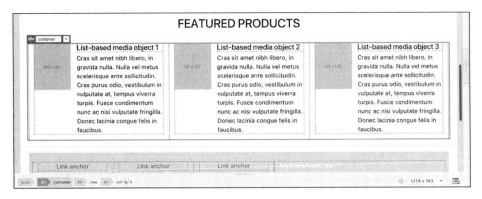

图7-9

基于列表的区段现在显示一行元素,我们将转到布局的底部。

页脚之上是一个包含 3 列链接和一个地址的区段。

12. 单击第一列的最后一个链接,检查标签选择器,如图 7-10 所示。

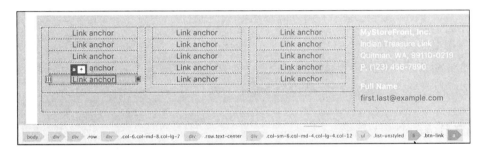

图7-10

和基于列表的区段一样,链接包含在 3 列无序列表中。

要想在 Live 视图中最终得到每列只有一个链接,您就必须逐个删除多余链接。DOM 面板提供了一种更快的方法。

13. 如果有必要,选择 Window > DOM,显示 DOM 面板。
14. 选择 li 标签选择器,如图 7-11 所示。

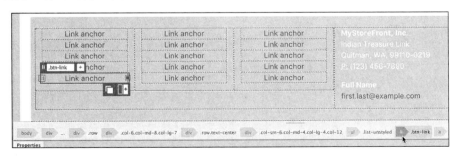

图7-11

7.2 删除不需要的组件 **177**

因为您在文档窗口中选择了列表项，所以 DOM 面板的焦点在该元素上，您应该看到面板中选择了最后一个项目。

15. 在 DOM 面板中，按下 Shift 键并单击列表中的第二个项目，4 个列表项高亮显示。

16. 按 Delete 键。

选择的列表项被删除。

17. 重复第 14～16 步，删除不需要的链接，如图 7-12 所示。

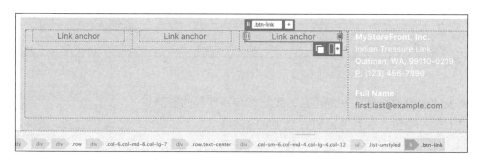

图7-12

18. 保存文件。

删除所有链接后，页面左侧有很大的空间。如果 3 个链接横跨页面底部，看起来会更好看。接下来，您将学习格式化 Bootstrap 布局的方法。

7.3 修改 Bootstrap 布局

Bootstrap 使用行和列控制元素分隔页面的方式。它以一个 12 列的网格为基础，每个元素在父元素中分配到特定数量的列。但这并不是全部。您也可以为查看页面的每种屏幕尺寸分配列数。

这种分配用保存在 Bootstrap 样式表中的预定义类进行。类通常指定给用于包装内容的 div 元素。您可以看到这些包装器分散在目前使用的布局各处。您如果仔细观察刚刚在 DOM 面板中编辑的结构，就应该能找到 3 个无序列表的 Bootstrap 父元素。

1. 在 DOM 面板中选择 div.col-6.col-md-8.col-lg-7，如图 7-13 所示。

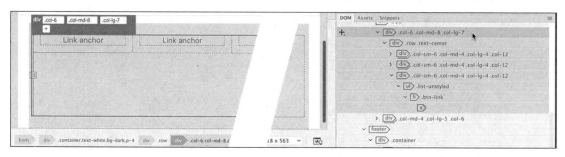

图7-13

2. 单击 CSS Designer 面板中的 Current 按钮。

在 CSS Designer 面板中，您可以在 Selectors 窗格中看到分配的类。

> **注意**：虽然 Bootstrap 标准是使用 <div> 元素，但也可以将这些类分配给任何元素。

3. 选择规则 .col-6，如图 7-14 所示。

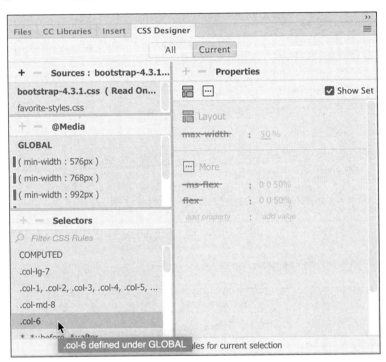

图7-14

您能猜到这条规则设置了什么格式吗？它将 div 的宽度设为 6 列。由于 Bootstrap 使用的是 12 列的网格，因此 div 将占据父元素宽度的一半。

在 CSS Designer 面板的 @Media 窗格里，您可以看到 GLOBAL（全局）引用加粗显示，这意味着该规则设置元素的默认尺寸。除非另一条规则覆盖这个样式，否则不管屏幕大小为多少，div 都将占据 6 列。

4. 选择规则 .col-md-8，如图 7-15 所示。

您可能已经猜到，这条规则将 div 的宽度设为 8 列。但这条规则还有另一个修饰符：md。这是 "Medium"（中）的缩写，更准确地说，指的是中等尺寸的屏幕。

您已经知道 Bootstrap 使用网格划分屏幕，下一个问题是：屏幕的尺寸是多大？ Bootstrap 定义多种默认屏幕尺寸来回答这个问题：xs（超小）、sm（小）、md（中）、lg（大）和 xl（超大）。您可以在单击每个选择器时看到 @Media 窗格中显示的尺寸。单击规则 .col-md-8 时，媒体查询（min-width:768px）加粗显示，意味着这个类每当屏幕宽度最小为 768 像素时被激活。

7.3 修改Bootstrap布局 **179**

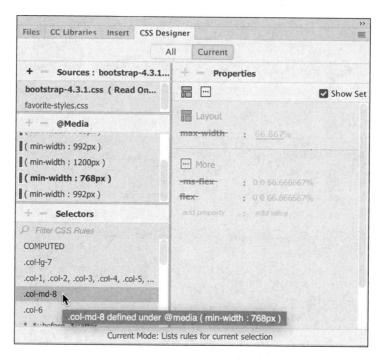

图7-15

5. 选择规则 .col-lg-7，如图 7-16 所示。

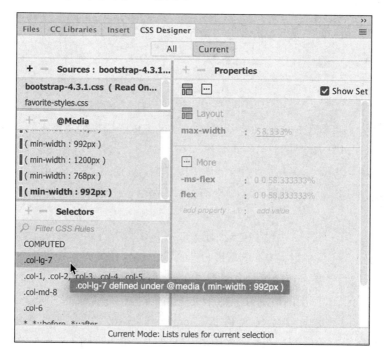

图7-16

这条规则在大屏幕（最小宽度为 992 像素）上将宽度设置为 7 列。注意，这条规则出现在选择器列表的顶部。由于文档窗口宽度至少有 1200 个像素，因此这条规则适用，其他规则则被覆盖。

要更改连接区段的宽度，您必须更改适用于大屏幕的类。

6. 在 Element Display 中，编辑类 .col-lg-7。将该类更改为 .col-lg-12。按 Enter/Return 键完成更改，如图 7-17 所示。

图7-17

链接区段现在延伸到整个页面底部。注意，地址区段向下移动，因为它不能再固定在右侧了，但它仍然占据着与之前相同的页面比例。

这就是 Bootstrap 的工作方式。每个元素指定列数，不管其他元素发生什么情况都保持这一宽度。下面我们调整地址区段的宽度。

7. 单击 address 元素，如图 7-18 所示。

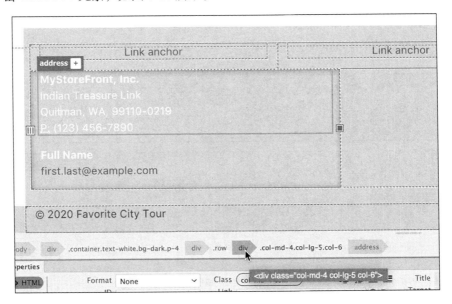

图7-18

您可以在标签选择器或者 DOM 面板中看到 Bootstrap 包装器。

8. 选择 div.col-md-4.col-lg-5.col-6 标签选择器。

地址区段在大屏幕上分配为 5 列。像之前那样编辑 large 类，就可以填充右侧的开放空间。

9. 编辑 .col-lg-5 类为 .col-lg-12，按 Enter/Return 键完成更改，如图 7-19 所示。

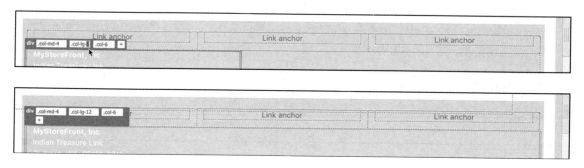

图7-19

这一更改迫使包装器延伸到整个布局的宽度。但有一个问题：虽然地址区段更宽了，但地址本身的逐行结构仍然浪费了许多空间。

您可能已经注意到，地址区段有两个内容元素。上面的一个是公司地址，下面的是电子邮件地址。我们可以用 Bootstrap 类，使两个元素并排显示，将可用空间分成两个部分。

虽然 Bootstrap 类通常分配给单独的 div 包装器，但没有什么能够阻挡您将其直接应用到任何元素上。

10. 单击公司地址，选择 address 标签选择器。

出现 Element Display 界面，焦点在 address 元素上。

11. 单击 Add Class/ID 按钮⊞，输入 .col-lg-6 并按 Enter/Return 键，如图 7-20 所示。

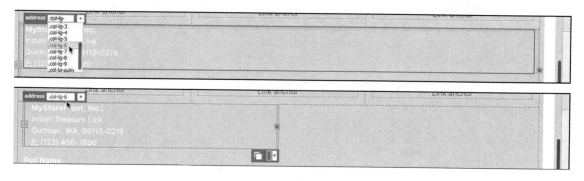

图7-20

address 元素的宽度变为父元素宽度的一半。我们将对电子邮件地址应用相同的样式。

12. 单击电子邮件地址，选择 address 标签选择器。

13. 为该元素添加类 .col-lg-6，如图 7-21 所示。

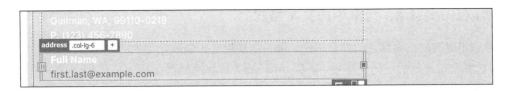

图7-21

元素宽度变为父元素宽度的一半，但有个问题：两个address元素仍然垂直堆叠。指定的类为元素应用了合适的宽度，但没有控制它们在页面上的对齐方式。

如果您检查链接或者其他多列区段，就将看到它们的包装器元素都分配了类.row。

14. 选择div.col-md-4.col-lg-12.col-6标签选择器，如图7-22所示。

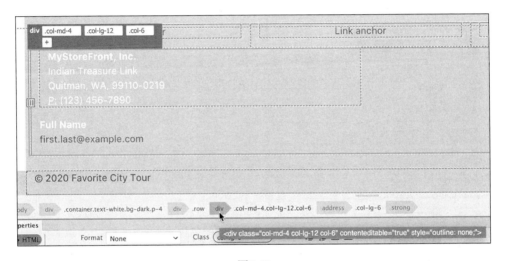

图7-22

div包装了两个地址元素，但没有指定.row类。

15. 为div元素添加.row类，如图7-23所示。

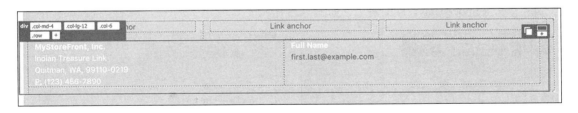

图7-23

两个address元素现在并排显示。

布局问题暂时解决了，但address元素中的文本仍然格式化为原来的白色背景。这里使用较深的颜色更为合适。

7.3 修改Bootstrap布局 **183**

7.4 修改 Bootstrap 元素中的文本格式

如果您想更改已设置样式的内容格式,第一步是确定影响该元素的所有规则。

1. 选择公司地址的任何一部分,选择 `address` 标签选择器。
2. 如果有必要,单击 Current 按钮。

Selectors 窗格显示设置 `address` 元素样式的所有规则。从列表顶部开始检查规则,直到找到应用颜色的规则。`.text-white` 类设置颜色为 #fff,但该类不适用于 `address` 元素。让我们找出指定这个类的位置。

3. 检查标签选择器界面,确定显示 `.text-white` 类的元素。

该类出现在 `div.container.text-white.bg-dark.p-4` 上,包装链接与地址区段。

4. 选择 `div.container.text-white.bg-dark.p-4` 标签选择器,如图 7-24 所示。

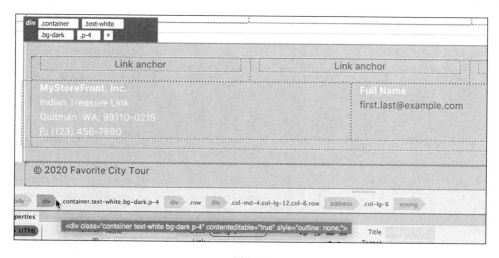

图7-24

中间灰色显示的区域格式化为新的标志颜色。这里不再需要白色文本,所以您可以彻底删除 `.text-white` 类。

5. 单击 Remove Class/ID 按钮 ⊠,如图 7-25 所示。

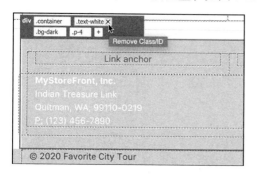 

图7-25

类删除后，地址文本显示为黑色，但站点主题显示该文本应为蓝色。更改这个颜色需要一条新规则。

6. 选择 address 标签选择器。
7. 在 CSS Designer 面板中，单击 All 按钮。
8. 选择 **favorite-styles.css**，单击 Add Selector 按钮➕，出现一个自定义选择器。
9. 创建如下选择器名：address。

这个选择器将仅以 address 元素为目标。

10. 在 address 规则中添加如下属性，如图 7-26 所示。

```
color: #069
```

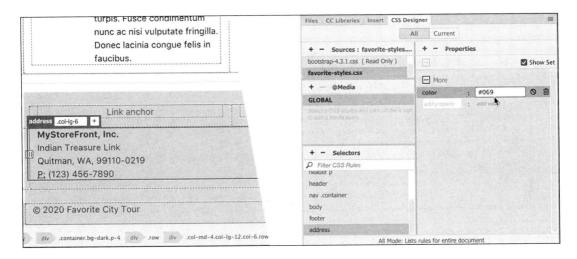

图7-26

现在 address 元素中的文本显示为蓝色，布局的格式与模型相符了。

11. 选择 File>Save All。

创建 Dreamweaver 模板之前的最后一项任务是添加所有样板和占位符。

7.5 添加模板样板和占位符

样板和占位符应该在将布局转换为 Dreamweaver 模板之前完成。一些样板已经就绪，例如顶部导航菜单。地址区段现在已经可见，我们从那里入手。

1. 在 Live 视图中打开 lesson07 文件夹中的 **mylayout.html**，确保文档窗口宽度至少为 1200 个像素。
2. 选择文本 MyStoreFront, Inc. 并输入如下文本替代。

Favorite City Tour

3. 选择文本 Indian Treasure Link 并输入如下文本替代。

City Center Plaza

4. 用 **Meredien, CA 95110-2704** 替代文本 Quitman, WA, 99110-0219。

5. 用 **(408) 555-1212** 替代电话号码 (123) 456-7890，如图 7-27 所示。

图7-27

第一个 address 元素完成

6. 选择文本 Full Name 并输入 **Contact Us**。

7. 选择文本 first.last@example.com 并输入 **info@favoritecitytour.com**，如图 7-28 所示。

图7-28

两个 address 元素完成。下面我们转到布局的顶部。

在导航菜单中，公司名称设置为白色。您将在第 10 课学习超链接时处理它。现在，我们保留它的样式。下一个样本出现在轮播图像之下的文本 Free Shipping、Free Returns 和 Low Prices 中。

虽然模型中没有出现类似的文本，但这些链接提供了改善原有概念设计的绝佳机会。

8. 选择文本 Free Shipping 并输入 **Get a Quote**，如图 7-29 所示。

 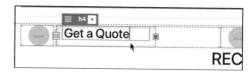

图7-29

9. 将 Free Returns 更改为 **Book a Tour**，将 Low Prices 更改为 **Bargain Deals**。

10. 选择标题 RECOMMENDED PRODUCTS，输入 **INSERT HEADLINE HERE**，如图 7-30 所示。

图7-30

11. 在第一个卡片元素中，选择文本 Card title，输入 **Product Name** 替换。
12. 在卡片描述中，选择文本 card title 并将其改为 **product name**，将 card's content 改为 **product description**。
13. 选择按钮文本 Add to Cart，输入 **Get More Info** 替换，如图 7-31 所示。

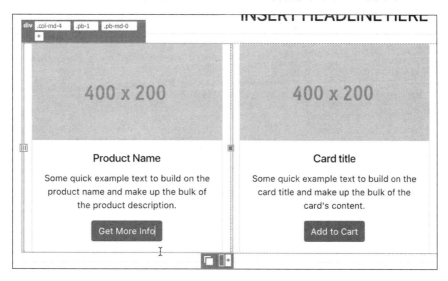

图7-31

第一个卡片元素完成。

14. 对其余卡片元素重复第 11 ~ 13 步，效果如图 7-32 所示。

图7-32

7.5 添加模板样板和占位符

这 3 个卡片元素全部完成更新。

> **Dw** 提示：可以从第一个卡片上复制粘贴整个描述到其他两个卡片。

15. 选择基于列表区段中的标题 FEATURED PRODUCTS，输入 **INSERT HEADLINE HERE**。
16. 选择文本 List-based media object 1，输入 **Insert Name Here**。
17. 在其余列表中重复第 16 步，效果如图 7-33 所示。

图 7-33

文本样板完成。

18. 保存所有文件。

布局上还有一些事需要完成，其中有的是可见的，有的是不可见的。

7.6 修复语义错误

随着 HTML 5 的发展，围绕代码元素和它们形成的结构开发语义规则就成了重点。此前，您添加了语义元素 `header` 来表示公司名称及标志，布局中也分散着其他的语义元素。不过，当前布局中有一些元素违反了新规则的规定：多个水平线（`<hr>`）元素没有被正确使用。在 HTML 5 出现之前，水平线可作为图形元素，也可作为内容之间的分隔线。没有人真的在乎这种差别。

新的语义规则将水平线严格定义为内容分隔线。这个布局中错误地将水平线作为主标题上下方的图形元素。它们在文档窗口中难以辨认，因此我们将使用 DOM 面板。

1. 如果有必要，在 Live 视图中打开 lesson07 文件夹中的 **mylayout.html**，确保文档窗口宽度至少为 1200 个像素。
2. 选择布局顶部的文本 INSERT HEADLINE HERE。
3. 选择 Window>DOM。

`h2` 元素在面板中高亮显示。注意标题上下的 `hr` 元素。标题上方的水平线可能符合语义规范，下方的则不符合。在本例中，我们不保留任何一条线。

4. 在 DOM 面板中选择并删除 hr 元素，如图 7-34 所示。

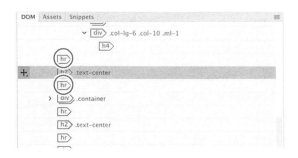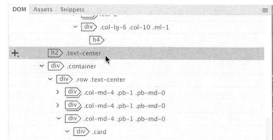

图7-34

5. 选择布局底部的标题。在 DOM 面板中，选择并删除两个 hr 元素。

检查 DOM 面板，您就会在页脚附近找到另一个 hr 元素。我们也将删除这个元素。

6. 在 DOM 面板中选择 hr 元素并删除。

所有 hr 元素已被删除。

检查 DOM 面板时，您会看到另一个边框线语义问题，即每个内容区段的标题在包含相关内容的包装器之外。

尽管访问者不会看到或者注意到这个问题，但从语义上讲，标题在包装器内是更为正确的做法。并且如果您需要移动或删除这些区段，这样做也有额外的好处。

7. 选择基于卡片区段上方的标题。

h2 元素在 DOM 面板中高亮显示。注意标题正下方的 `div.container` 元素，如果这个元素是收起状态，您可以展开它以显示其结构。

8. 如果有必要，单击 `div.container` 的 Expand 按钮，如图 7-35 所示。

显示 `div.container` 的结构。您可以用 DOM 面板添加、编辑、删除或重新安排文档中的 HTML 元素。一开始拖动元素可能比较困难，如果您犯了错误，可以选择 Edit>Undo。

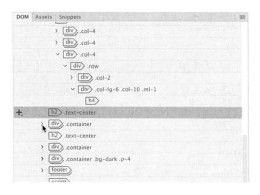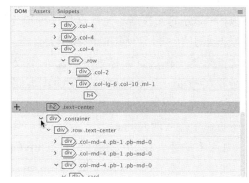

图7-35

9. 将 h2 拖动至 `div.container` 元素之下，如图 7-36 所示。

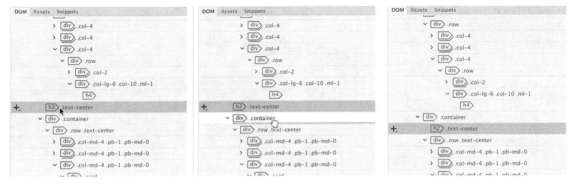

图7-36

 提示：小心检查结构，确保 h2 的位置正确。您可能需要多次拖动元素，才能获得正确的结果。

移动元素时，您将看到一条绿线。确保这条线出现在 `div.container` 下方、`div.row.text-center` 上方。完成后，这个标题将出现在 `div.container` 下方、`div.row.text-center` 上方。

10. 对第 2 个标题重复第 7～9 步。

现在，两个标题都是对应区段中 `.container` 元素的一部分。

11. 选择 File>Save All。

到目前为止，您已经处理了布局中的可见内容。但还必须创建一些不可见内容，才能完成布局。虽然很少有用户看到这些内容，但事实证明，它们对网站的成功创建非常重要。

7.7 插入元数据

精心设计的网页包含用户可能永远不会看到的几个重要组件。其中之一是经常添加到每个页面 `<head>` 部分的元数据。元数据是一种描述性信息，与您的网页或其包含的其他应用程序（如浏览器或搜索引擎）经常使用的内容相关。

添加元数据（例如页面标题等数据）不仅仅是很好的做法，而且对网页在各种搜索引擎的排名和形象至关重要。每个标题应该反映该页面的特定内容或目的，许多设计师还附加了公司或组织的名称，以帮助提高企业或组织的认知度。在模板中添加公司名称的标题占位符，您就能节省在每个子页面中输入的时间。

1. 如果有必要，在 Live 视图中打开 **mylayout.html**。
2. 如果有必要，选择 Window > Properties。将 Properties 检查器停靠在文档窗口底部。
3. 在 Properties 检查器的 Document Title 输入框中，选择占位文本 Bootstrap eCommerce Page Template。

提示：Properties 检查器的文档标题字段在任何视图中都可用。

许多搜索引擎在搜索结果的列表中会使用页面标题。如果您不提供，搜索引擎将选择自己的标题。我们用一个适合这个网站的通用占位符来代替。

4. 输入 **Insert Title Here - Favorite City Tour** 代替原来的文本，按 Enter/Return 键完成标题，如图 7-37 所示。

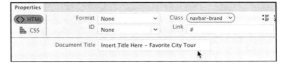

图7-37

通常和标题一起出现在这些搜索结果中的另一种元数据是页面描述。页面描述是简洁说明页面内容的一种摘要，通常不多于 160 个字符。之后，Google 将可接受的元描述（Meta description）增加到 320 个字符。

多年来，Web 开发人员试图通过写出误导性的标题和描述（甚至彻底的谎言），为他们的网站带来更多访问量。但是要事先警告您——大多数搜索引擎已经可以识破这种花招，并会将使用这些策略的网站降级甚至加入黑名单。

要使搜索引擎达到最高排名，请使页面的描述尽可能准确。尽量避免使用内容中没有出现的术语和词汇。在许多情况下，标题和描述元数据的内容将逐字显示在搜索结果页面中。

5. 选择 Insert > HTML > Description（描述），出现一个空的 Description 对话框。
6. 输入 **Favorite City Tour - add description here**，单击 OK 按钮，如图 7-38 所示。

图7-38

Dreamweaver 已将两个元数据元素添加到页面。

7. 如果有必要，切换到 Code 视图。

找到 `<head>` 区段中的元描述，如图 7-39 所示。

元数据可见（大约在第 11 行）。

8. 选择 File>Save。

现在布局已经做好了转换为模板的准备。在使用模板创建新页面之前，您应该验证创建的代码。

7.7 插入元数据

图7-39

7.8 验证 HTML 代码

每当您创建一个网页，目标都是创建能够在所有现代浏览器中完美工作的代码。当您对样板布局进行重大修改时，总是有可能不小心破坏元素或者创建无效的标记。这些更改可能影响代码的质量，或者影响它在浏览器中的有效显示。

在将这个页面作为项目模板之前，您应该确保代码结构正确，符合最新的 Web 标准。

1. 如果有必要，在 Live 视图中打开 **mylayout.html**。
2. 选择 File > Validation（验证）> Current Document (W3C)［当前文档（W3C）］，如图 7-40 所示。

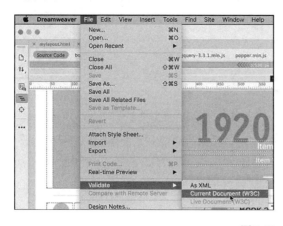 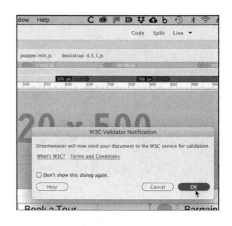

图7-40

出现一个 W3C Validator Notification（W3C 验证器通知）对话框，说明您的文件将上传到 W3C 提供的在线验证器服务。在单击 OK 按钮之前，您应该确保有可用的互联网连接。

3. 单击 OK 按钮，上传要验证的文件，如图 7-41 所示。

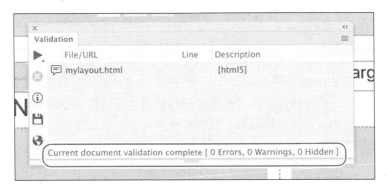

图7-41

稍待片刻，您就会接收到一个报告，报告列出布局中的所有错误。如果正确地遵循本书中的指令，应该没有什么错误。

恭喜！您为项目模板创建了一个可以正常使用的基本页面布局，并学到了如何插入附加组件、占位文本和标题，修改现有 CSS 格式和创建新规则，并成功验证了 HTML 代码。现在，是学习如何使用 Dreamweaver 模板的时候了。

7.9 处理可编辑区域

在创建模板时，Dreamweaver 会把所有现存内容都视为总体设计的一部分。通过模板创建的子页面将完全相同，不过，内容将被锁定，不能被编辑。

这种设置对于页面的重复特性是极佳的，例如导航组件、标志、版权和联系人信息等，但缺点是会阻止您向每个子页面中添加独特的内容。当然，您可以通过在模板中定义可编辑区域来消除这种障碍。

将文件保存为模板时，Dreamweaver 将自动创建两个可编辑区域：一个用于 `<title>` 元素，另一个用于必须在 `<head>` 区段中加载的元数据或脚本。其他可编辑区域则必须由您自己创建。

您要考虑一下页面的哪些区域应该被锁定，它们将如何使用。在这个布局中，页面的中间部分将包含一个图像轮播组件和两个样板内容区段。

7.9.1 图像轮播

图像轮播显示一系列动态轮换的图像和文本。这个组件不在原始设计模型或页面线框图上，而是所选 Bootstrap 模板的一个特征。这种生动的图像组件提供了显示旅游照片、营销各种旅游产品的极好方式，但您可能不希望在网站的每个页面上都使用它，或者使用时希望为页面内容定制图像。当模板组件仅在几个页面上需要时，可以考虑将其作为可选区域。

7.9.2 基于卡片的区段

基于卡片的区段显示 400 像素 ×200 像素的占位图像、标题、描述性文本和一个按钮。这个区段可以用来列出单独的旅游产品和宣传简介，按钮可以链接到提供产品详情的页面。

7.9.3 基于列表的区段

基于列表的区段有一个较小的 100 像素 ×125 像素的占位图像，以及较大的文字简介部分。纵向图像更适合于头像，而不适合于旅游照片。您可以将其用到员工小传和旅游指南上。现有的两个内容区段是为销售和宣传产品准备的，但没有地方可以插入描述性或解释性的文本，因此模板需要一个基于文本的区段。

7.9.4 插入新的 Bootstrap 元素

如果您浏览网站，就会看到大部分基于产品的网站通常使用一段或者多段文字内容。我们将在图像轮播下方添加一个新区段，用来显示这一内容。插入新 HTML 结构的最简单方法就是使用 DOM 面板。

1. 如果有必要，切换到 Live 视图。在布局中，选择文本 Get a Quote。

在 DOM 面板中，文本元素高亮显示。选择子元素时，它所属的整个结构都会显示出来。新的基于文本内容区段将与这个元素的主要父元素同级。您能认出它来吗？添加同级元素时，完全折叠子元素结构是个好主意。

2. 在 DOM 面板中，单击 `div.container` 上的 Collapse 按钮，如图 7-42 所示。

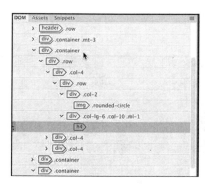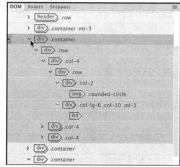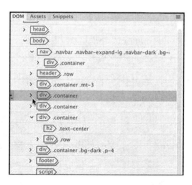

图7-42

单击后，您就可以看到其他内容区段，它们也基于 `div.container`。

3. 单击 Add Element 按钮，在弹出菜单中选择 Insert After，如图 7-43 所示。

给结构中加入一个新的 `div` 元素。我们让这个元素与其他内容区段的结构相符。

4. 按 Tab 键将光标移入 Class/ID 字段，输入 `.container` 并按 Enter/Return 键完成新元素，如图 7-44 所示。

Dreamweaver 用一个新的 `div` 元素创建占位文本。文本上还没有任何标签，您可以用它创建新文本区段的标题。

5. 在布局中选择占位文本，输入 INSERT HEADLINE HERE。

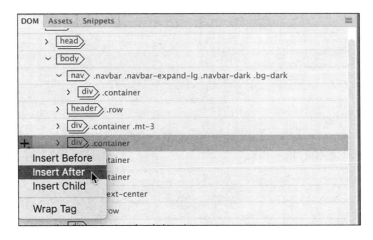

图7-43

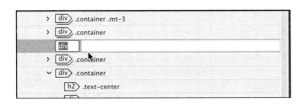 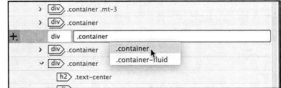

图7-44

从 Properties 检查器的 Format 下拉列表框中选择 Heading 2（标题 2），如图 7-45 所示。

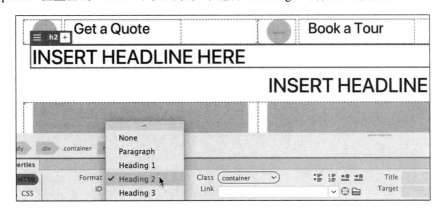

图7-45

现在，新的占位文本以一个 h2 标签表示。您可以用其他区段使用的同一个 Bootstrap 类，让该标题也和其他标题一样居中。

6. 在 DOM 面板中，往 h2 元素的 Class/ID 字段中插入光标。
7. 输入 .text-center 并按 Enter/Return 键，如图 7-46 所示。

标题元素完成，现在您必须创建容纳文本内容的结构。它将包括两个 div 元素，并且是标题的同级元素。

7.9　处理可编辑区域　195

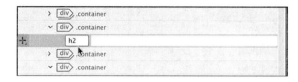 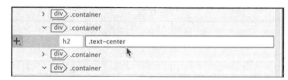

图7-46

8. 单击 Add Element 按钮 ➕，在弹出菜单中选择 Insert After。

新 div 出现在 h2 元素之下。

9. 按 Tab 键，输入 .row 并按 Enter/Return 键，如图 7-47 所示。

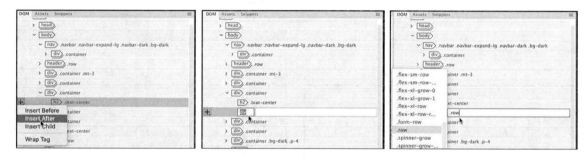

图7-47

新 div 是新文本区段的外部包装器。和以前一样，Dreamweaver 已经填写了占位文本。您可以用占位文本创建内部的 Bootstrap 容器。

10. 选择占位文本，输入 Insert content here。从 Properties 检查器的 Format 下拉列表框中选择 Paragraph（段落），如图 7-48 所示。

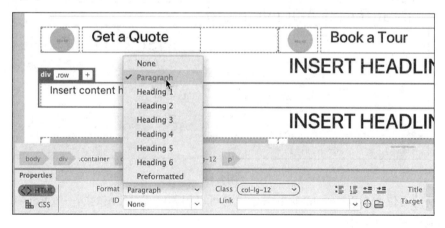

图7-48

DOM 面板中出现一个 p 元素。

11. 单击 Add Element 按钮 ➕，在弹出菜单中选择 Wrap Tag（环绕标签）。为新的 div 元素添加类 .col-lg-12，如图 7-49 所示。

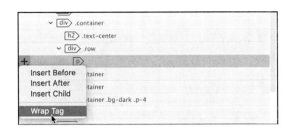 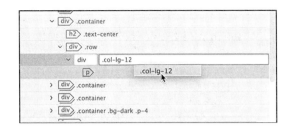

图7-49

新文本内容区段完成。

12. 保存所有文件。

现在，你已经为在布局中添加可编辑区域做好了准备。

7.9.5 插入可编辑区域

由于图像轮播的内容不会出现在每一个页面上，因此您应该将其插入一个可编辑的可选区域中。其他3个内容区段将插入一个可编辑区域。将全部3个区段放入同一个区域，您就可以创建一个子页面，也可以删除任何不适合于该页内容的区段。

1. 如果有必要，在 Live 视图中打开 lesson07 文件夹中的 **mylayout.html**，确保文档窗口宽度至少为 1200 个像素。

所有3个内容区段将添加到您的可编辑区域中，但 Dreamweaver 中有个 Bug，它将阻止您同时对选择的超出一个元素应用可编辑区域。简单的解决方案之一是先将3个内容区段包装在新元素中，然后对该元素应用可编辑区域。

2. 选择新文本区段的标题，如图 7-50 所示。

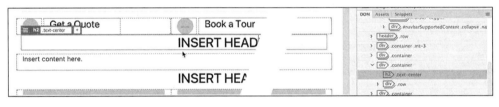

图7-50

文本内容区段标题在 DOM 面板中被选中。

3. 选择 h2 元素的父元素，按住 Shift 键并选择其他两个区段，如图 7-51 所示。

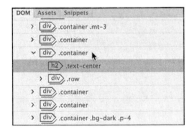 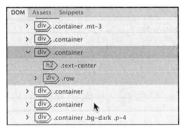 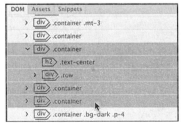

图7-51

所有 3 个区段都被选中。

4. 单击 Add Element 按钮 ，在弹出菜单中选择 Wrap Tag。添加类 .wrapper，如图 7-52 所示。

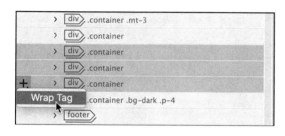 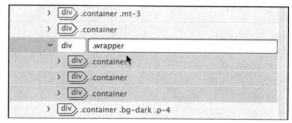

图7-52

此时 3 个内容元素包装在一个 div 元素中。现在已做好准备，可以将它们添加到可编辑区域中。

5. 切换到 Design 视图。

> **注意**：到本书编写时，模板工作流仅能在 Design 和 Code 视图中工作。您可以在 Live 视图中执行后面的任何一项任务。

6. 如果有必要，在 DOM 面板中选择 div.wrapper。

选择 Insert > Template > Editable Region（可编辑区域），如图 7-53 所示。

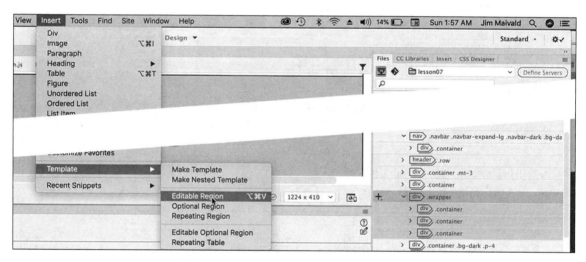

图7-53

出现一个对话框，显示程序将在您保存文件时把该文档转换为一个模板。可编辑区域只能添加到 Dreamweaver 模板中。

7. 单击 OK 按钮，如图 7-54 所示。

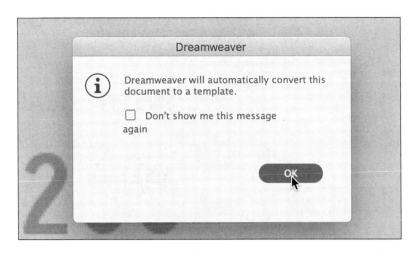

图7-54

New Editable Region（新建可编辑区域）对话框出现，提供一个命名可编辑区域的字段。

8. 在 Name（名称）字段中输入 **MainContent**，如图 7-55 所示。

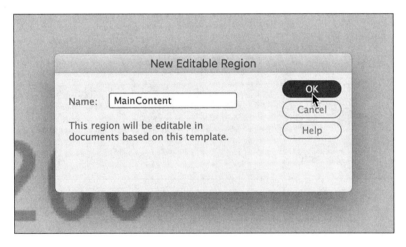

图7-55

每个可编辑区域都必须具有唯一的名称，除此之外，没有其他特殊约定。不过，建议使它们保持简短并且具有说明性。这些名称只在 Dreamweaver 内使用，不会对 HTML 代码产生其他的影响。

9. 单击 OK 按钮后，效果如图 7-56 所示。

在 Design 视图中，这些名称将出现在指定区域上方的选项卡中，表明它们是可编辑区域。在 Live 视图中，子页面中的选项卡为橙色。可编辑区域将封装 `div.wrapper` 元素和其中的所有内容区段。

保存文件前，我们还将在轮播图周围添加可编辑的可选区域。

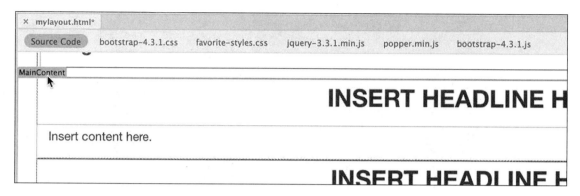

图7-56

7.9.6 插入可编辑的可选区域

利用可编辑的可选区域，您可以标记某些页面需要、但不是所有页面都有的内容。第一步是选择图像轮播。

1. 单击文档窗口中图像轮播组件上的任何位置。

图像轮播是个非常复杂的 Bootstrap 组件，包括多个容器和内容元素。应用可编辑的可选区域之前，选择整个结构很重要。

2. 选择 `div.container.mt-3` 标签选择器，如图 7-57 所示。

图7-57

如果您觉得 DOM 面板更易于使用，也可以用它来选择元素。

3. 选择 Insert > Template > Editable Optional Region（可编辑的可选区域）。

对话框再次出现，表明该文件将保存为模板。

4. 单击 OK 按钮，New Optional Region（新建可选区域）对话框出现。本书编写期间，Dreamweaver 中的一个 Bug 可能阻止您更改对话框中显示的默认名称。如果遇到这种情况，您可以首先单击对话框中的 Advanced（高级）选项卡，然后切换回 Basic（基本）选项卡。

5. 单击 Advanced 选项卡，单击 Badic 选项卡。

名称现在应该可以编辑了。

6. 输入 **MainCarousel** 并单击 OK 按钮，如图 7-58 所示。

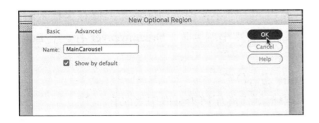
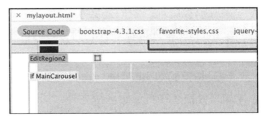

图7-58

两个可编辑区域都已就绪。

7. 选择 File>Save，Save As Template（另存模板）对话框出现。
8. 在 Description 字段中输入 **Favorite City Tour template**，如图 7-59 所示。

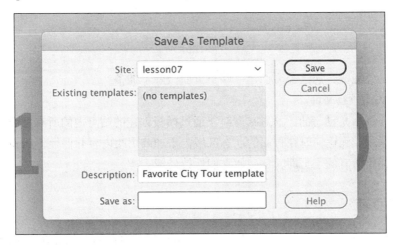

图7-59

9. 在 Save As 字段中输入 **favorite-temp**，单击 Save 按钮。

 提示：在文件名中添加"temp"后缀不是必需的，但添加后有助于从视觉上区分该文件和站点文件夹中的其他文件。

显示一个无标题对话框，询问您是否更新链接。
模板保存在单独的文件夹 Templates 中，Dreamweaver 自动在站点根目录下创建该文件夹。

10. 单击 Yes 按钮更新链接。

由于模板保存在一个子文件夹中，更新代码中的链接是必要的，这样它们在您以后创建子页面时仍能正常工作。当您在站点任何位置保存文件时，Dreamweaver 在必要时会自动解析和重写链接。

虽然页面看起来仍然完全相同，但您可以通过文档选项卡中的文件扩展名 **.dwt** 来识别模板，**.dwt** 是模板（Template）的缩写。

完成模板之前，我们还必须处理 `<head>` 区段内的一个小错误。当您将布局保存为模板时，`<title>` 和元描述应该插入它们各自的可编辑区域中。在本书编著时，Dreamweaver 有一个 Bug，会导致元描述丢失。

11. 切换到 Code 视图，找到第 14 行附近的元描述占位符。

如果元描述在可编辑区域之外，您就不能在用模板制作的任何子页面中更改它。

12. 选择整个 `<meta>` 元素，将其拖到标签 `<!-- TemplateBeginEditable name="head" -->` 和 `<!-- TemplateEndEditable -->` 之间，如图 7-60 所示。

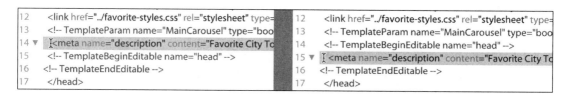

图 7-60

现在，模板已经完成，您已经为创建一些子页面做好了准备。

13. 保存并关闭所有文件。

Dreamweaver 模板是动态的，这意味着对于通过模板创建的站点内的所有页面，Dreamweaver 都会保持它们的联系。无论何时在页面的动态区域内添加或更改内容并保存，Dreamweaver 都会自动把这些更改传递给所有的子页面，从而使它们保持最新。

7.10 处理子页面

子页面是 Dreamweaver 模板存在的理由。从模板创建子页面后，只能在子页面中修改可编辑区域内的内容。页面的其余部分仍然在 Dreamweaver 中锁定。记住，只有 Dreamweaver 和其他一些 HTML 编辑器才支持此行为。请注意：如果您在文本编辑器（如记事本或 TextEdit）中打开页面，代码将完全可编辑。

7.10.1 创建一个新页面

使用 Dreamweaver 模板设计站点的决定应在设计过程开始时进行，以便站点中的所有页面都可以作为模板的子页面。事实上，这就是您为此建立布局的目的：创建网站模板的基本结构。

1. 如果有必要，启动 Dreamweaver（2020 版）。

   访问站点模板的方法之一是使用 New Document 对话框。

2. 选择 File > New，或按 Ctrl+N/Cmd+N 组合键，显示 New Document 对话框。

3. 在 New Document 对话框中，选择 Site Templates（网站模板）选项。

4. 如果有必要，在网站列表中选择 lesson07。

5. 在 Template For Site "lesson07"（站点"lesson07"的模板）列表中选择 **favorite-temp**。

6. 如果有必要，选中 Update page when template changes（当模板改变时更新页面）复选框，

如图 7-61 所示。

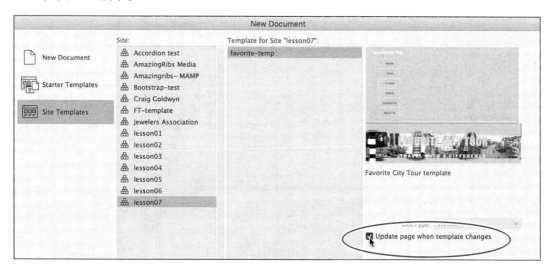

图7-61

7. 单击 Create 按钮，Dreamweaver 将根据模板创建一个新页面。

8. 如果有必要，切换到 Design 视图，如图 7-62 所示。

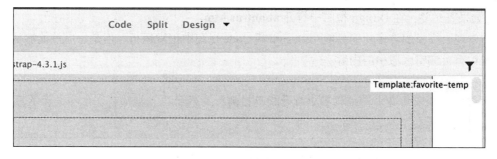

图7-62

Dreamwever 通常默认将您最后一次使用的文档视图（Code、Design 或者 Live）用于新文档。在 Design 视图中，您将看到模板文件名显示在文档窗口右上角。在修改页面之前，您应该保存它。

9. 选择 File> Save，出现 Save As 对话框。

10. 在 Save As 对话框中，浏览到网站根文件夹。

> **提示：** Save As 对话框提供了方便的按钮，单击一次就可以将您带到网站根目录。在任何练习中，必要时都可以使用。

11. 将文件命名为 **about-us.html** 并单击 Save 按钮，如图 7-63 所示。

子页面已创建。将文档保存在站点根文件夹中时，Dreamweaver 会更新所有链接和对外部文件的引用。使用该模板，可以轻松添加新内容。

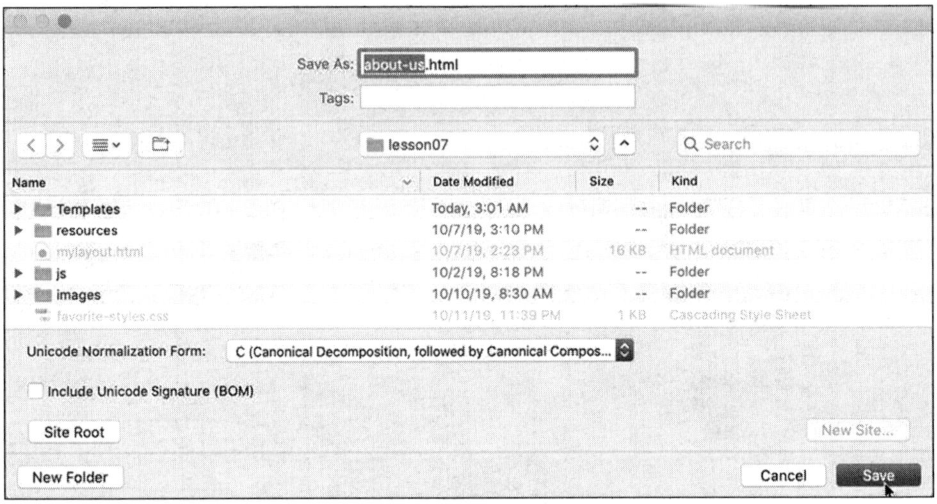

图7-63

7.10.2 在子页面中添加内容

当您从模板创建一个页面时，只能修改可编辑区域。

1. 如果有必要，在 Design 视图中打开 **about-us.html**。

您将发现，模板的许多功能只能在 Design 或 Code 视图中正常运行，但是您应该能够从 Live 视图添加或编辑可编辑区域中的内容。

 警告： 如果您在文本编辑器中打开模板，则所有代码均可被编辑，包括页面不可编辑区域的代码。

2. 将鼠标指针放在页面的每个区域上，观察鼠标指针图标，如图 7-64 所示。

图7-64

当鼠标指针在页面某些区域（如水平菜单、页眉和页首）移动时，锁定图标⊘出现。这些区域是不可编辑区域，它们在 Dreamweaver 内的子页面中被锁定、无法修改。其他区域（如 `MainCarousel` 和 `MainContent`）可以更改。

3. 选择占位文本 INSERT HEADLINE HERE，输入 **ABOUT FAVORITE CITY TOUR** 替换文本，如图 7-65 所示。

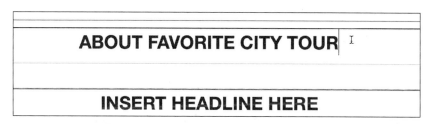

图7-65

4. 在 Files 面板中，双击 lesson07\resources 中的 **aboutus-text.rtf**，打开该文件。

Dreamweaver 仅支持打开简单的基于文本文件格式，例如 .html、.css、.txt、.xml、.xslt 等。当 Dreamweaver 无法打开文件时，它会将文件传递给兼容的程序，如 Word、Excel、写字板、TextEdit 等。该文件包含文本区段的内容。

5. 按 Ctrl+A/Cmd+A 组合键选择全部文本，按 Ctrl+C/Cmd+C 组合键或选择 Edit>Copy（复制）复制文本，如图 7-66 所示。

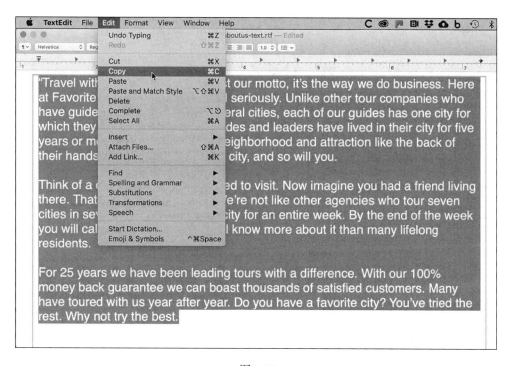

图7-66

7.10 处理子页面 **205**

> **Dw** **注意**：您可以用了解的任何方法选择和复制内容。

6. 返回 Dreamweaver。
7. 在占位文本 Insert content here 中插入光标，选择 p 标签选择器。
8. 按 Ctrl+V/Cmd+V 组合键或选择 Edit>Paste 粘贴文本，如图 7-67 所示。

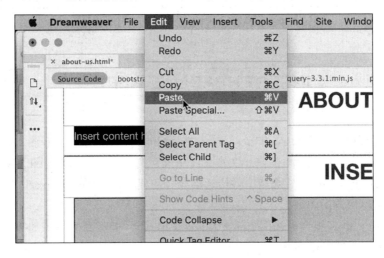

图7-67

占位文本被新内容替代。

9. 保存文件，如图 7-68 所示。

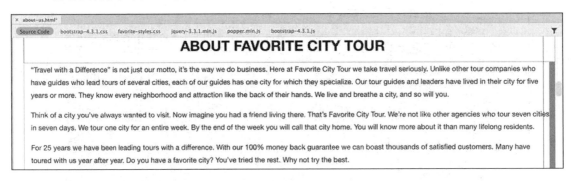

图7-68

可见内容添加到页面后，您可以开始处理不可见内容（元数据）了。

7.10.3 在子页面中添加元数据

前面，您已经在模板中添加了元数据占位符。这些元数据应该在页面完成之前更新。

1. 如果有必要，打开 Properties 检查器。

2. 在 Document Title 字段中，选择占位文本 Insert Title Here。
3. 输入 **About Favorite City Tour** 并按 Enter/Return 键，如图 7-69 所示。

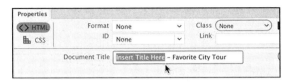 

图7-69

虽然您在布局中看不到标题，但它已在代码中更新。接下来，您将更新元描述占位符。这可以在 Code 视图中编辑，不过 DOM 面板提供了另一种方法。

4. 在 DOM 面板中，展开 head 区段。展开 mmtinstance editable 元素，如图 7-70 所示。

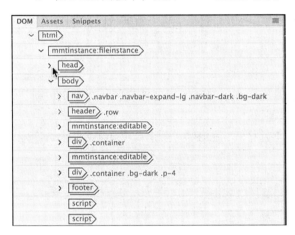 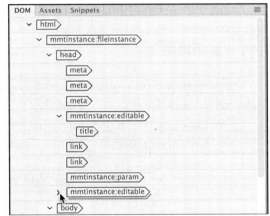

图7-70

您应该可以看到展开元素内的元描述。

5. 单击 DOM 面板中的 meta 元素，如图 7-71 所示。

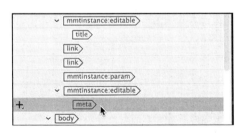 

图7-71

> **注意**：您可能需要多次单击 meta 元素，才能使内容显示在 Properties 检查器中。

Properties 检查器显示元描述内容。

6. 选择文本 add description here 并输入 **For 25 years Favorite City Tour has been showing people how to travel with a difference. It's not just a motto, it's a way of life.**，如图 7-72 所示。

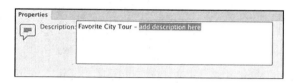 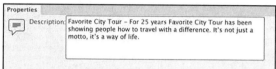

图7-72

7. 保存文件。

您已经更新了子页面中的各个占位符。在下一个练习中，您将了解更新模板时发生的一切。

7.11 更新模板

模板可以自动更新由其制作的任何子页面。但是只有可编辑区域之外的区域才会被更新。让我们在模板中做些其他更改，以了解模板的工作原理。

1. 在 Files 面板中，双击 **favorite-temp.dwt** 将其打开，如图 7-73 所示。确保文档窗口宽度至少为 1200 个像素。

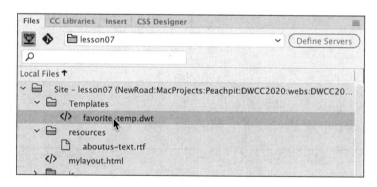

图7-73

2. 切换到 Design 视图。
3. 在导航菜单中，选择文本 Home，输入 **Home Page** 替代该文本。
4. 选择文本 Events，输入 **Calendar** 替代该文本，如图 7-74 所示。
5. 选择出现在 `MainContent` 可编辑区域中的所有文本 Insert，用 **Add** 代替，如图 7-75 所示。
6. 切换到 Live 视图，如图 7-76 所示。

现在，您可以明显地看到菜单和内容区域的变化。

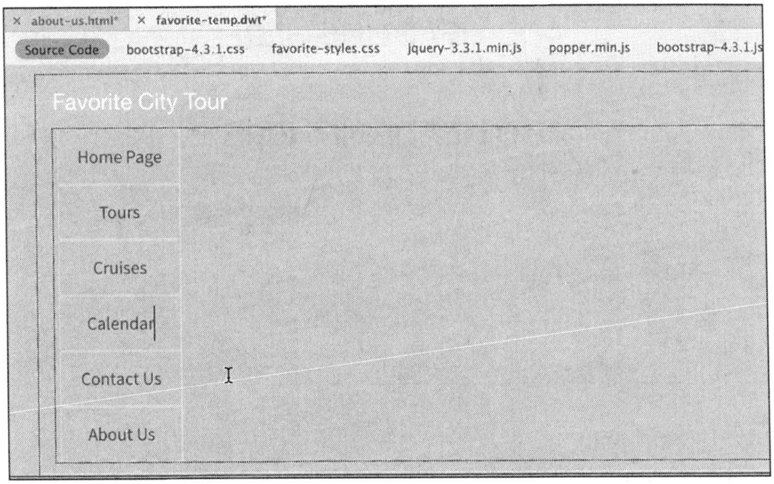

图7-74

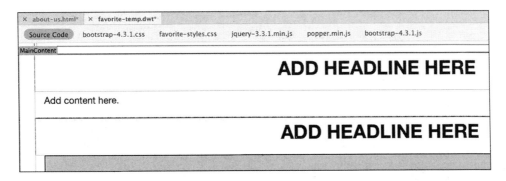

图7-75

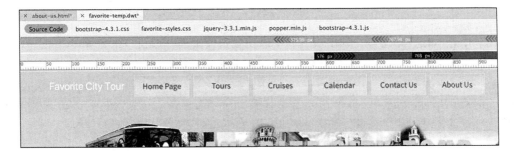

图7-76

7. 保存文件，Update Template Files（更新模板文件）对话框出现，如图 7-77 所示。文件 **about-us.html** 出现在更新列表中。这个对话框将列出所有基于模板的文件。

8. 单击 Update（更新）按钮，出现 Update Pages（更新页面）对话框。

7.11 更新模板

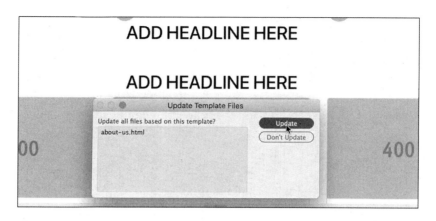

图7-77

9. 如果有必要，选中 Show log（显示记录）复选框，如图 7-78 所示。

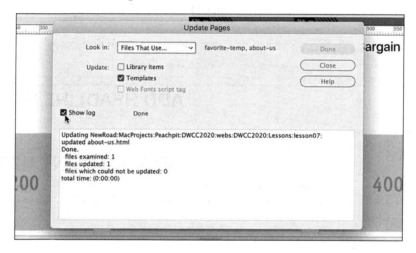

图7-78

出现一个显示报告的窗口，列出成功和不成功更新的页面。该窗口报告 **about-us.html** 成功更新。

 注意：Update Pages 功能有时候需要很长时间才能完成。如果您的更新运行过于缓慢，可以单击对话框中提供的 Stop（停止）按钮退出处理。

10. 关闭 Update Pages 对话框。
11. 单击文档选项卡切换到 **about-us.html**。切换到 Live 视图，如图 7-79 所示。
观察页面，注意变化。
对模板水平菜单所做的更改反映到这个文件中，但是对主内容区域的更改被忽略，您之前添加到这个区域的内容保持不变。

图7-79

如您所见，您可以安全地更改、添加内容到可编辑区域，不用担心会删除您辛勤工作的成果。与此同时，页眉、页首和水平菜单等模板元素都将根据模板的状态，保持相同的最新格式。

12. 切换到 **favorite-temp.dwt**。
13. 切换到 Design 视图。
14. 删除导航菜单中 Home Page 链接里的单词 Page，将单词 Calendar 改回 **Events**。
15. 保存模板，更新 Related Files。
16. 单击 **about-us.html** 文档选项卡。

观察页面，注意变化。

 提示：如果打开的页面在更新期间已经改变，Dreamweaver 将更新，并且在文档选项卡中的名称上显示一个星号。

水平菜单已恢复为以前的内容。如您所见，Dreamweaver 甚至更新此时打开的链接文档。唯一需要担心的是某些更改还没有保存。注意，文档选项卡中若显示一个星号，这意味着文件已经更改但是没有保存。

如果 Dreamweaver 或者您的计算机在此时崩溃，您所做的一切更改将丢失。因此之后您不得不人工更新页面，或者等到下一次修改模板时利用自动更新功能。

17. 选择 File>Save，如图 7-80 所示。

 提示：每当您打开多个可能已经被模板更新的文件时，建议始终使用 Save All 命令。大部分情况下，在您的文件全部关闭时更新更好，这样它们将被自动保存。

7.11 更新模板 **211**

18. 关闭 **favorite-temp.dwt**。

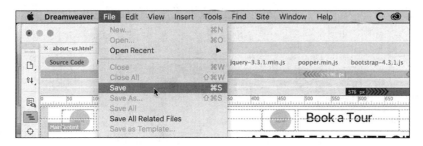

图7-80

> **注意**：Dreamweaver 在前一个版本中添加了有限的自动备份功能。如果程序崩溃，您所做的一些或者全部更改可能会被保留。

内容添加到新页面后，您就可以删除不再需要的内容区段。我们将首先处理可编辑的可选区域。

7.11.1 从子页面删除一个可选区域

从子页面中删除可选区域和可编辑的可选区域与添加这些区域的方式相同。<head> 区段中有一个条件引用，控制该区域的显示和删除。

1. 在 **about-us.html** 文件中切换到 Code 视图，如图 7-81 所示。

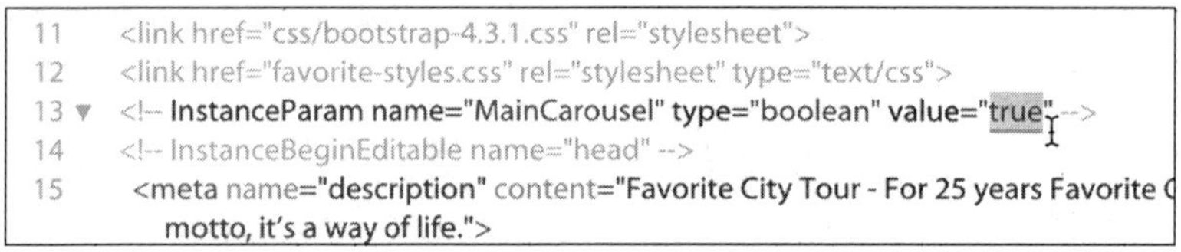

图7-81

大约在第 13 行，您应该能找到对 `MainCarousel` 的引用。注意 `value="true"` 特性。当该特性值为 `true` 时，图像轮播将添加到文档中。如果该值为 `false`，图像轮播将被删除。

2. 选择值 `true`，输入 `false` 替代，如图 7-82 所示。

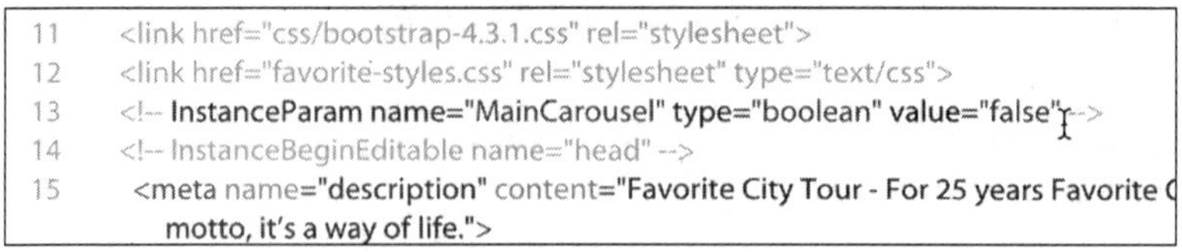

图7-82

要从页面中删除图像轮播，您必须使用模板更新命令。

3. 切换到 Design 视图。

注意页面顶部的图像轮播组件。

4. 选择 Tools（工具）> Template（模板）> Update Current Page（更新当前页面），如图 7-83 所示。

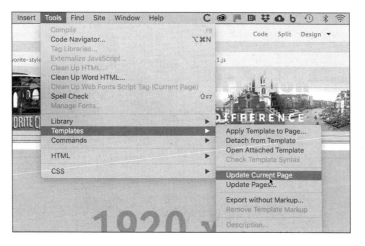

图 7-83

页面更新后，图像轮播消失。此后，如果您想要将图像轮播重新插入布局，只需要将特性值改回 true。

 注意：模板命令只能在 Design 和 Code 视图中使用。

5. 保存页面。

接下来，我们将删除不用的基于卡片和基于列表的区段。

7.11.2 从子页面上删除未用区段

从页面上删除组件有多种方法。最简单的方法是依靠标签选择器或者 DOM 面板。

1. 切换到 Live 视图。选择基于卡片区段中的任何一个 400 像素 ×200 像素的占位图像。确定整个卡片区段的父元素。

2. 选择 div.container 标签选择器，如图 7-84 所示。

3. 按 Delete 键。

整个基于卡片的区段被删除。我们将用 DOM 面板来删除基于列表的区段。

4. 单击基于列表区段内的标题占位符。

在 DOM 面板中，h2.text-center 元素高亮显示。

5. 选择父元素 div.container，如图 7-85 所示。按 Delete 键。

基于列表的区段被删除，如图 7-86 所示。

空白内容区段被删除，所有内容元素完成。

6. 保存文件。

Dreamweaver 的模板帮助您快速而轻松地构建和自动更新页面。在接下来的课程中，您将使用新完成的模板为项目站点创建文件。选择使用模板是您在创建新站点时应该做出的决策，您还可以用它们加速您的工作、使站点维护更快捷。

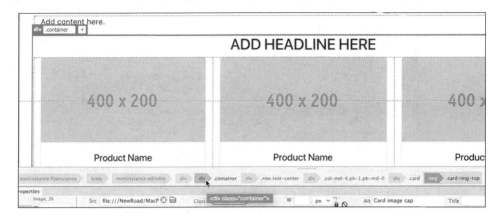

图7-84

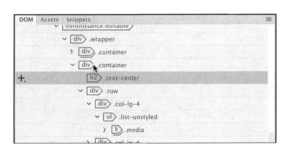 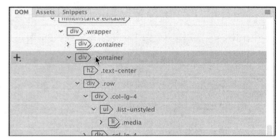

图7-85

图7-86

7.12 复习题

1. Dreamweaver 模板的作用是什么？
2. 如何从现有页面创建一个模板？
3. 为什么模板是"动态"的？
4. 您必须添加什么到模板中，使其用于某个工作流？
5. 如何从模板创建一个子页面？
6. 模板能否更新打开的页面？

7.13 复习题答案

1. 模板是预定义的 HTML 页面布局，包含图像和文本占位符，您可以用它快捷地创建页面。
2. 选择 File > Save As Template（另存为模板），在对话框中输入模板名称，就可以创建一个 .dwt 文件。
3. 模板是动态的，这是因为 Dreamweaver 维护模板与站点内由其创建的所有页面之间的联系。当模板更新时，将把锁定区域上的任何变化传递给子页面，可编辑区域保持不变。
4. 您必须在模板中添加可编辑区域，否则无法在子页面中添加独特的内容。
5. 选择 File > New，在 New Document 对话框中，选择 Site Templates。找到想要的模板，单击 Create 按钮。或者在 Assets（资源）>Template 类别中用鼠标右键单击模板名称，选择 New From Template（从模板新建）。
6. 是。打开的基于模板的页面将随着文件关闭而更新。唯一的差别是，打开的文件在更新后不会自动保存。

第8课　处理文本、列表和表格

课程概述

在本课中,您将学习通过新模板创建多个 Web 页面并处理标题、段落及其他文本元素。您将学习如下内容。

- 输入标题和段落文本。
- 插入来自另一个源的文本。
- 创建项目列表。
- 创建缩进的文本。
- 插入和修改表格。
- 在网站中检查拼写。
- 查找和替换文本。

完成本课需要花费大约 3 小时。

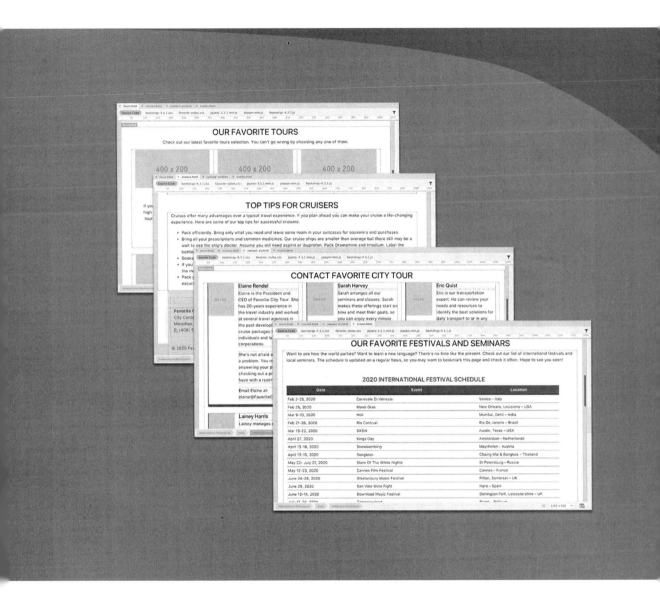

Dreamweaver 提供了众多工具用于创建、编辑和格式化 Web 内容，不管这些内容是在软件内创建的，还是从其他应用程序导入的。

8.1 预览完成的文件

为了了解您将在本课程中处理的文件，让我们先在 Dreamweaver 中预览已完成的页面。

1. 如果有必要，启动 Adobe Dreamweaver（2020 版）。如果 Dreamweaver 正在运行，关闭当前打开的任何文件。
2. 按照本书前言的描述，为 lesson08 文件夹定义一个新站点。将新网站命名为 **lesson08**。
3. 如果有必要，按下 F8 键打开 Files 面板，从 Site List 下拉列表框中选择 lesson08。

Dreamweaver 允许同时打开一个或多个文件。

4. 打开 lesson08/finished 文件夹。

 注意：要打开几个连续的文件，请在选择之前按住 Shift 键。如果要选择的文件不连续，则使用 Ctrl/Cmd 键选择。

5. 选择 **tours-finished.html**，按住 Ctrl/Cmd 键，然后选择 **events-finished.html**、**cruises-finished.html** 和 **contactus-finished.html**，如图 8-1 所示。

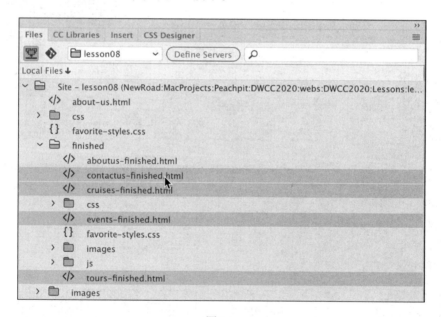

图8-1

6. 鼠标右键单击选择的任何文件，从快捷菜单中选择 Open。

全部 4 个文件都会打开。文档窗口顶部的选项卡标识了每个文件。

 注意：一定要使用 Live 视图预览每个页面。

7. 单击 **tours-finished.html** 选项卡，将该文件置顶。如果有必要，切换到 Live 视图。注意使用的标题和文本元素，如图 8-2 所示。

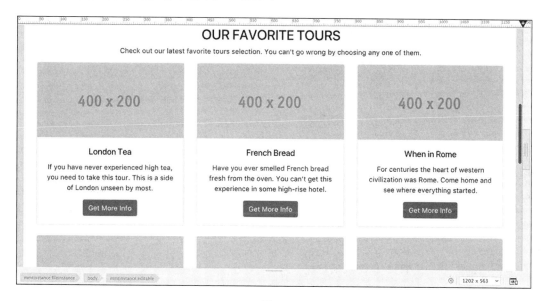

图8-2

8. 单击 **cruises-finished.html** 文档选项卡并将该文件置顶，如图 8-3 所示。

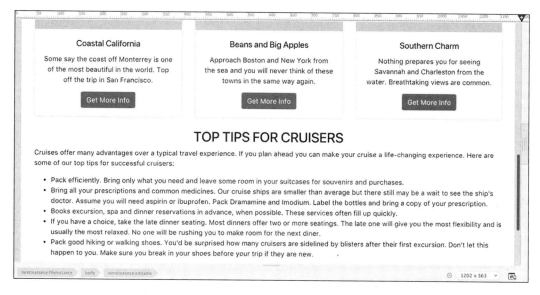

图8-3

注意使用的项目列表元素。

9. 单击 **events-finished.html** 文档选项卡并将该文件置顶，如图 8-4 所示。

图8-4

注意使用的两个基于 HTML 的表格。

10. 单击 **contactus- finished.html** 选项卡,将该文件置顶。

注意格式化为自定义边框的文本元素。

11. 选择 File > Close All。

每个页面中都使用了各种元素,包括标题、段落、列表、项目符号、缩进文本和表格。在以下练习中,您将创建这些页面,并学习格式化这些元素的方法。

8.2　创建文本和设置样式

大多数网站由大块的文本组成,并且点缀少数几幅带来视觉趣味的图像。Dreamweaver 提供了多种创建、导入文本和设置样式的手段,以满足各种需要。

8.2.1　导入文本

在这个练习中,将通过站点模板创建一个新页面,然后插入来自文本文档的标题和段落文本。

1. 选择 Window> Assets,显示 Assets 面板。单击 Templates 按钮。鼠标右键单击 **favorite-temp** 并选择快捷菜单中的 New from Template,如图 8-5 所示。

一个新页面将按照网站模板创建。

 提示:Assets 面板可能会作为单独的浮动面板打开。如果要节省屏幕空间,请按照第 1 课讲授的方法,将面板移至屏幕右侧。

图8-5

> **注意**：仅当文档打开时，Assets 面板的 Templates 选项卡才会显示在 Design 和 Code 视图中。您也可以在没有文档打开时看到它，并选择一个模板。

2. 将文件保存在站点根文件夹，取名 **tours.html**。确保文档窗口宽度至少为 1200 个像素。

当您首次创建文件时，立即更新或替换新页面中的各种元数据和占位符文本元素是一个好主意。在人们忙于为主内容创建文本和图像时，这些项目往往被忽视或者遗忘。首先，您将更新页面标题。

3. 如果有必要，选择 Window > Properties，显示 Properties 检查器。

> **提示**：Properties 检查器可能在默认工作区中不可见。您可以在 Window 菜单中访问它，并将其停靠在屏幕底部。

大部分时候，当您处理一个文档时，Properties 检查器中会有 Document Title 字段。

4. 在 Document Title 字段中，选择占位文本 Insert Title Here。输入 **Our Favorite Tours** 并按 Enter/Return 键完成标题，如图 8-6 所示。

图8-6

每个页面还有一个"元描述"元素，它为搜索引擎提供关于页面内容的有价值信息。您可以在 Code 视图中用 Properties 检查器和在 DOM 面板帮助下进行编辑。

5. 如果有必要，选择 Window > DOM，显示 DOM 面板。

元描述在页面的 `head` 区段。

6. 在 DOM 面板中展开 `head` 区段，如图 8-7 所示。

8.2 创建文本和设置样式 **221**

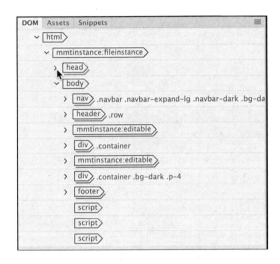
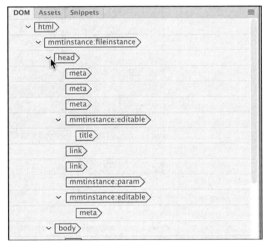

图8-7

head 区段展开时，您应该可以看到其中包含的各个元素。区段内有 3 个 meta 元素、两个链接和两个可编辑区域。

包含标题的可编辑区域可见。另一个可编辑区域包含元描述。

7. 展开第二个可编辑区域。

您可以看到可编辑区域内的 meta 元素。

8. 单击 DOM 面板中的 meta 元素，如图 8-8 所示。

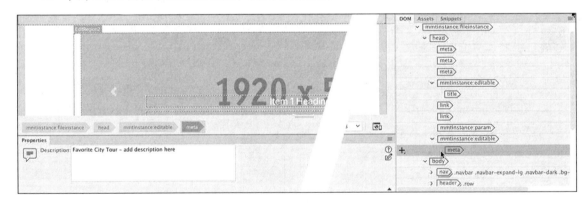

图8-8

meta 元素的内容出现在 Properties 检查器中。

9. 选择文本 add description here，输入如下内容：

We worked hard to develop these tours for you. They are guaranteed to be your favorite, too!

元数据更新后，您可以开始处理主要内容。

10. 在 Files 面板中，双击 lesson08/resources 文件夹中的 **favorite-tours.rtf**。

Dreamweaver 自动启动与所选文件类型兼容的程序。文本未被格式化，并且在每个段落之间有额外的线条，这些额外的线条是有意增加的。因为某种原因，当您从另一个程序复制并粘贴内容时，Dreamweaver会替换
标签的单个回车符。添加第二个回车符会强制Dreamweaver使用段落标签代替换行标签。

这个文件包含9段游览说明，您将用它来填充基于卡片的内容区段。

 提示：当您在Dreamweaver中使用剪贴板从其他程序中导入文本时，如果希望遵守段落换行，可以使用Live或者Design视图。

11. 在文本编辑器或字处理程序中，将光标插入文本London Tea.前。
12. 向下拖动鼠标指针，选择标题。
13. 按Ctrl+X/Cmd+X组合键剪切文本。
14. 切回Dreamweaver。
15. 如果有必要，切换到Live视图。

样板页面的中央内容区段中有3个基于卡片的占位符样板。

您从**favorite-tours.rtf**剪切的内容将被插入第一个占位符中。

16. 在基于卡片的区段中，选择文本ADD HEADLINE HERE。输入**OUR FAVORITE TOURS**替换，并按Enter/Return键创建一个新行。

 提示：从2020版本的Dreamweaver起，您可以直接在Live视图中编辑文本。

在Live视图中按下Enter/Return键时，Dreamweaver将自动创建一个新的<p>元素。

17. 输入**Check out our latest favorite tours selection. You can't go wrong by choosing any one of them**。

介绍性文本在标题下居中看起来会更漂亮一些。在第7课中，提到应用Bootstrap类.text-center到标题占位符可以使其居中。

18. 在新段落的Element Display界面上，单击Add Class/ID按钮。
19. 输入.text-center，并按Enter/Return键将该类应用到<p>元素，如图8-9所示。

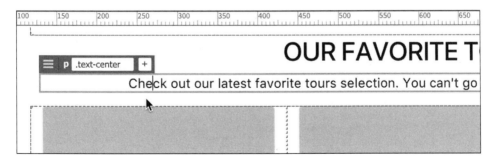

图8-9

20. 在第一个基于卡片的元素中，选择文本Product Name。

21. 按 Ctrl+V/Cmd+V 组合键粘贴来自 **favorite-tours.rtf** 的文字。

标题 London Tea 替代了占位文本。

22. 切换到 **favorite-tours.rtf**。

选择 Item 1 的游览说明。

23. 按 Ctrl+X/Cmd+X 组合键剪切说明。

24. 返回 Dreamweaver，选择第一个基于卡片的元素中的描述占位符。

25. 按 Ctrl+V/Cmd+V 组合键粘贴。

来自 **favorite-tours.rtf** 的文本替代了描述。

第一个基于卡片的元素的文本替代完成。

26. 切到 **favorite-tours.rtf**。

按照上述步骤使用剪切和粘贴将第 2 项和第 3 项移到 **tours.html**。

3 个基于卡片的元素都填充了旅游标题和说明。

接下来，您将再创建两行游览说明，填入 **favorite-tours.rtf** 中的其余文本。

8.2.2 复制 Bootstrap 行

手工构建 Bootstrap 用于支持各种屏幕尺寸的行列布局可能是很乏味的工作。幸运的是，Dreamweaver 提供了一个内建界面，只需简单地单击便可完成这项任务。

1. 选择基于卡片的区段中的占位图片。
2. 选择 `div.row.text-center` 标签选择器，如图 8-10 所示。

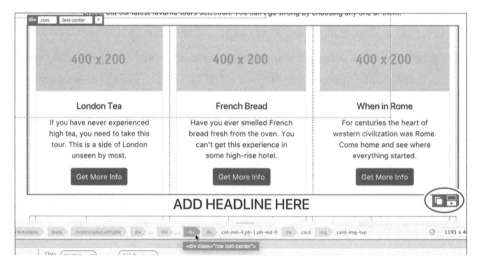

图8-10

元素被选中时，Element Display 界面在元素的右下角或右上角显示两个附加按钮。您可以用这些按钮新建或复制一个 Bootstrap 行。如果您想要单击 Add a New Row（添加新行）按钮，就必须重新创建基于卡片的元素中使用的所有元素。由于第一行已经有了我们所需的全部元素，因此只需要复制它,就可以节约许多时间和精力。

3. 单击 Duplicate Row(复制行)按钮, 如图 8-11 所示。

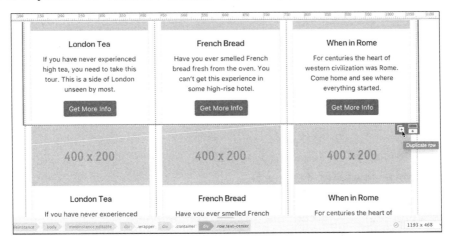

图8-11

选择的元素下出现一个新行,包含复制的内容与结构。注意,新行与第一行对接,可以考虑增加一点间隙。您可能注意到,Bootstrap 类 .mt-4 应用到布局中的不同元素。该类为元素添加 margin-top 属性。

4. 选择基于卡片区段第二行的占位图片。
5. 选择 div.row.text-center 标签选择器。
6. 在新段落的 Element Display 界面中,单击 Add Class/ID 按钮 。
7. 输入 .mt-4 并按 Enter/Return 键应用该类,如图 8-12 所示。

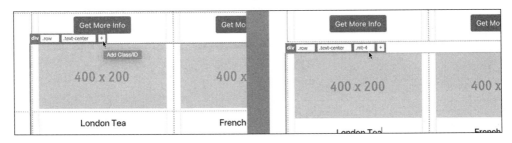

图8-12

全行下移。创建和格式化第二行后,您还可以添加第三行。根据新行在文档窗口中的显示位置,Duplicate Row 按钮可能出现在选择的元素的顶部或底部。

8. 单击 Duplicate Row 按钮, 如图 8-13 所示。

 注意:如果选中的 Element Display 是橙色边框,则复制命令不能正常工作。此时应单击 Element Display 界面使其以蓝色边框显示。

8.2 创建文本和设置样式 **225**

图8-13

复制行出现在第二行下方。现在，您可以引入其余内容。

9. 从 **favorite-tours.rtf** 移动其余旅游标题和描述。
10. 关闭 **favorite-tours.rtf**，不保存文件。

不保存文件，您就可以在希望重新进行本课程操作时再访问其内容。

11. 保存 **tours.html**。

移动文本和完成内容后，您可以删除不需要的内容元素。

8.2.3 删除未使用的 Bootstrap 组件

模板设置了一个图像轮播和3个内容区段。您在 **tours.html** 中使用了基于卡片的内容区段。第9课中，您将学习如何为轮播添加图片，因此我们将保留模板中的轮播组件。轮播组件下方的基于文本区段和基于列表区段未加使用，是没有必要的，因此我们将其删除。

1. 选择基于文本区段中的文本 ADD HEADLINE HERE。
2. 选择 `div.container` 标签选择器并按 Delete 键，如图 8-14 所示。

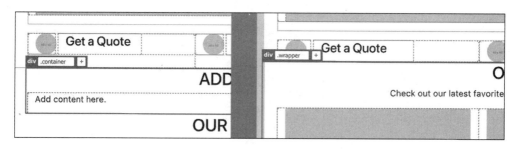

图8-14

> **Dw** 提示：删除选择的元素时要寻找蓝色边框，橙色边框表示选择的是内容。再次单击标签选择器或者 Element Display 界面可以激活蓝色边框。

基于文本的区段被删除。基于卡片的区段上移，与图像轮播下方的链接区段相接。它的上方可以留下一点间距，您可以再次使用 `.mt-4` 类来达到这一目的。

3. 选择标题 OUR FAVORITE TOURS。

4. 选择 div.container 标签选择器。
5. 使用 Element Display 界面，添加类 .mt-4，如图 8-15 所示。

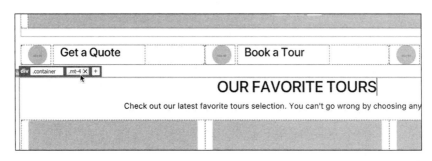

图8-15

元素下移。

6. 选择基于列表区段中的 ADD HEADLINE HERE。
7. 选择 div.container 标签选择器并按 Delete 键，如图 8-16 所示。

图8-16

按 Delete 键之前注意元素周围应是蓝色边框。整个基于列表的区段被删除，现在布局完成了。

8. 保存并关闭文件。

下一步，您将学习如何创建 HTML 列表。

8.3 创建列表

格式应该为内容增添意义，并使之更清晰易读。完成该任务的一种方法是使用 HTML 列表元素。列表是 Web 的主要结构，因为它们比大块文本更容易阅读，还可以帮助用户快速查找信息。

在下面这个练习中，您将学习如何创建一个 HTML 列表。

1. 打开 Assets 面板，在 Template 类别中，用鼠标右键单击 **favorite-temp**。从快捷菜单中选择 New from Template。

以该模板为基础，创建了一个新页面。

> **注意**：文档打开时模板类别在 Live 视图中不可见。要创建、编辑或使用 Dreamweaver 模板，您必须切换到 Design 或 Code 视图，或者关闭打开的所有 HTML 文档。

2. 将文件保存为站点根文件夹中的 **cruises.html**。

如果有必要，切换到 Live 视图。确保文档窗口宽度至少为 1200 个像素。

3. 在 Properties 检查器中，选择 Document Title 字段中的占位文本 Insert Title Here。输入 **Our Favorite Cruises** 代替文本并按 Enter/Return 键。

4. 切换到 Code 视图。定位元描述元素，选择文本 add description here。

5. 输入 **Our cruises can show you a different side of your favorite cities** 并保存文件，如图 8-17 所示。

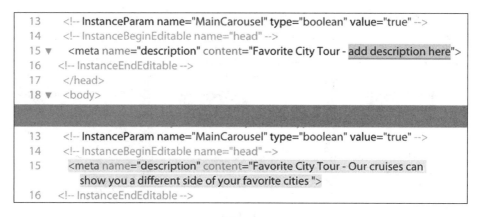

图8-17

新描述代替占位符。

6. 在 Files 面板中，双击 lesson08\resources 文件夹中的 **cruise-tips.rtf**。

该文件将在 Dreamweaver 之外打开，其内容包括一个使游览体验更佳的技巧列表。

7. 在 **favorite-tips.rtf** 中按 Ctrl+A/Cmd+A 组合键，按 Ctrl+X/Cmd+X 组合键剪切文本。关闭但不保存 **cruise-tips.rtf** 的更改。

您已经选择并剪切了所有文本。

8. 切回 Dreamweaver，切换到 Live 视图。

9. 选择基于文本内容区段中的 ADD HEADLINE HERE，输入 **TOP TIPS FOR CRUISERS** 替换上述文本。

10. 选择文本 Add content here，选择 p 标签选择器。

Element Display 界面出现，焦点在 p 元素占位符上。

11. 按 Ctrl+V/Cmd+V 组合键，如图 8-18 所示。

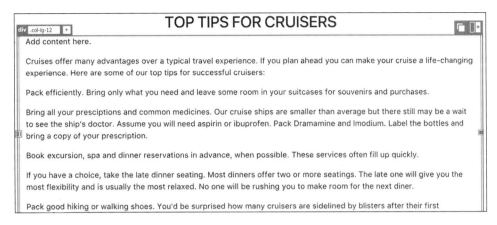

图8-18

来自 **cruise-tips.rtf** 的文本出现在元素占位符下方。处理下一段文本之前，我们将删除占位符。

12. 选择并删除整个元素占位符 Add content here。

来自 **cruise-tips.rtf** 的文本当前格式与 HTML 段落格式完全相同。

Dreamweaver 简化了将文本转换为 HTML 列表的任务。列表有两种风格：有序列表（编号列表）和无序列表（项目列表）。

8.3.1 创建编号列表

在本练习中，您将把段落文本转换为 HTML 有序列表。

1. 选择从 Pack efficiently 开始的所有文本。在 Properties 检查器中，单击 Ordered List（编号列表）按钮，如图 8-19 所示。

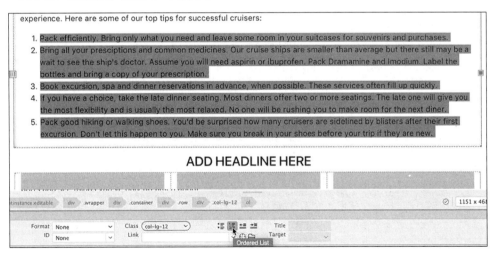

图8-19

Dreamweaver 会自动为选择的全部内容添加数字。在语义上，编号列表区分每个项目的优先

8.3 创建列表

级，给予它们相对于彼此的内在价值。但是，这个列表似乎没有任何特定的顺序。每个项目或多或少等价于下一个项目，因此这个列表应使用项目列表，项目列表在项目没有特定顺序时使用。在更改格式之前，让我们来观察标记。

2. 切换到 Split 视图，如图 8-20 所示。

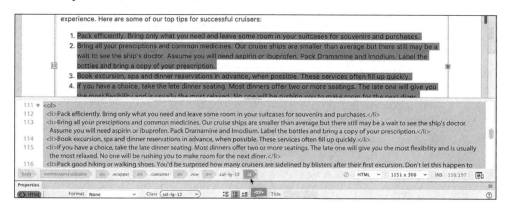

图8-20

观察文档窗口中代码部分的列表标记。

标记由两个元素组成：`<ol>` 和 `<li>`。请注意，每一行都被格式化为 `<li>`（列表项目）。`<ol>` 父元素开始并结束列表，并将其指定为编号列表。将数字格式更改为项目符号很简单，可以在 Code 或 Design 视图中完成。

更改格式之前，应确保格式化的列表仍然完全被选中。如果需要，您可以使用 `<ol>` 标签选择器。

8.3.2 创建项目列表

在本练习中，您将把有序列表转换成无序列表。

1. 在 Properties 检查器中，单击 Unordered List（项目列表）按钮，如图 8-21 所示。

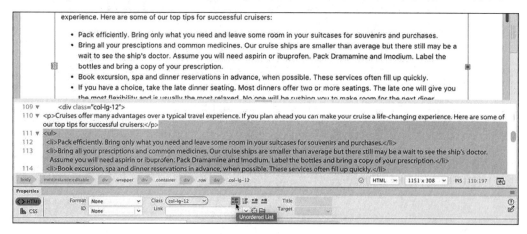

图8-21

> **Dw** 提示：选择整个列表的最简单方法是使用 <ol> 标签选择器。

> **Dw** 提示：您还可以通过在 Code 视图窗口中手动编辑标记来更改格式，但不要忘记改变开始和结束的父元素。

所有的项目现在已经格式化为项目符号。

如果您观察列表标记，就会注意到唯一改变的是父元素，现在父元素是 <ul>。

关闭文件之前，我们将完成页面的其余部分。

2. 在基于卡片的内容区段中，选择标题占位符 ADD HEADLINE HERE。
3. 输入 **OUR FAVORITE CRUISES** 替换选择的文本。
4. 在 Files 面板中，双击 lesson08/resources 文件夹中的 **favorite-cruises.rtf**，如图 8-22 所示。

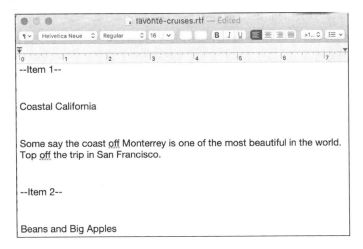

图8-22

favorite-cruises.rtf 文件打开。文本应该插入基于卡片的内容区段。

5. 复制文本并将其粘贴到基于卡片的内容区段中的相应占位符，如图 8-23 所示。

图8-23

8.3 创建列表 **231**

3个基于卡片的元素现在都填入了乘船游览说明。

内容就绪后,就该删除不需要的占位符元素了。

图像轮播将在第9课中更新为乘船游览的照片,但您可以删除基于列表的内容选择。

6. 选择并删除基于列表的内容区段,如图8-24所示。

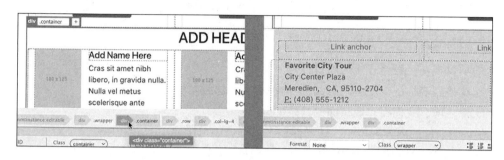

图8-24

布局几乎已经完成。由于页面的焦点是销售乘船游览项目,在提示内容上方加入乘船游览说明是有意义的。用 DOM 面板可以方便地在布局中移动元素。

7. 如果有必要,选择 Window>DOM,显示 DOM 面板。
8. 选择标题 TOP TIPS FOR CRUISERS。

DOM 面板中的 `h2` 元素高亮显示。您可以看到基于文本内容区段的结构。整个区段的父元素是 `div.container`,如图8-25所示。

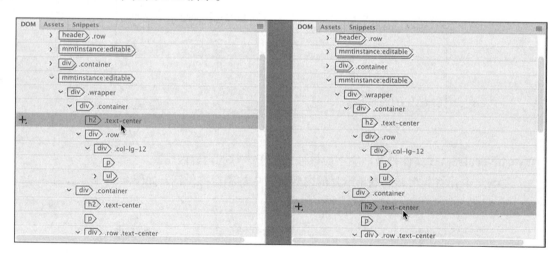

图8-25

9. 选择标题 OUR FAVORITE CRUISES。

基于卡片内容区段的 `h2` 高亮显示。和基于文本的区段一样,卡片区段也基于 `div.container`。您可以拖动其中一个元素,切换布局中的两个区段。

此时,两个 HTML 结构展开。折叠父元素可以使元素的移动变得容易一些。

10. 折叠两个 div.container 元素显示的结构，如图 8-26 所示。

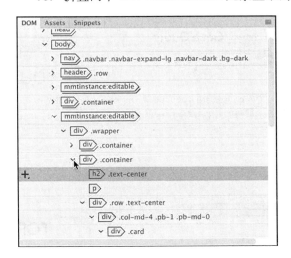 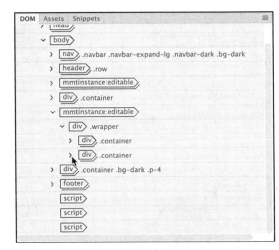

图8-26

折叠时，这些元素在同级结构中上下叠放。这样查看两个元素更容易了。

11. 将基于卡片的区段拖到基于文本的区段上方，如图 8-27 所示。

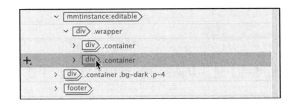 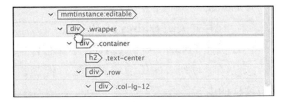

图8-27

> **Dw** **注意：** 当您拖动元素时，Dreamweaver 可能会展开结构。

绿色线表示元素将要出现的位置。现在，乘船游览说明出现在游览小贴士区段上方。和以前一样，基于卡片的区段与链接相接处，需要一点间距。

> **Dw** **提示：** 如果元素出现在错误的位置，选择 Edit>Undo，然后重新尝试。

12. 选择标题 OUR FAVORITE CRUISES，选择 div.container 标签选择器。为 div.container 添加 .mt-4 类，如图 8-28 所示。

小贴士区段也可以使用更大的间距。

13. 选择标题 TOP TIPS FOR CRUISERS，选择 div.container 标签选择器。为 div.container

8.3 创建列表 233

添加 .mt-4 类，如图 8-29 所示。

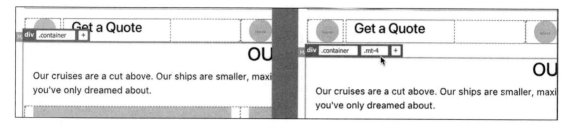

图8-28

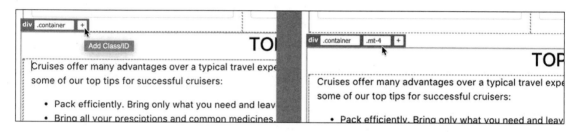

图8-29

布局完成。

14. 保存并关闭 **cruises.html**。

15. 关闭 **favorite-cruises.rtf**，不保存任何更改。

您已经学习列表的传统使用方法。但是，列表还可用于建立复杂的内容结构，在模板中就有一个这样的内容区段。

8.4 以列表作为内容结构的基础

从语义上说，列表的特征是一系列相关主题的单词或短语按顺序显示，通常是从上到下。但在 HTML 中，列表可以表示更为复杂的内容，包括多段文本、图片等。对于搜索引擎来说，这是完全有效的结构。

在本练习中，您将使用模板中的基于列表的内容区段，创建公司的员工通讯录。这个列表包括 6 个人名，分成 3 列。

1. 从 **favorite-temp.dwt** 创建一个新页面，另存为 **contact-us.html**。

2. 在 Properties 检查器中选择 Title（标题）占位符，输入 `Meet our favorite people`。

新页面有 3 个内容区段。您将使用最下方的基于列表的区段。在此之前，您将删除所有不需要的组件。让我们从图像轮播开始。

3. 切换到 Code 视图。

图像轮播是可编辑的可选区域的一部分。您可以通过更改 `<head>` 区段中一个 HTML 注释的值来控制显示。

4. 找到 <head> 区段中的注释（大约在第 15 行）。

当前注释为 value="true"。

5. 选择值 true，输入 false 代替，如图 8-30 所示。

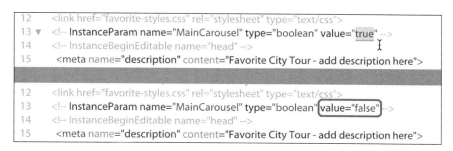

图 8-30

6. 选择 Tools > Templates > Update Current Page。

图像轮播从布局中删除。您还应该在 Code 视图中编辑元描述。

7. 在元描述中，选择文本 add description here，用 Meet the staff of Favorite City Tour 代替。

接下来，我们删除基于文本的内容区段。

8. 切换到 Live 视图。

由于图像轮播被删除，基于文本的区段现在处于布局的顶部。

9. 选择用于文本区段的 div.container 标签选择器，如图 8-31 所示。

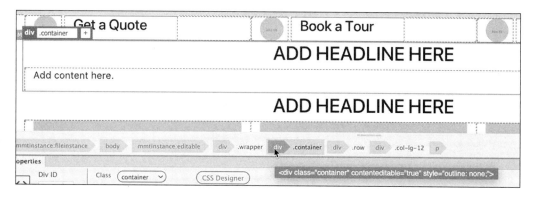

图 8-31

Element Display 界面出现在所选元素周围。如果边框为蓝色，您可以跳到第 11 步。

10. 单击 Element Display。

边框显示为蓝色。

11. 按 Delete 键，如图 8-32 所示。

基于文本的区段被删除。

8.4 以列表作为内容结构的基础

12. 重复第 9 ~ 11 步，选择并删除基于卡片的区段，如图 8-33 所示。

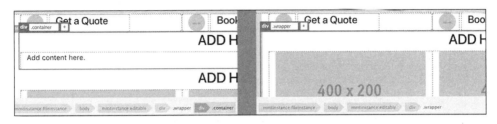

图 8-32

图 8-33

布局上只剩下一个基于列表的区段。

13. 选择占位文本 ADD HEADLINE HERE，输入 CONTACT FAVORITE CITY TOUR 替换选择的文本。

14. 单击其中一个列表项的占位图片，检查文档窗口底部的标签选择器，如图 8-34 所示。

图 8-34

注意，<img> 元素是 <li> 元素的子元素。

15. 选择 li.media 标签选择器，如图 8-35 所示。

<li> 元素由一个标题、一个图像占位符和一段文本组成。

16. 选择 ul 标签选择器。

<ul> 元素包括区段中的一列。您将用文本文件中的内容填充这些元素。

17. 打开 lesson08/resources 文件夹中的 contactus-text.txt，如图 8-36 所示。

文本文件在 Dreamweaver 中打开，它包含了 Favorite City Tour 员工的名单。

236　第 8 课　处理文本、列表和表格

18. 选择人名 Elaine Rendel 并复制。

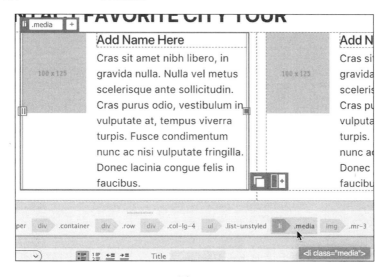

图8-35

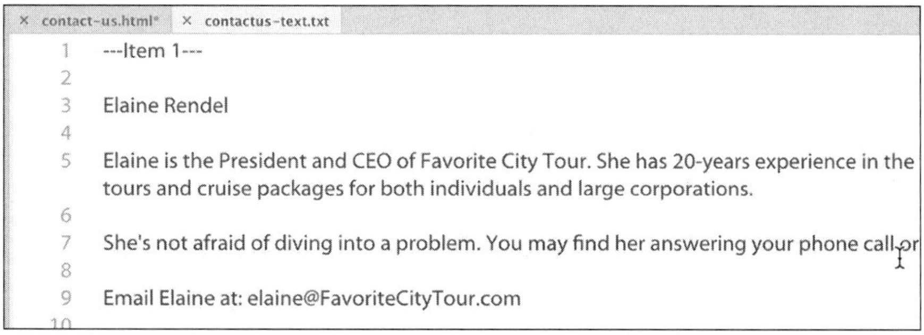

图8-36

19. 切换到 **contact-us.html**。选择第一项中的文本 Add Name Here，粘贴替换，如图 8-37 所示。

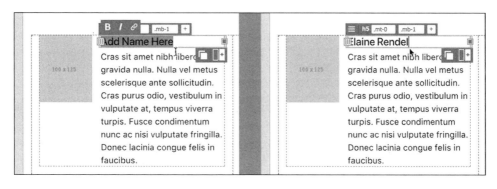

图8-37

Elaine 的名字出现在 `<h5>` 元素中。接下来，您将把 Elane 简历的 3 个段落移到元素中。但您必须学习一种在 Live 视图中粘贴多个元素的新技巧。

8.4.1 在 Live 视图中粘贴多个元素

在 Dreamweaver 中使用 Live 视图时，粘贴多个元素有一定的难度。如果您习惯于在 Design 视图中工作，就必须学习一些技巧，还要有敏锐的观察力，才能成功地粘贴两个或更多元素。

1. 切换到 **contactus-text.txt**，复制人名 Elaine Rendel 以下的 3 个段落。

2. 切换到 **contact-us.html**，选择 Elaine 标题下的占位文本。

注意选择文本周围的橙色框，这代表您处于文本编辑模式。该模式不支持粘贴多个段落。如果您粘贴第一步复制的文本，它将成为一个连续的块。在 Live 视图中粘贴多个段落有一个简单的技巧。

3. 按 Delete 键。

占位文本被删除。`<h5>` 元素上可能出现 Element Display 界面。如果边框为蓝色，跳到第 5 步。

4. 单击 `<h5>` 元素上的 Element Display 界面。

边框显示为蓝色。在 Live 视图中这样选择元素，就可以粘贴一个或多个元素，并保留 HTML 结构。

5. 按 Ctrl+V/Cmd+V 组合键粘贴，如图 8-38 所示。

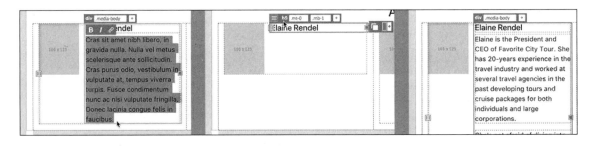

图 8-38

第 1 步复制的 3 个段落出现在 `<li>` 结构内的标题之下，这是我们想要的结果。第一位员工的简历完成了。接下来，您将创建第二行，以添加另一个简历。

8.4.2 创建新的列表项

观察基于列表的简历结构，您很快就会发现它很复杂。它使用了 Bootstrap 结构，Dreamweaver 提供了简单的方法，可在第一列中创建第二行。

1. 选择 Elaine 简历的 `li.media` 标签选择器。

在 Live 视图中选择时，您应该看到此前用于构建游览说明的 Bootstrap 元素界面。但是为了添加第二行，您将单击 Duplicate column（复制列）的按钮。

2. 单击 Duplicate column 按钮，如图 8-39 所示。

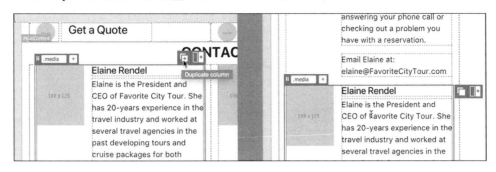

图8-39

一个精确复制的 `<li>` 元素出现在第一个元素下方。注意，新元素与第一个元素相接。我们将用 `.mt-4` 类在两者之间添加少许间距。

3. 选择复制建立的 `li.media` 标签选择器，为该元素应用 `.mt-4` 类，如图 8-40 所示。

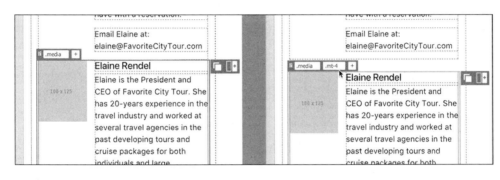

图8-40

现在，两份简历有了合适的间隔。

4. 复制 **contactus-text.txt** 中第 2 项的内容，替代复制简历中的文本。
5. 将第 3 项和第 4 项的文本用于第 2 列，将第 5 和第 6 项的文本用于第 3 列。根据需要创建复制的 `<li>` 元素。

现在，6 份简历都已就位。注意，列表区段与顶部的一行链接相接。我们将为它添加 `.mt-4` 类。

6. 选择 `div.container` 标签选择器，对该元素应用 `.mt-4` 类。

最后，我们将为各份简历添加边框，给布局增添一些风格。为了确保样式仅应用到员工资料，您必须创建一个自定义类，然后分配给它们。

7. 选择包含 Elaine 简历的 `li.media` 标签选择器，单击 Add Class/ID 按钮。
8. 输入新类名 `.profile`。

Dw 注意：不要忘了输入类名开始的句点。

8.4 以列表作为内容结构的基础 **239**

在输入的时候，提示列表出现，显示现有规则的名称。

.profile 类还没出现在样式表中，但 Element Display 界面使您可以立即创建它，如图 8-41 所示。

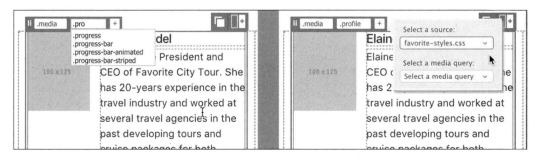

图8-41

9. 按 Enter/Return 键一次，CSS 源弹出窗口出现。

每当您在 Element Display 界面中输入链接或嵌入样式表中没有的新 Class 或 ID 时，CSS 源弹出窗口就会出现。您可以用这个窗口，在任何链接或嵌入文件的样式表中创建新的匹配选择器。如果有必要，您甚至可以用它创建一个新的样式表。

由于站点模板已经链接到外部样式表，因此 **favorite-styles.css** 应该出现在 Select A Source（选择源）下拉列表框中。

 注意：Bootstrap 样式表格式化为只读。确定在下拉列表框中选择 favorite-styles.css。

10. 第二次按 Enter/Return 键。

因为您再次按下 Enter/Return 键，所以在选择的样式表中创建了选择器 .profile。如果您不想为输入的 Class 或 ID 创建选择器，则可以按 Esc 键。一旦创建了选择器，就可以用它来设置内容的样式。

11. 显示 CSS Designer 面板，单击 Current 按钮。

 提示：手工创建规格时，在字段中输入属性名称并按 Tab 键，右侧将出现一个值字段。当选中 Show Set 复选框时，值字段中可能不会出现提示。

.profile 类出现在选择器列表顶部。如果您观察 Properties 窗格，就可以看到没有设置任何样式。

12. 输入 .profile 类的如下属性，如图 8-42 所示。

```
border-left: 3px solid #069
border-bottom: 10px solid #069
```

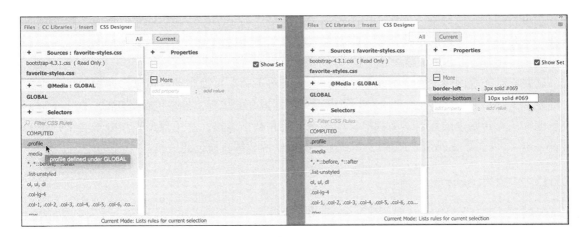

图8-42

Elaine 简历的左侧和底部出现边框，这些边框有助于从视觉上将标题下的简历文本分组。您可以用相同方式设置其他简历的样式。

13. 将 `.profile` 类应用到其余员工简历，效果如图 8-43 所示。

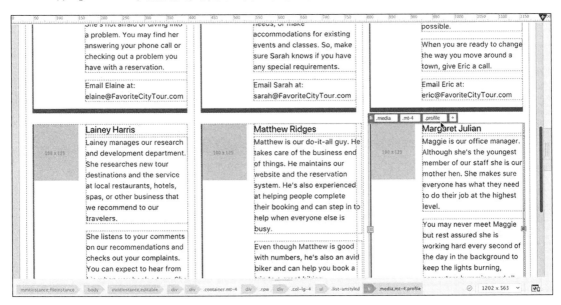

图8-43

14. 保存文件。

基于列表的内容区段完成了。接下来，您将学习创建和使用 HTML 表格的方法。

8.5 创建表格并设置样式

在 CSS 出现之前，HTML 表格经常用于创建页面布局。那时，这是创建多列布局并保持对内容元素进行某些控制的唯一方法。但实践证明，表格因为不够灵活，所以难以适应不断变化的互联网，只是一个不太好的设计选择。CSS 样式提供了更多的选项用于设计和布局网页，因此表格很快就从设计师的工具包中删除掉了。

这并不意味着网络上完全不使用表格。虽然表格不利于页面布局，但它们在用于显示许多类型的数据（如产品列表、人员目录和时间表等）时是很好的选择，也是很有必要的。Dreamweaver 使您能够从头开始创建表格，从其他应用程序复制和粘贴表格，并用数据库和电子表格程序（如 Microsoft Access 或 Microsoft Excel）等其他来源提供的数据直接创建表格。

8.5.1 从头开始创建表格

在本练习中，您将学习如何创建一个 HTML 表格。

1. 从 **favorite-temp** 创建一个新页面，将文件另存为站点根文件夹下的 **events.html**。
2. 输入 **Fun Festivals and Seminars** 替换 Properties 检查器中的占位文本 Title。
3. 选择元描述占位符，输入 **Favorite City Tour supports a variety of festivals and seminars for anyone interested in learning more about the world around them** 替换之。
4. 切换到 Live 视图。选择标题占位符 ADD HEADLINE HERE，输入 **OUR FAVORITE FESTIVALS AND SEMINARS** 替换之。

虽然节日与研讨会列表显示在表格中，但以一两段文本显示这些信息总是很好的做法。

5. 选择占位文本 Add content here。
6. 输入如下文本：**Want to see how the world parties? Want to learn a new language? There's no time like the present. Check out our list of international festivals and local seminars. The schedule is updated on a regular basis, so you may want to bookmark this page and check it often. Hope to see you soon!**，效果如图 8-44 所示。

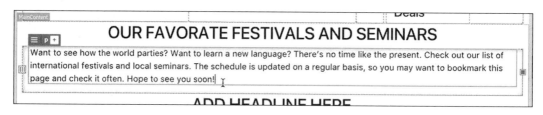

图8-44

现在，您已经做好了添加表格的准备。

7. 选择 Insert> Table，对话框出现 Position Assist。
8. 选择 After，如图 8-45 所示。出现 Table 对话框。

虽然 CSS 接管了之前由 HTML 特性完成的大部分设计任务，但是表格的一些特征仍然由那些特性控制和格式化。HTML 的唯一优势是，它的属性继续得到所有新旧流行浏览器的良好支持。当您在这个对话框中输入值时，Dreamweaver 仍然通过 HTML 特性应用它们。但当您可以选择时，应避免使用 HTML 格式化表格。

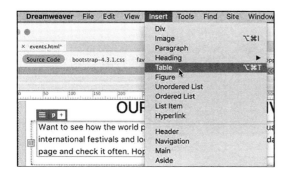 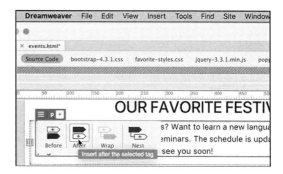

图 8-45

9. 输入表格的如下规格，如图 8-46 所示。

行数：**2**。列数：**3**。

表格宽度：**95%**。边框粗细：**1**。

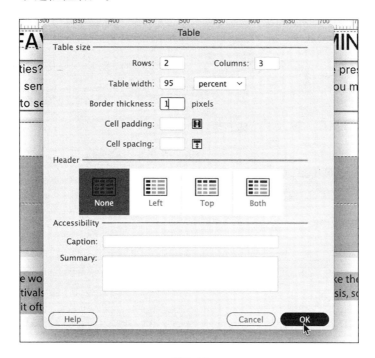

图 8-46

将边框粗细设置为 0，可使表格在 Live 视图中不可见。因此，您需要在表格完成后更改边框粗细。

提示：第一次创建表格时，将边框粗细设置为 1 使其更容易使用。您可以在输入数据后将其改为 0。

8.5 创建表格并设置样式

10. 单击 OK 按钮创建表格，如图 8-47 所示。

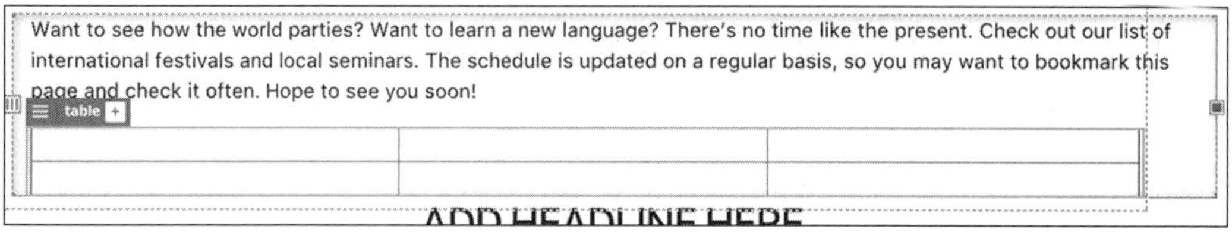

图 8-47

主标题下出现一个 3 列 2 行的表格，可以输入数据。您可以立刻输入数据，但 Live 视图不是为数据输入优化的。如果有大量数据要输入，使用 Design 视图是更好的办法。

在接下来的练习中，您将学习手工添加表格数据的方法。

1. 切换到 Design 视图。
2. 在第一个表格单元格里插入光标，输入 **Date** 并按 Tab 键。

光标移到同一行的下一个单元格。

提示：当您的光标在 Design 视图中的一个表格单元里时，按 Tab 键将把光标移到右侧的下一个单元，按 Tab 键之前按住 Shift 键，光标将向左（或向后）移动。

3. 在第二个单元格中，输入 **Event** 并按 Tab 键。

注意：Design 视图不能正确显示复杂的 CSS 样式。

4. 输入 **Location** 并按 Tab 键，如图 8-48 所示。

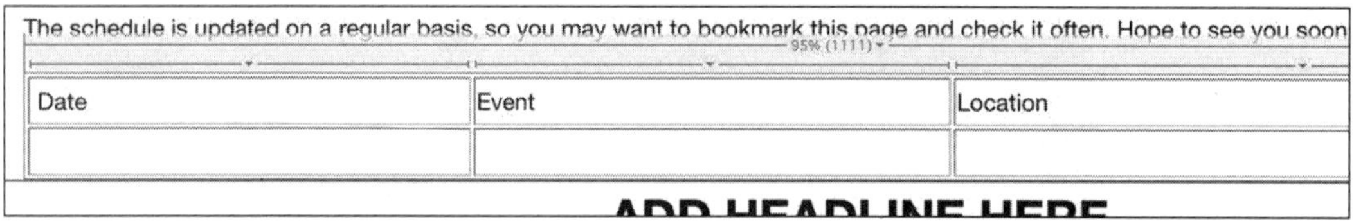

图 8-48

光标移到第二行的第一个单元格里。

5. 在第二行中，输入 **May 1, 2020**（第一格）、**May Day Parade**（第二格）、**Meredien City Hall**（第三格）。

当光标在最后一格时，为表格插入更多行的操作很简单。

Dreamweaver 还提供了多种为现有表格添加行和列的方法。在接下来的练习中，您将学习如何为表格添加行。

1. 按 Tab 键。

表格底部出现一个新的空白行。Dreamweaver 中也可以一次插入多个新行。

2. 选择 <table> 标签选择器，如图 8-49 所示。

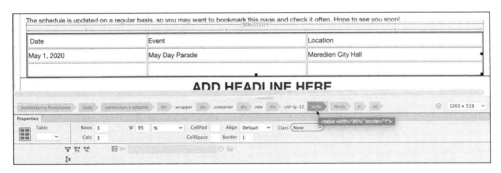

图8-49

> **提示**：如果 Properties 检查器不可见，请选择 Window> Properties，并将面板停靠在文档窗口的底部。

在 Properties 检查器中可以创建 HTML 属性以控制表格的各个方面，包括表格宽度、单元格宽度和高度、文本对齐等。它还显示当前行数和列数，甚至允许您更改编号。

3. 选择 Rows（行数）字段中的数字 3，输入 5 并按 Enter/Return 键，如图 8-50 所示。

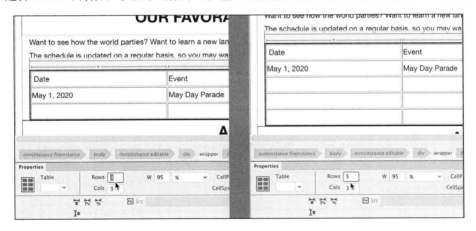

图8-50

Dreamweaver 为表格添加了两行。您还可以使用鼠标指针以交互方式为表格添加行和列。

4. 鼠标右键单击表格的最后一行，从快捷菜单中选择 Table> Insert Row（插入行），如图 8-51 所示。

表格又增加了一行。使用快捷菜单还可以一次插入多行和多列。

5. 鼠标右键单击表格的最后一行，从快捷菜单中选择 Table > Insert Rows Or Columns（插入行或列），出现 Insert Rows or Columns 对话框。

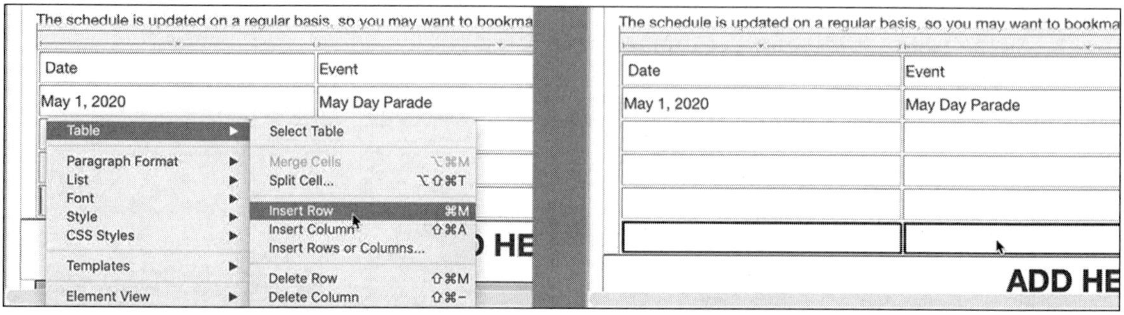

图8-51

6. 在选择内容之下插入 4 行并单击 OK 按钮，如图 8-52 所示。

表格中增加了 4 行，总共有 10 行。

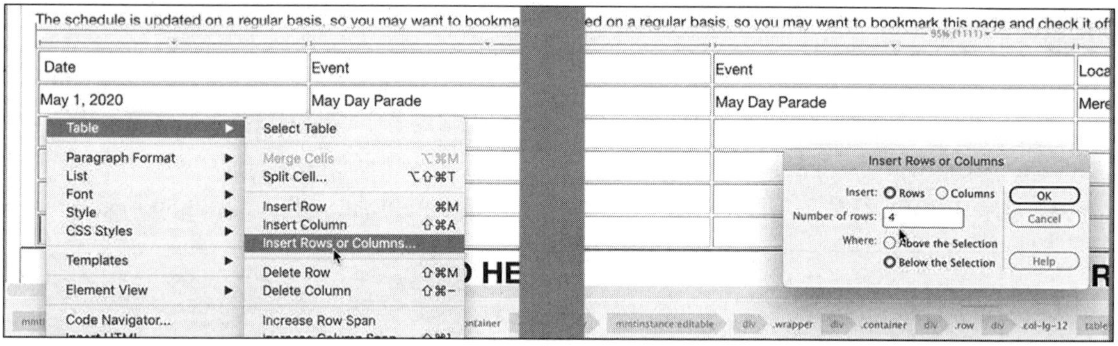

图8-52

7. 保存所有文件，如图 8-53 所示。

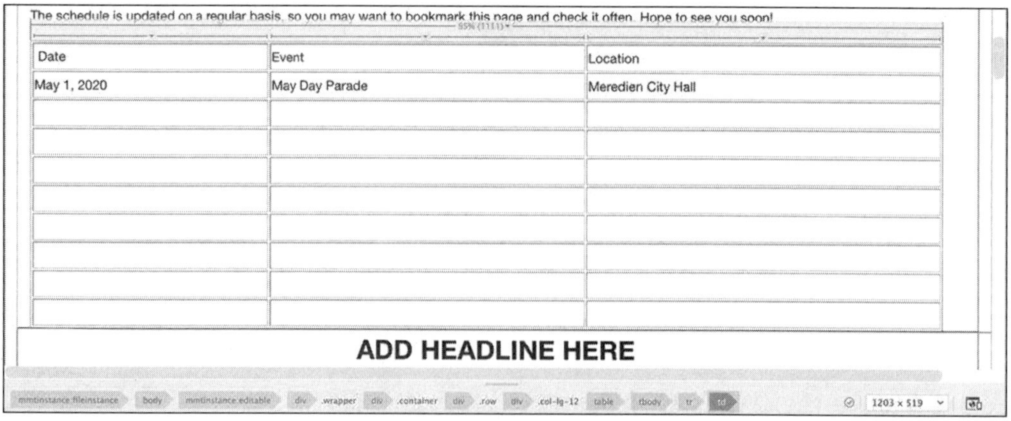

图8-53

246　第8课　处理文本、列表和表格

从头开始创建表格是 Dreamweaver 的一个方便功能，但在许多情况下您需要的数据已经以数字化形式存在，例如在电子表格甚至另一个网页上。幸运的是，Dreamweaver 提供了将这些数据从一个页面移到另一个页面，甚至直接从中创建表格的支持。

8.5.2 复制和粘贴表格

虽然 Dreamweaver 允许您在程序内手动创建表格，但您也可以使用复制和粘贴功能从其他 HTML 文件甚至其他程序中获取表格。

1. 打开 Files 面板，双击 lesson08/resources 文件夹中的 **festivals.html** 将其打开。

此 HTML 文件在 Dreamweaver 中打开，拥有一个独立的选项卡。注意表格结构，它有 3 列和多行。

将内容从一个文件移动到另一个文件时，重要的是在两个文档中使用相同视图。由于您在 **events.html** 中使用了 Design 视图工作，所以在本文件中也应该使用 Design 视图。

2. 如果有必要，切换到 Design 视图。
3. 在表格中插入光标，单击 `<table>` 标签选择器。选择 Edit>Copy 或按 Ctrl+C/Cmd+C 组合键复制表格，如图 8-54 所示。 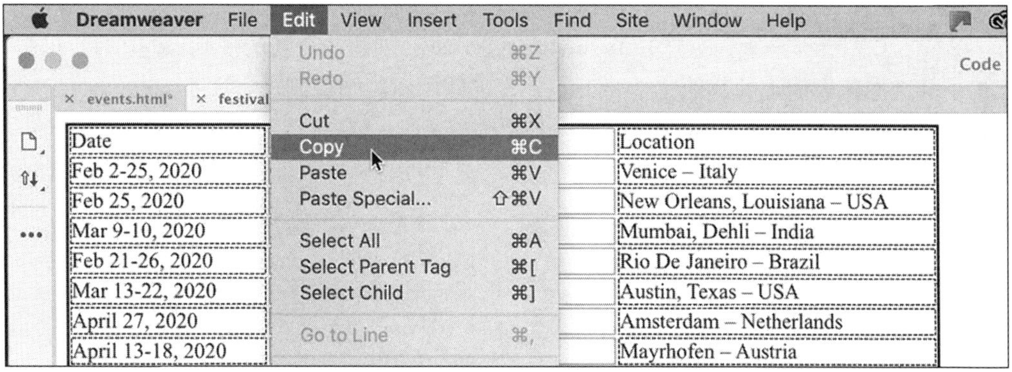

图 8-54

注意：Dreamweaver 允许您从某些其他程序（如 Microsoft Word）复制和粘贴表格。然而，复制和粘贴功能并不适用于每个程序。

4. 关闭 **festivals.html**。
5. 在 **events.html** 中，将光标插入表格中，选择 `<table>` 标签选择器。按 Ctrl+V/Cmd+V 组合键粘贴表格，如图 8-55 所示。

新表格元素完全替代原有的表。这个工作流在 Code 视图和 Design 视图中有效，但是在复制和粘贴之前，您必须在两个文档中匹配视图。

8.5 创建表格并设置样式　247

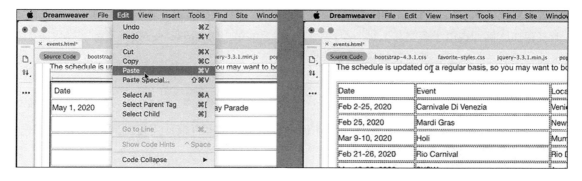

图8-55

6. 保存文件。

认真观察表格中的文本，您就可以看到它们比页面其他部分的文本更大。这通常表示默认的 Bootstrap 样式有自己的一套 CSS 属性。在这种情况下，您应该覆盖默认值，设置自己的属性。

8.5.3 用 CSS 设置表格样式

在这个练习中，您将为表格内容创建 CSS 样式。

1. 切换到 Live 视图。单击表格，选择 `table` 标签选择器。
2. 在 CSS Designer 面板中，选择 **favorite-styles.css**。创建一个新的规则：`table`。

表格中的文本比页面上的其他文本要大。您可以使用新规则控制文本大小。

3. 如果有必要，取消选中 Show Set 复选框。
4. 单击文本按钮 **T**，如图 8-56 所示。

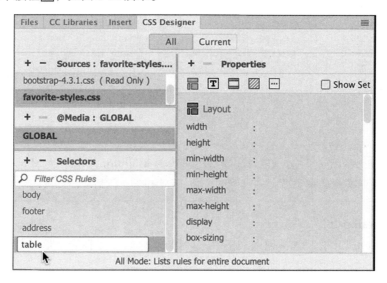

图8-56

5. 为 `table` 规则构建如下属性，如图 8-57 所示。

248　第8课　处理文本、列表和表格

```
font-size: 90%
```

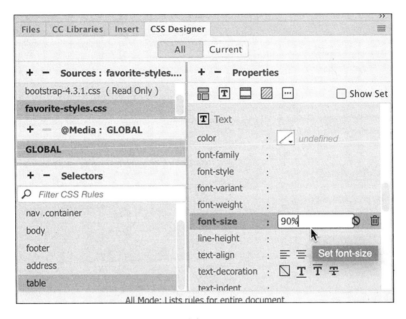

图8-57

表格中的文本尺寸减小。当您以百分比形式设置宽度属性时，浏览器根据父元素（在本例中是包含表格的 `<div>` 元素）的大小分配空间。这意味着表格也将自动适应父结构的变化。

CSS 可以控制表格格式的各个方面。创建属性时，您可以使用 CSS Designer 面板中的扩展界面，也可以手工输入属性。一旦熟悉了 CSS 规范，就会发现这种方法更快、更高效。

6. 选中 Show Set 复选框，如图 8-58 所示。

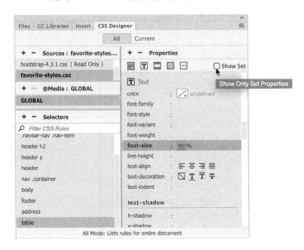 

图8-58

Properties 窗格现在过滤属性，只显示规则中设置的选项。Properties 窗格底部有一个标记为

8.5 创建表格并设置样式 249

More（更多）的字段。必须手动在这个字段输入新属性才能创建属性。

7. 在字段中输入 `width:95%` 并按 Enter/Return 键创建属性，如图 8-59 所示。

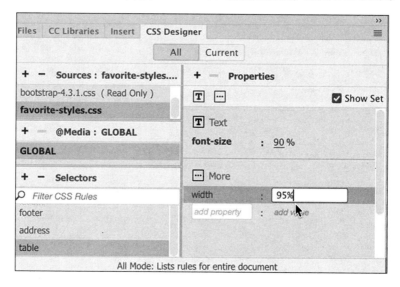

图8-59

表格大小改变，占据父元素宽度的 95%。

8. 在规则 `table` 中创建如下属性，如图 8-60 所示。

```
margin-bottom: 2em
border-bottom: 3px solid #069
border-collapse: collapse
```

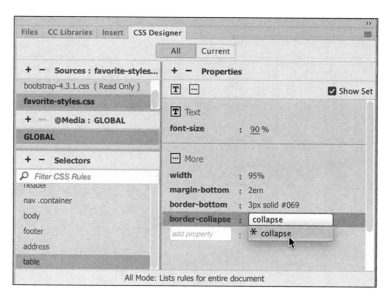

图8-60

250　第8课　处理文本、列表和表格

表格底部添加了一个蓝色边框和额外的间距。

9. 选择 File > Save All。

您刚刚创建的规则只格式化了表格的整体结构，无法控制或者格式化单独的行和列。接下来，您将把注意力转到表格的内部工作方式上来。

8.5.4　设置表格单元格样式

就像表格一样，列的样式可以通过 HTML 属性或 CSS 规则来应用。例如可以通过创建单个单元格的两个元素来应用列的格式：用于表头（表格标题）的 `<th>` 和用于表数据的 `<td>`。

创建一个通用规则重置 `<th>` 和 `<td>` 元素默认格式是个好主意。稍后，您将创建自定义规则，应用更具体的设置。

> **Dw 注意**：请记住，规则的顺序可能影响样式的层叠以及继承的样式。

1. 在 **favorite-styles.css** 中创建一个新的规则：`td,th`。

添加一个逗号，规则就可以针对两个标签。由于 `td` 和 `th` 元素无论如何都会出现在表格中，所以没有必要在规则名中加入 `table`。

2. 为新规则创建如下属性，如图 8-61 所示。

```
padding: 4px
text-align: left
border-top: 1px solid #069
```

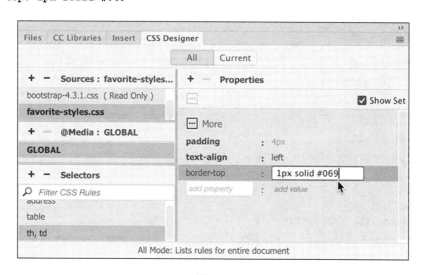

图8-61

您为行添加边框后，就不再需要 HTML 的边框特性了。

3. 选择 `table` 标签选择器，如图 8-62 所示。

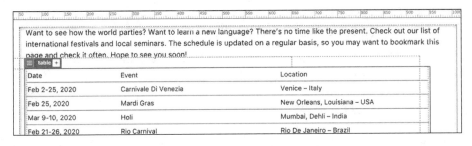

图8-62

 提示：如果Properties检查器一开始没有显示表格属性，可以尝试选择不同标签选择器，然后单击回到 table 标签选择器。

Properties 检查器应该显示表格属性。如果没有看到表格属性，就单击标签选择器直到看到它们为止。

4. 在 Properties 检查器中更改边框值为 0。

格式化表格的思路就是使数据容易辨别和查找。

8.5.5 在表格中添加标题行

冗长的列和毫无差别的数据行阅读起来十分乏味，并且难以理解。标题（表头）往往用于帮助读者识别数据。默认情况下，标题单元格中的文本应格式化为粗体和居中，使其和常规的单元格有所不同，但某些浏览器不支持这种默认方式。所以不要依靠这种样式，您可以为标题设置单独的颜色，使其与众不同。

 注意：用于 `<th>` 元素的独立 `<th>` 规则必须出现在 CSS 中设置 th 和 td 元素的规则之后，否则某些格式将被重置。

1. 创建新规则：`th`。
2. 在 `th` 规则中创建如下属性，如图 8-63 所示。

```
color: #FFC
text-align: center
border-bottom: 6px solid #046
background-color: #069
```

规则创建好了，但仍未被应用。表格中还没有任何标题，使用Dreamweaver可以很容易地将现有的 `<td>` 元素转化成 `<th>` 元素。

3. 单击表格第一行的第一个单元格，在 Properties 检查器中，选中 Header（标题）复选框，如图 8-64 所示。

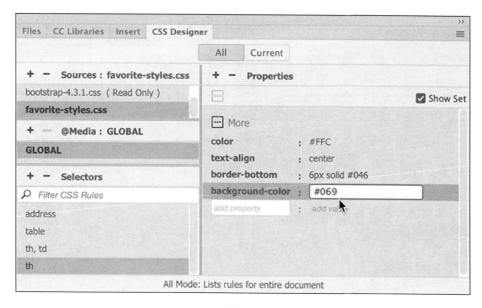

图8-63

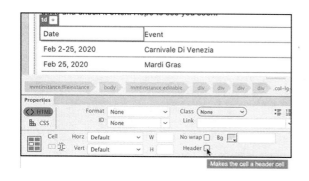 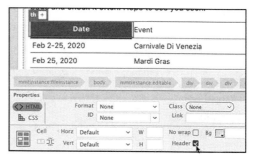

图8-64

注意标签选择器和 Element Display。

单元格背景填充为蓝色，Element Display 从 td 元素变成 th 元素。

当您选中 Header 复选框时，Dreamweaver 会自动改写标记，将现有的 <td> 标签转换为 <th> 标签，从而应用 CSS 格式。这种功能与人工编辑代码相比，可以节约很多时间。在 Live 视图中，要选择多于一个单元格，就必须使用增强的表格编辑功能。

4. 选择 table 标签选择器。

Element Display 出现，焦点在 table 元素上。要启用表格特殊编辑模式，必须先单击 Element Display 上的 Format Table（格式表）按钮 。

5. 单击 Format Table 按钮，如图 8-65 所示。

当您单击按钮时，Dreamweaver 启用增强的表格编辑模式。现在，您可以选择两个或多个单元格，甚至整行或整列。

8.5 创建表格并设置样式 **253**

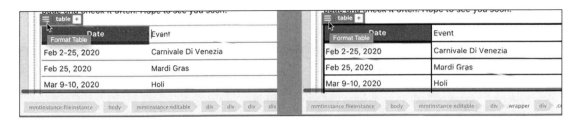

图8-65

6. 单击第一行的第二个单元格,然后拖动鼠标指针选择第一行中剩余的单元格。

7. 在 Propertyies 检查器中,选中 Header 复选框将表格单元格转换成标题单元格。

当表格单元格转换为表头单元格时,整个第一行填充为蓝色。

8. 保存所有文件。

8.5.6 控制表格显示

除非另有指定,否则空白表格列将平均分割可用空间。但是,一旦您开始向单元格添加内容,表格看上去像是有了自己的想法,会以不同的方式分配空间。在大多数情况下,它们将为包含更多数据的列提供更多的空间,但并不总是这样。

为了提供最高级别的控制,您将为每列的单元格指定唯一的类。先创建这些类,可以在以后将它们更好地分配给不同的元素。

1. 选择 **favorite-styles.css**。创建如下的新规则,如图 8-66 所示。

```
.date
.event
.location
```

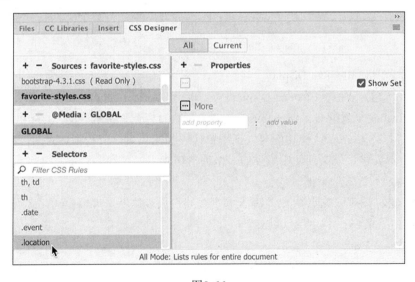

图8-66

3条新规则出现在 Selectors 窗格，但是没有包含任何样式信息。即使没有样式，类也可以分配给每列。Dreamweaver 可以很轻松地将类应用到整列。

2. 使用增强的表格编辑模式，将鼠标指针放在表格第一列顶部。单击选择整列，如图 8-67 所示。

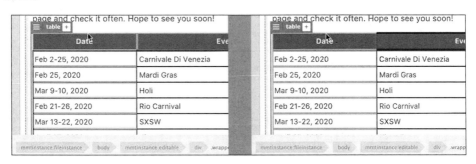

图8-67

> **注意**：如果您在 Live 视图中处理表格有困难，可以在 Design 视图中执行所有操作。

列边框变成蓝色，表示该列被选中。

3. 单击打开 Properties 检查器的 Class 下拉列表框。

出现一个类列表，按照字母顺序排列。由于 Bootstrap 样式表链接到该页，因此选择器和类的列表将非常长。

4. 从列表中选择 date，如图 8-68 所示。

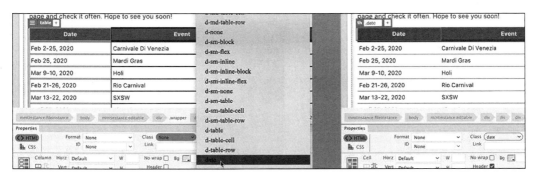

图8-68

第一列中的单元格现在已经应用了 .date 类。但是在将类应用到第一列之后，您可能注意到 Dreamweaver 已经再次将表格返回到正常模式。

5. 选择 table 标签选择器，单击 Element Display 中的 Format Table 按钮，将 event 类应用到第二列。

6. 重复第 5 步，将 .location 类应用到其余列。

8.5 创建表格并设置样式 **255**

控制列宽度相当简单。由于整列的宽度必须相同，因此您可以仅对一个单元格应用宽度规格。如果列中的单元格规格有冲突，通常最大宽度优先。由于您只对每列应用一个类，因此任何添加到该类的设置都将影响列中的每个单元格。

 注意： 即使您应用的宽度对现有内容来说太窄，默认情况下单元格也不能小于其中包含的最大单词或者图形元素的尺寸。

7. 在规则 `.date` 中添加如下属性，如图 8-69 所示。

`width: 25%`

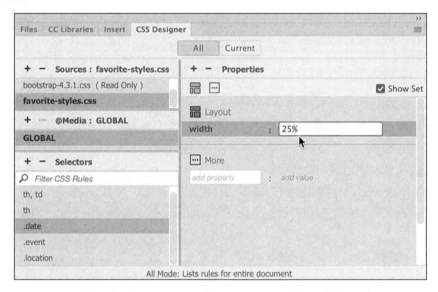

图 8-69

Date 列的大小改变。在本例中，Date 列的父元素是 `<table>` 元素本身。它将占据总列宽的 25%。相应地，其余列将自动分割剩下的空间。

8. 在规则 `.location` 中添加如下属性。

`width: 30%`

Location 列的宽度变成整个表格的 30%。由于外面的两列设置了具体的宽度，因此没有必要设置 Event 列的宽度。

9. 保存所有文件。

现在，您已经可以单独控制列样式了。注意，标签选择器和 Element Display 将显示每个单元格的类名，如 `th.location` 或者 `td.location`。

8.5.7 从其他来源插入表格

除手动创建表格之外，您还可以用由数据库和电子表格导出的数据来创建表格。在本练习中，您将利用由 Microsoft Excel 导出到逗号分隔值（CSV）文件的数据来创建表格。

导入功能在 Live 视图中不可用。

1. 切换到 Design 视图，将光标插入现有的 Events 表中。选择 table 标签选择器。
2. 按向右箭头键。

在 Design 视图中，这一技巧会将光标移到代码中的 </table> 结束标签之后。

3. 选择 File > Import > Tabular Data（表格式数据），出现 Import Tabular Data（导入表格式数据）对话框。
4. 单击 Browse 按钮，选择 lesson08/resources 文件夹中的 **seminars.csv**，单击 Open 按钮。Delimiter（定界符）下拉列表框中一般自动选择 Comma（逗号）。
5. 在 Import Tabular Data 对话框中选择如下选项，如图 8-70 所示。

Table Width（表格宽度）：95%。

Border（边框）：0。

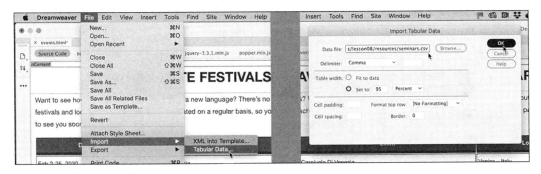

图8-70

尽管在对话框中设置了宽度（就像您对 Events 表所做的那样），但请记住，表格的宽度实际上将由前面创建的 table 规则控制。HTML 属性将在不支持 CSS 的浏览器或设备中得到支持。因为这种情况，所以请确保使用的 HTML 属性不会破坏布局。

6. 单击 OK 按钮，效果如图 8-71 所示。

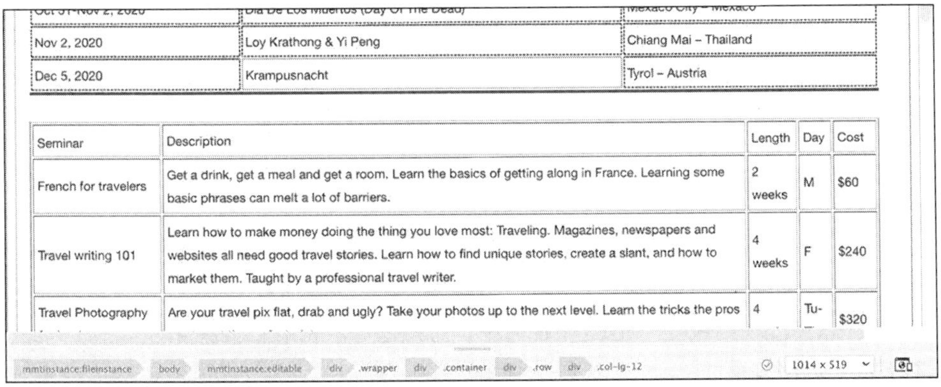

图8-71

一个包含研讨班日程的新表格出现在第一个表格下面。注意，第一行是标题。在 Design 视图中，您可以直接选择表格的行和列。

7. 在 Seminars 表格中，将鼠标指针放在第一行左边缘附近，如图 8-72 所示。

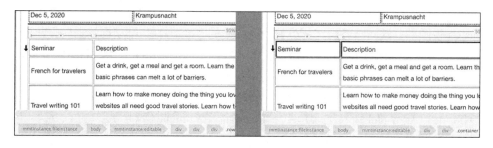

图8-72

行的边缘会出现一个黑色箭头。注意，第一行高亮显示，边框为红色。

8. 单击选择第一行。
9. 选中 Properties 检查器中的 Header 复选框，如图 8-73 所示。

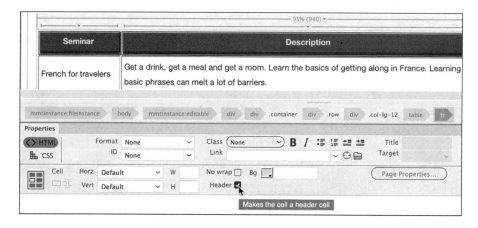

图8-73

标题单元格现在显示为蓝色和反向文本。新表格完成。

从语义上说，这两个表格相互没有关联。访问者也许能够区分一个表格结束和另一个表格开始的位置，但为内容添加语义结构，搜索引擎和辅助设备就更容易理解内容的意义。表格应该放置在单独的 HTML 结构中。

8.5.8 创建语义文本结构

只要有可能，添加语义结构都应该是您的目标。鼓励这么做不仅是为了支持可访问性标准，也是为了改善您的网站的搜索引擎排名。在这个练习中，您将把每个表格插入各自的 `<section>` 元素中。

1. 选择 Festivals 表格的 `table` 标签选择器。
2. 选择 Insert > Section。从 Insert 下拉列表框中选择 **Wrap around selection**（在选定范围旁换

行），单击 OK 按钮插入 `<section>` 元素，如图 8-74 所示。

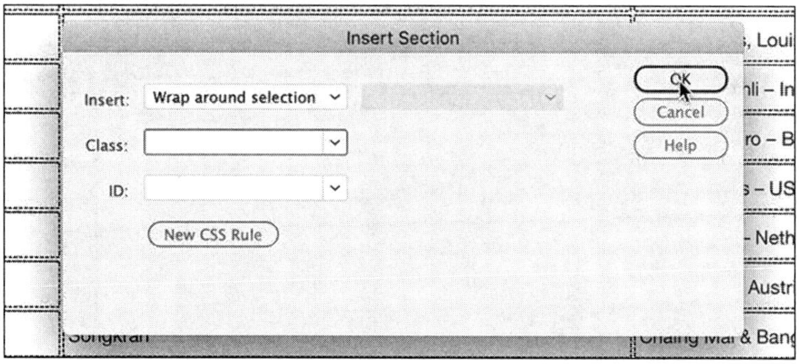

图 8-74

Festivals 表格将插入 `<section>` 元素。您应该能在标签选择器界面中看到新元素。现在，我们来处理 Seminars 表格。

3. 选择 Festivals 表格的 `table` 标签选择器。
4. 选择 Insert > Section。从 Insert 下拉列表框中选择 **Wrap Around Selection**，单击 OK 按钮插入 `<section>` 元素。

现在，两个表格都在各自的 `<section>` 元素中。

Seminars 表格比 Festivals 表格多两列。最后 3 列文本的换行可能显得很笨拙。您将创建一些附加的 CSS 类，以解决这个显示问题。

5. 在 CSS Designer 面板中，创建新规则：`.cost`。添加如下属性，如图 8-75 所示。

```
width : 10%
text-align : center
```

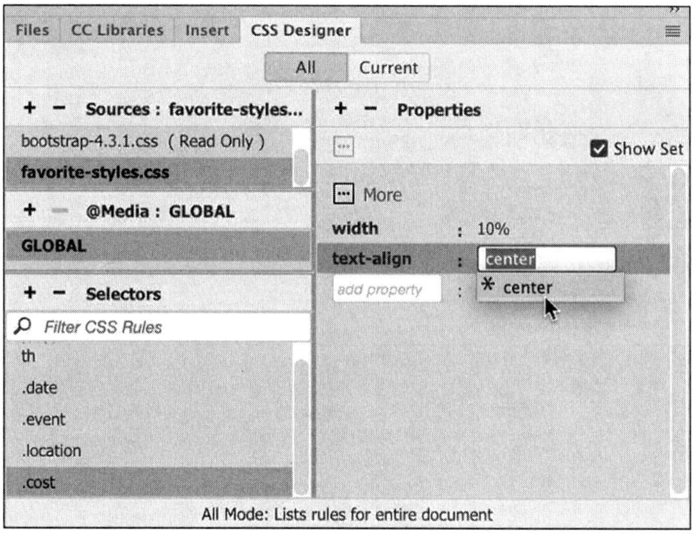

图 8-75

8.5 创建表格并设置样式

6. 在 Seminars 表格中，选择 Cost 列。对选择的列应用类 .cost，如图 8-76 所示。

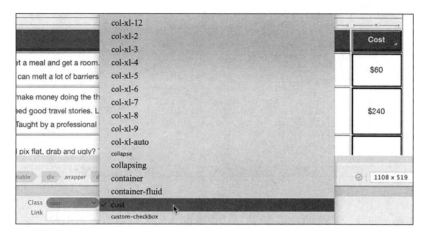

图8-76

Cost 列明显加宽。我们可以在其他两列上使用相同的规格，但您将为每一列设置自定义规则。

7. 在 CSS Designer 面板中，用鼠标右键单击规则 .cost，从快捷菜单中选择 Copy All Styles（复制所有样式）。

8. 创建新规则：.length。鼠标右键单击新规则，从快捷菜单中选择 Paste Styles，如图 8-77 所示。

图8-77

新规则现在与 .cost 规则有相同样式。

9. 重复第 6 步，将 .length 类应用到 Seminars 表格的 Length 列。

Dreamweaver 还提供复制规则的选项。

10. 鼠标右键单击规则 .length，从快捷菜单中选择 Duplicate（复制样式）。输入新规则 .day，如图 8-78 所示。

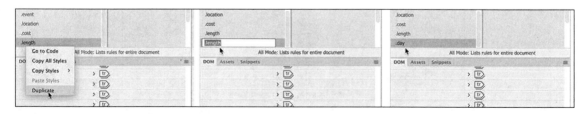

图8-78

11. 和第 6 步一样，将 .day 类应用到 Seminars 表格的 Day 列。

通过创建自定义类并应用到每列，您就知道了如何单独修改列。您必须再建立两条规则：一条用于格式化 Seminar 列，另一条格式化 Description 列。

12. 复制规则 .date，输入 .seminar 作为新规则名。
13. 复制规则 .event，输入 .description 作为新规则名。

此时，这些规则都没有指定任何样式属性。但您可在未来用它们控制这些列的所有特征。

14. 将 .seminar 类应用到 Seminar 列，将 .description 类应用到 Description 列，如图 8-79 所示。

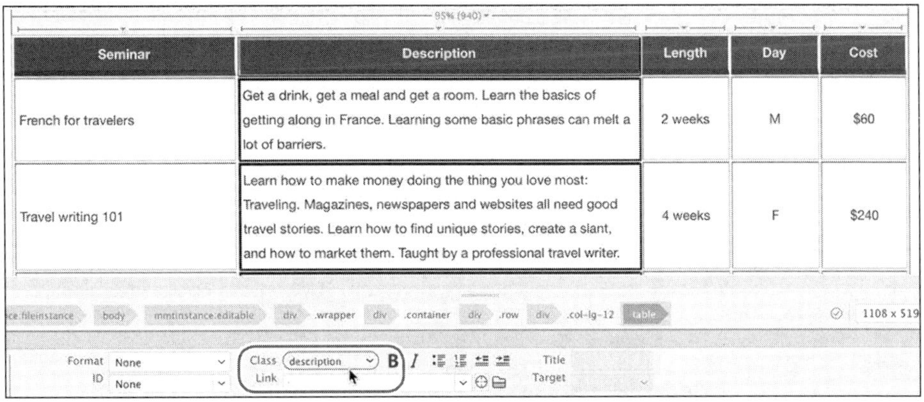

图 8-79

现在，两个表格中的所有列都指定了自定义 CSS 类。

15. 保存所有文件。

表格应该有描述性的标题，以帮助访问者和搜索引擎区分它们。

8.5.9 添加和格式化标题元素

您在页面上插入的两个表包含不同的信息，但没有任何标签或标题。让我们来为它们添加一个标题。<caption> 元素旨在标识 HTML 表格的内容，此元素将作为 <table> 元素本身的子元素插入。

1. 如果有必要，在 Live 视图中打开 **events.html**。确保文档窗口宽度至少为 1200 个像素。
2. 在 Festivals 表格中插入光标，选择 table 标签选择器。

注意 Element Display 的颜色。如果边框为蓝色，您可以跳到第 4 步。

3. 单击 Element Display。

Element Display 的边框变为蓝色。

4. 切换到 Code 视图。

先在 Live 视图中选择表格，Dreamweaver 就能自动地在 Code 视图中高亮显示代码，使其更容易被找到。

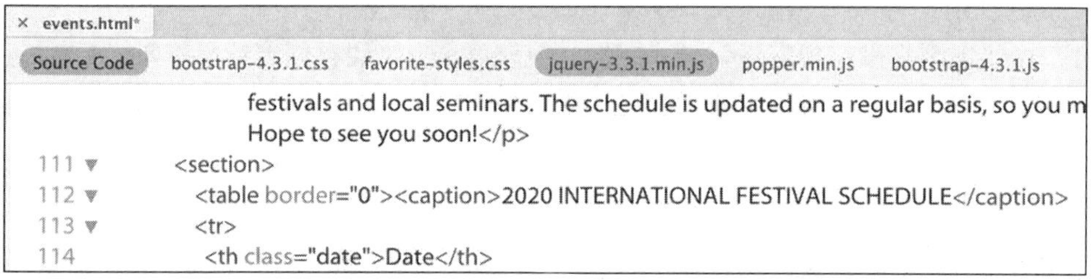

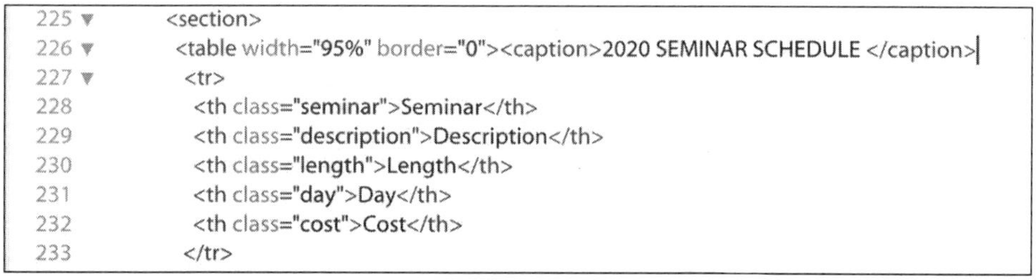

5. 定位 `<table>` 标签开始的位置，在标签后插入光标。
6. 输入 `<caption>`，或从出现的代码提示菜单中选择。
7. 输入 2020 INTERNATIONAL FESTIVAL SCHEDULE，然后输入 `</` 结束该元素，如图 8-80 所示。

图 8-80

8. 对 Seminars 表格重复 2～6 步。输入 2020 SEMINAR SCHEDULE，然后输入 `</` 结束该元素，如图 8-81 所示。

图 8-81

9. 切换到 Live 视图，如图 8-82 所示。 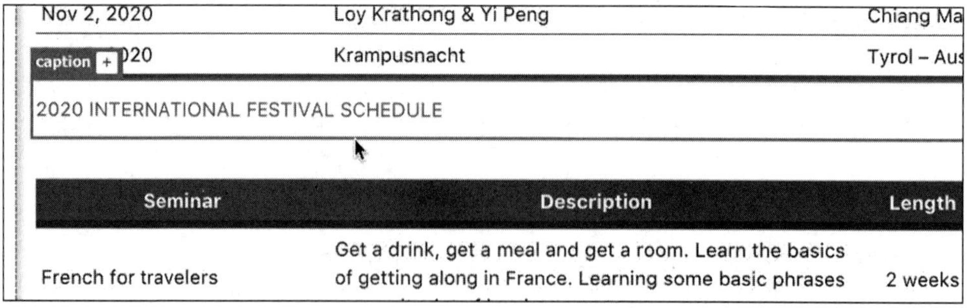

图 8-82

默认标题样式相对较小，也很朴素。在表格的颜色和格式下，可能无法找到标题。让我们用它们的自定义 CSS 规则加强其显示效果。

10. 创建一个新规则：`table caption`。
11. 为 `table caption` 规则创建如下属性，如图 8-83 所示。

```
margin-top: 20px
padding-bottom: 10px
color: #069
font-size: 160%
font-weight: bold
line-height: 1.2em
text-align: center
caption-side: top
```

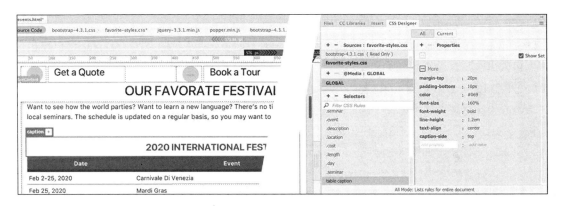

图8-83

现在显示的标题足够大，在每个表格上方显得引人注目。

12. 保存所有文件。

使用 CSS 格式化表和标题可以使它们更容易阅读和理解。你可以随意更改标题的大小和位置，以及其他影响表格的规格。

8.6 网页拼写检查

发布到 Web 上的内容必须准确无误，这一点很重要。Dreamweaver 中带有一个功能强大的拼写检查器，它不仅能够识别经常拼写错误的单词，而且能够为您经常使用的非标准词语创建自定义字典。

1. 如果有必要，打开 **contact-us.html**。
2. 切换到 Design 视图。在标题 CONTACT FAVORITE CITY TOUR 开始处插入光标，选择 Tools > Spell Check（拼写检查）。

 注意：拼写检查器仅在 Design 视图中运行。如果您在 Code 视图或 Live 视图中，该命令将显示为灰色，无法使用。

拼写检查器从光标所在位置开始。如果光标位于页面中较下方的位置，您将不得不重新执行至少一次拼写检查，以检查整个页面。它不会检查在不可编辑的模板区域中锁定的内容。

Check Spelling 对话框将高亮显示单词"Rendel",它是公司 CEO 的名字。您可以单击 Add To Personal(添加到私人)按钮把该单词插入自定义字典中,系统将跳过这次检查期间在其他位置出现的这个名称。

3. 单击 Ignore All(忽略全部)按钮。

Dreamweaver 的拼写检查器高亮显示 Elaine 邮件地址中的名字。

4. 再次单击 Ignore All 按钮。

Dreamweaver 高亮显示电子邮件地址 elaine@FavoriteCityTour.com 中的域名。

5. 单击 Ignore All 按钮。

Dreamweaver 高亮显示 Lainey 的名字。对于您自己公司或网站上的真实人名,您可以单击 Add 按钮,将人名永久性地添加到词典中。

6. 单击 Ignore All 按钮。

Dreamweaver 高亮显示单词 busines,它遗漏了"s"。

7. 要更正拼写错误,在 Suggestions(建议)列表中找到正确拼写的单词(business)并单击 Change 按钮,如图 8-84 所示。

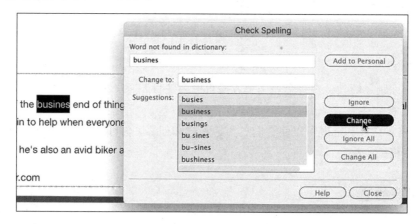

图 8-84

8. 继续检查拼写直到网页结束。

如果有必要,更正所有错误拼写的单词,忽略正确的名称。如果对话框提示您从网页开始处检查,单击 Yes 按钮。Dreamweaver 将从文件开始进行拼写检查,找出任何可能拼写错误的词。

9. 当拼写检查结束时单击 OK 按钮。保存文件。

必须指出的是,拼写检查器只能找出拼写不正确的单词,而无法找出使用不正确的单词。在这种情况下,什么也代替不了对内容的认真阅读。

8.7 查找和替换文本

查找和替换文本的能力是 Dreamweaver 的强大特性之一。与其他软件不同,Dreamweaver 可以在站点中的任意位置查找几乎任何内容,包括文本、代码,以及可以在软件中创建的任何类型的空白（如换行和缩进）。您可以限制只搜索 Design 视图中呈现的文本、底层标签，或者整个标记。

高级用户可以利用称为"正则表达式"的强大模式匹配算法，执行最先进的查找和替换操作。而且，Dreamweaver 更进一步，允许您利用类似数量的文本、代码和空白替换目标文本或代码。

如果您是老版本 Dreamweaver 的用户，就会看到查找和替换功能中有一些显著的变化。

在下面这个练习中，您将学习一些使用"查找和替换"特性的重要技术。

1. 如果有必要，打开 **events.html**。

有多种方式可以指定您想查找的文本或代码，一种方式是简单地在文本框中手动输入它。在 Seminar 表格中，使用了单词 visitor，但 traveler 是更好的选择。由于 visitor 是一个真实的单词，拼写检查器将不会把它标记为一个错误，为您提供改正的机会。因此，您将使用查找和替换功能来执行更改。

2. 如果有必要，切换到 Code 视图。选择 Find（查找）> Replace in Current Document（在当前文件中替换），如图 8-85 所示。

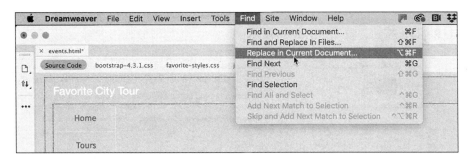

图 8-85

Find And Replace（查找和替换）面板出现在文档窗口底部。如果您之前没有使用过这一功能，Find（查找）字段为空。

3. 在 Find 字段中输入 **visitor**，如图 8-86 所示。

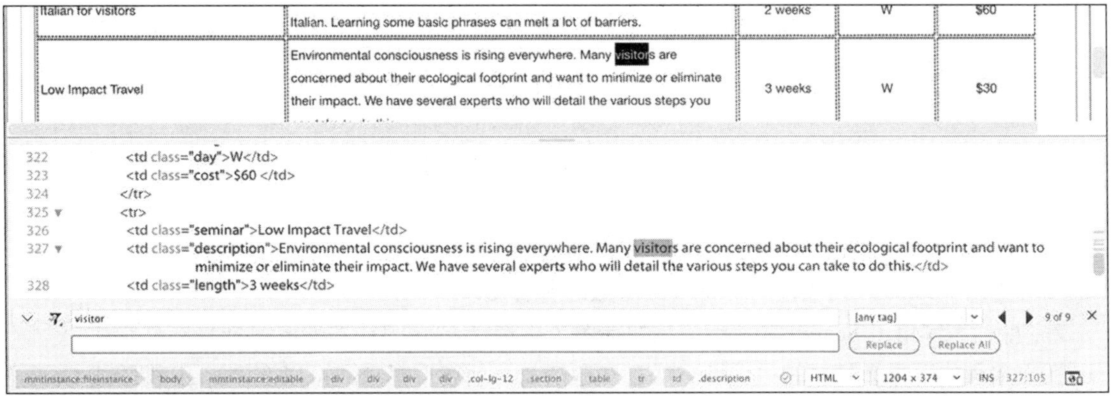

图 8-86

8.7 查找和替换文本

Dreamweaver 找到第一次出现的 visitor，并说明在文档中找到了多少个匹配的词。

4. 在 Replace（替换）字段中输入 **traveler**，如图 8-87 所示。

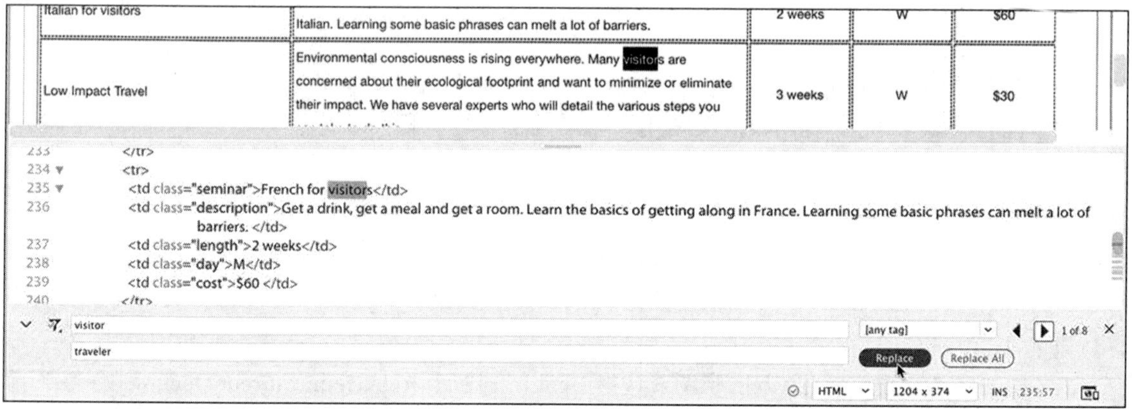

图 8-87

5. 单击 Replace 按钮，效果如图 8-88 所示。

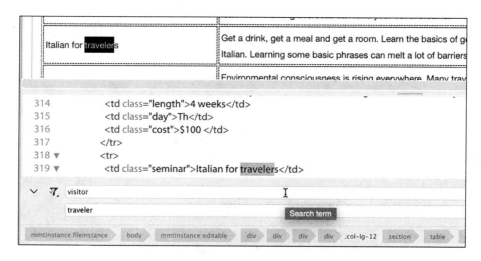

图 8-88

Dreamweaver 将替换 visitor 的第一个实例，并且立即搜索下一个实例。您可以逐个继续替换单词，或者选择替换全部实例。

6. 单击 Replace All（替换全部）按钮，效果如图 8-89 所示。

当您单击 Replace All 按钮时，将列出所做的所有更改。

7. 鼠标右键单击 Search 选项卡，从快捷菜单中选择 Close Tab Group 以恢复屏幕空间。

把文本和代码作为目标的另一种方法是在激活命令前就选择它。可以在 Design 视图或 Code 视图中使用这种方法。

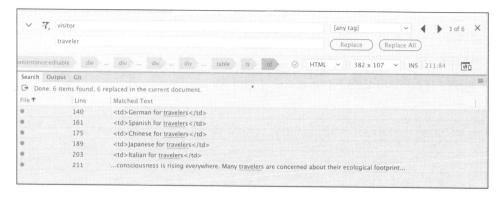

图8-89

超强查找

查找与替换是Dreamweaver中的强大功能之一。它可以将搜索的目标限定为源代码、仅文本、根据大小写,以及整个单词,它还提供了使用正则表达式和忽略空白的功能,比如图8-90的情况。

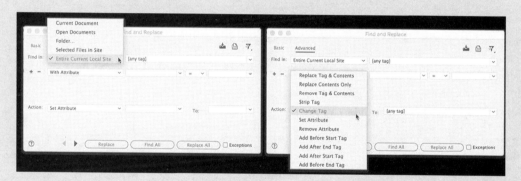

图8-90

8. 在 Code 视图中,找到并选择代码 `<div class="wrapper">`(大约在第105行)。
9. 按 Ctrl+F/Cmd+F 组合键,如图8-91所示。

图8-91

8.7 查找和替换文本

出现 Find And Replace 面板，所选的文本被 Dreamweaver 自动输入 Find 字段中。这种功能适用于小的文本或者代码片段。对于较大的选择内容，您需要使用复制和粘贴。

 注意：Find and Replace 面板显示时通常隐藏 Replace 功能。

10. 选择 Find> Find And Replace In Files，效果如图 8-92 所示。

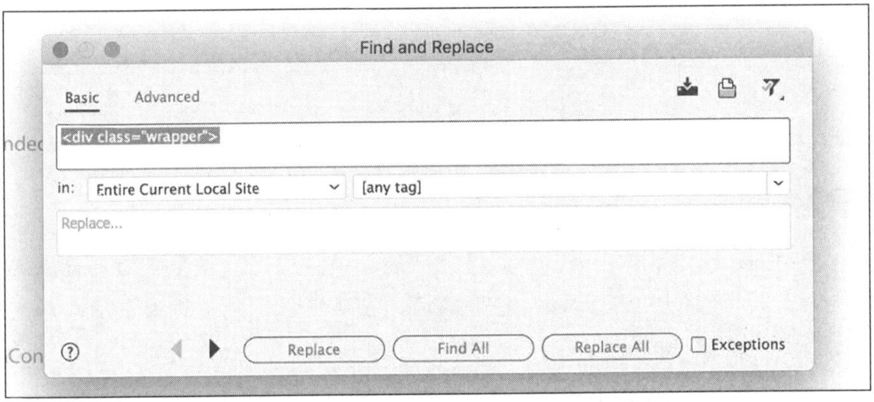

图 8-92

出现 Find And Replace 对话框，所选的文本被自动添加到搜索字段中。注意 in 字段的目标是 Entire Current Local Site（整个当前本地站点）。

11. 单击 Find All（查找全部）按钮，如图 8-93 所示。

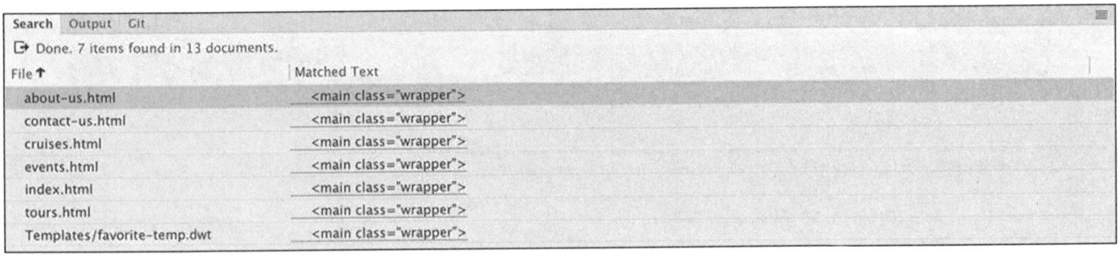

图 8-93

Search 面板出现，显示站点内所有被选中的代码的实例。选择的 `<div>` 元素包含代码的所有主要内容。从语义上说，页面结构应该使用 `<main>` 元素代替。但我们不能仅更改开始标签，而要必须同时更改开始和结束标签。

12. 再次选择 Find> Find And Replace In Files。

出现 Find And Replace 对话框，代码 `<div class="wrapper">` 出现在搜索字段中。Dreamweaver 已经确定了我们需要更改的所有标签实例，但如果您现在尝试替换标签，将简单地更换开始标签。我们必须使用这个对话框的高级功能。

13. 单击 Find And Replace 对话框中的 Advanced（高级）选项卡，如图 8-94 所示。

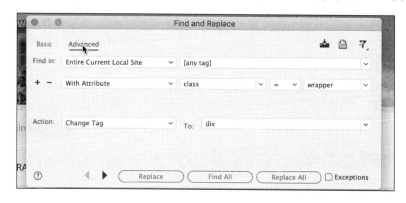

图8-94

Dreamweaver 可能用类名 wrapper 自动填充属性字段。使用尽可能准确的标签是个好主意。

14. 在 Find in（查找位置）字段中，选择下拉列表框中的 `div`。如果必要，从对应的下拉列表框中选择 `With Attribute`（包含属性）和 `class`，在对应下拉列表框中输入 `wrapper`，如图 8-95 所示。

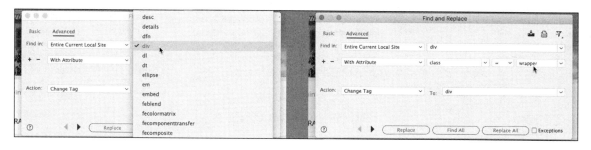

图8-95

接下来，您可以针对要处理的标签。

15. 如果有必要，在 Action（动作）下拉列表框中选择 `Change Tag`（改变标签），从 To（到）下拉列表框中选择 `main`，如图 8-96 所示。

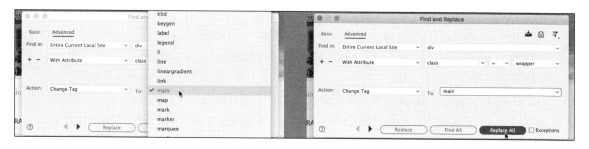

图8-96

8.7 查找和替换文本 **269**

16. 单击 Replace All 按钮。

出现一个无名对话框，提示在任何关闭的文档中，替换操作将无法撤销。

17. 单击 Yes 按钮，如图 8-97 所示。

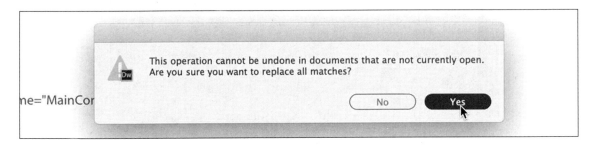

图8-97

Search 面板显示站点中替换的元素列表。列表中应该显示 6 个页面。在找到 `<div class="wrapper">` 的所有文档中，它被替换为 `<main class="wrapper">`，如图 8-98 所示。

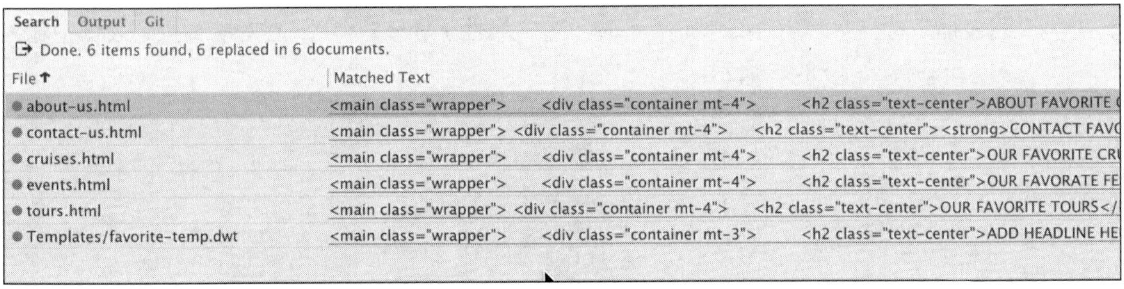

图8-98

18. 鼠标右键单击 Search 选项卡，从快捷菜单中选择 Close Tab Group。

搜索文本和代码时，您已经看到，可以在搜索字段中输入文本，并在激活查找命令之前选择文本。但 Dreamweaver 自动添加到字段中的文本数量有限。对于较大的文本块和代码，Dreamweaver 也允许您复制和粘贴到搜索字段。

19. 在 Code 视图中，插入光标到 Seminars 表格中。选择 `table` 标签选择器。

整个 `<table>` 元素被选中，它代表着将近 100 行的代码。

20. 按 Ctrl+F/Cmd+F 组合键，效果如图 8-99 所示。

出现 Find and Replace 面板，但 Find 字段为空。选择的代码太多，无法使用自动功能。这时使用复制粘贴很方便。

21. 关闭 Find and Replace 面板。按 Ctrl+C/Cmd+C 组合键复制选择的代码。

22. 在 Find 字段中插入光标，按 Ctrl+V/Cmd+V 组合键粘贴选择的代码，如图 8-100 所示。

整个表格标记出现在 Find 字段中。但这一功能并不限于 Find 字段。

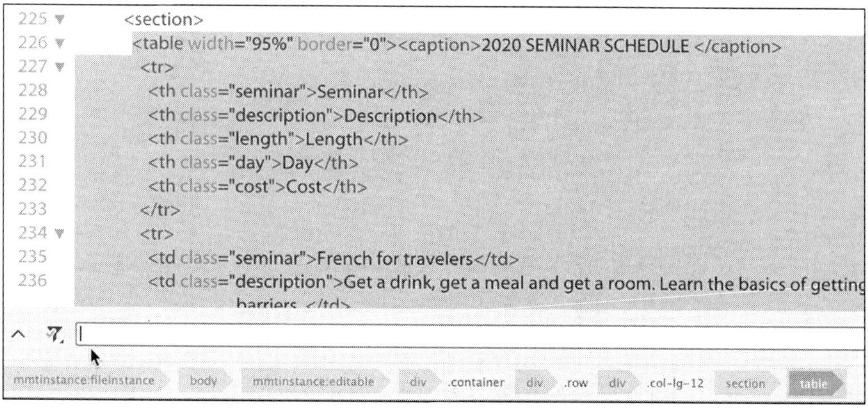

图8-99

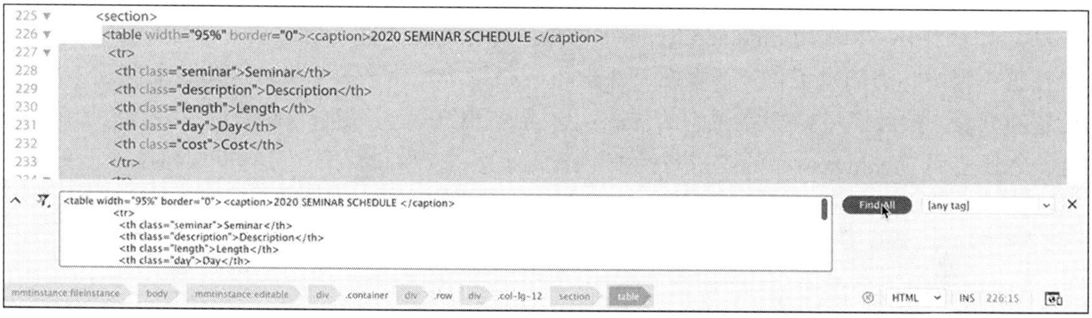

图8-100

23. 单击Show more（显示更多）图标，展开Find and Replace面板，显示Replace字段，如图8-101所示。

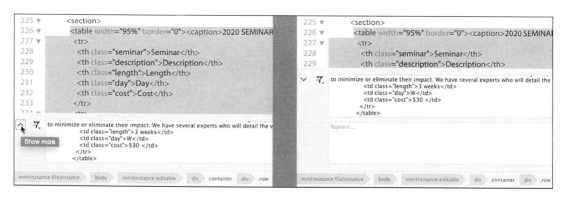

图8-101

24. 在Replace字段中插入光标，按Ctrl+V/Cmd+V组合键粘贴，如图8-102所示。

整个表格标记出现在Replace字段中。如您所见，查找与替换功能可以搜索几乎任何种类的标记或内容，并在站点的任何地方替换它们。

8.7 查找和替换文本

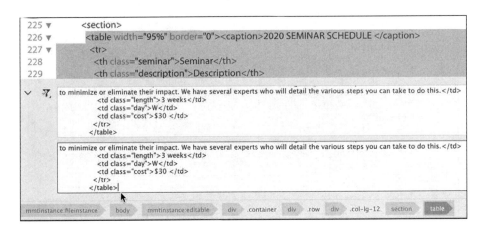

图8-102

25. 如果有必要，关闭 Find and Replace 面板。保存所有文件。

在这一课中，您创建了 4 个新页面，并学习了如何从其他来源中导入文本。您把文本格式化为标题和列表，然后使用 CSS 设置它的样式。您插入和格式化了表格，并给每个表格添加了标题。而且，您还使用 Dreamweaver 的"拼写检查"工具以及"查找和替换"工具审查和校正了文本。

8.8 复习题

1. 解释将段落文本转换成编号列表或者项目列表的方法。
2. 描述两种将 HTML 表格插入网页中的方法。
3. 哪个元素控制表格列的宽度?
4. Dreamweaver 的拼写检查器不会找到哪些项目?
5. 描述 3 种在 Find 字段中插入内容的方式。

8.9 复习题答案

1. 利用鼠标高亮显示文本,并且在 Properties 检查器中单击 Ordered List 按钮。或者单击 Unordered List 按钮,即可将段落文本转换成编号列表或项目列表。
2. 可以复制并粘贴另一个 HTML 文件或者兼容软件中的表格。也可以通过导入定界符分隔文件中的数据来插入表格。
3. 表格列的宽度是由列内最宽的 `<th>` 或 `<td>` 元素控制的。
4. 拼写检查器仅显示拼写错误的单词,而不是使用错误的单词。
5. 可以在 Find 字段中输入文本,在打开面板之前选取文本并且允许 Dreamweaver 插入所选的文本,或者可以复制文本或代码并把它们粘贴到框中。

第9课　处理图像

课程概述

在本课中，您将学习以如下方式在网页中插入和处理图像。

- 将图像插入网页。
- 使用 Photoshop 智能对象。
- 从 Photoshop 复制并粘贴图像。
- 使图像适应不同的设备和屏幕尺寸。
- 使用 Dreamweaver 中的工具来调整图像大小，裁剪和重新采样 Web 兼容图像。

完成本课需要花费大约 2 小时 30 分钟。

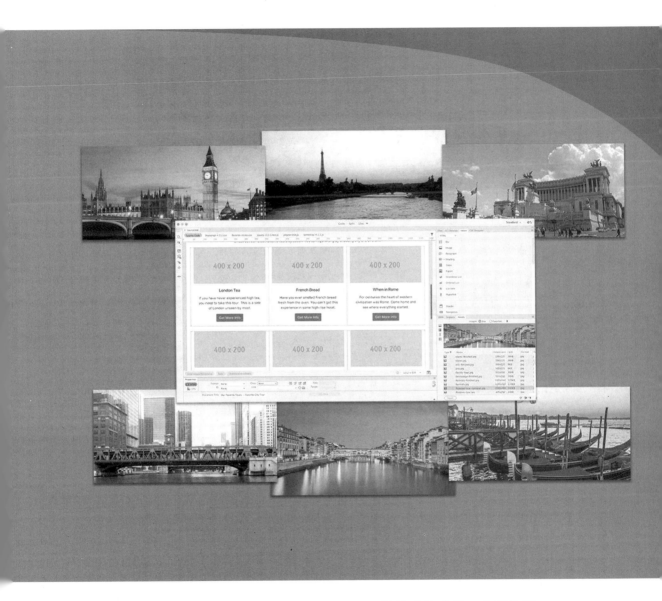

　　Dreamweaver 提供了许多插入和调整图形的手段，可以在 Dreamweaver 自身中处理这些图形，也可以与其他 Adobe Creative Suite（Adobe 创意套件）工具（如 Adobe Fireworks 和 Adobe Photoshop）协同处理它们。

9.1 Web 图像基础知识

Web 带给人们更多的是一种体验。对这种体验必不可少的是大多数网站上充斥的图像和图形（包括静态图像和动画）。在计算机世界中，图形可分为两大类：矢量图形和光栅图形。矢量图形（左）擅长表现线条艺术、图纸和标志，光栅图形（右）更适合保存照片图像，如图 9-1 所示。

图9-1

9.1.1 矢量图形

矢量图形是通过数学公式计算创建的。它们表现得就像离散的对象一样，可以根据需要任意次地重新定位和调整它们的大小，而不会影响或降低它们的输出品质。矢量艺术品的最佳应用是在任何需要使用几何形状和文本创建艺术效果的地方。例如，大多数的公司标志是通过矢量图形创建的。

矢量图形通常以 AI、EPS、PICT 或 WMF 文件格式存储。但是大多数 Web 浏览器不支持这些格式。它们所支持的格式是 SVG(可伸缩矢量图形)。将其他矢量图形的格式转化为 SVG 格式的一种简单方式是在您最喜爱的矢量绘图软件（如 Adobe Illustrator 或 CorelDRAW）中创建一幅图形，然后把它导出为这种格式。如果您擅长编程，可能希望尝试使用 XML（可扩展标记语言）来自己创建 SVG。

9.1.2 光栅图形

尽管 SVG 格式具有明显的优势，但是 Web 设计师在他们的网页中主要使用的仍然是基于光栅的图像。光栅图像是通过像素创建的，像素代表图片元素，它具有以下 3 个基本的特征。

- 形状是精确的正方形。
- 都具有相同的大小。
- 一次只显示一种颜色。

基于光栅的图像通常由数千种甚至数百万种不同的像素组成，它们以行和列编排，形成图案，产生真实照片、绘画或者图纸的幻觉。它是一种幻觉，因为屏幕上没有真实的照片，而只是一串像素。并且，随着图像的品质提高，幻觉将变得更加逼真。光栅图像的品质基于 3 个因素：分辨率、尺寸和颜色。在图 9-2 中，嵌入的图像展示了花朵放大的效果，揭示了组成图像本身的像素。

图9-2

1. 分辨率

分辨率是影响光栅图像品质的最主要因素。它是以每英寸（1 英寸 ≈ 2.54 厘米）中的像素数量（ppi）来度量图像品质。每英寸中放入的像素越多，图像就可以描绘越多的细节。但是更好的品质要付出相应的代价，更高分辨率的副作用就是更大的文件尺寸。这是因为每个像素都必须以图像文件内字节信息的形式存储，用计算机的术语来讲，就是具有真实开销的信息。更多的像素意味着更多的信息，也意味着更大的文件。

 注意：打印机和印刷机使用"圆点"创建照片图像。打印机上的品质是以每英寸中的点数（dpi）来度量的。把计算机中使用的正方形像素转换成打印机上使用的圆点像素的过程称为网屏。

分辨率对图像输出有显著的影响。在图 9-3 中，左侧的 Web 图像在浏览器中看起来不错，但是打印时没有足够好的质量。

72 ppi   300 ppi

图9-3

幸运的是，Web 图像只需要在计算机屏幕上显示出最佳效果，这些设备主要基于 72 ppi 的分辨率，比其他应用（如印刷）要低一些，在其他应用中，300 ppi 被认为是可接受的最低品质。计算机屏幕的较低分辨率是使大多数 Web 图像文件保持合理大小、便于从互联网上下载的重要因素。

2．尺寸

尺寸指图像的垂直和水平维度。当图像增大时，创建它就需要更多的像素，因此文件也会变得更大。由于图形比 HTML 代码需要更长的下载时间，近年来许多设计师利用 CSS 格式化效果代替了图形成分，以便访问者得到更快速的 Web 体验。但是如果需要或者希望在 Web 上使用图像，则确保快速下载的一种方法是使图像保持较小的尺寸。即使在高速互联网服务大量涌现的今天，许多网站仍然避免使用全页面图形，不过这一切也正在改变。在图 9-4 中，虽然这两个图像的分辨率和 Bit depth（色深）相同，但是您可以看到图像尺寸对文件大小的影响。

图9-4

3．颜色

颜色指描述每幅图像的颜色空间或调色板。大多数计算机屏幕只能显示人眼看到的一小部分颜色。并且，不同的计算机和应用程序将显示不同级别的颜色，这通过术语 Bit depth 表达。单色或 1 位的颜色是最小的空间，只显示黑色和白色，并且没有灰度。单色图像主要用于线稿插图、蓝图，以及书法或者签字的重现。

4 位颜色空间描述最多 16 种颜色。可以通过称为抖动（Dithering）的过程模拟额外的颜色，在这种过程中，可用颜色散置和并置，以产生更多颜色的错觉。这种颜色空间是为最早的彩色计算机系统和游戏控制台创建的。由于其局限性，今天这种调色板已经很少使用了。

8 位颜色空间提供了最多 256 种颜色或者 256 种灰度。这是所有计算机、移动电话、游戏系统和手持式设备的基本颜色系统。这种颜色空间还包括所谓的 Web 安全颜色空间。Web 安全是指在 Windows 和 macOS 计算机上同时被支持的 8 位颜色的子集。大多数计算机、游戏控制台和手持式设备支持更高级的颜色空间，8 位颜色空间已经没那么重要了。除非您需要支持非计算机设备，否则可以完全忽略 Web 安全颜色空间。

今天只有少数较老的智能电话和手持式游戏设备支持 16 位的颜色空间。这种调色板称为高色彩，共包含 65000 种颜色。尽管这听起来好像很多，但是人们认为 16 位颜色空间并不足以支持大多数图形设计或者专业印刷。

最高的颜色空间是 24 位颜色，它被称为真彩色。这种系统可以生成最多 1670 万种颜色，是图形设计和专业印刷的金标准。几年前，又加入了一种新的颜色空间：32 位颜色。它没有提供任何额外的颜色，而是为一个称作 Alpha 透明度的属性提供了额外的 8 位。

Alpha 透明度使您可以将图形的某些部分指定为完全或部分透明，这种技巧可以创建似乎具有圆角或曲线的图形，甚至可以消除光栅图形特有的白色边界框。在图 9-5 中，您可以看到 3 种颜色空间的显著对比，以及总可用颜色数对图像质量的意义。

24位颜色　　　　　　　　8位颜色　　　　　　　　4位颜色

图9-5

与分辨率和尺寸一样，颜色深度可能显著影响图像文件大小。在所有其他方面都相同的情况下，8 位图像比单色图像大 7 倍，24 位图像比 8 位图像大 3 倍。在网站上有效使用图像的关键是在分辨率、尺寸和颜色之间找到一种平衡，以实现想要的最佳品质。

对图像进行优化是必不可少的，尽管越来越多的人拥有智能手机和平板电脑，但全世界仍有数以百万计的人无法高速访问互联网。

9.1.3 光栅图像文件格式

光栅图像可以存储在多种文件格式中，但是 Web 设计师只关注其中的 3 种：GIF、JPEG 和 PNG。这 3 种格式都为互联网使用做了优化，并且与大多数浏览器兼容。不过，它们具有不同的能力。

1. GIF

GIF（Graphics Interchange Format，图形交换格式）是较早的 Web 专用光栅图像文件格式之一。它在最近 30 年只做了少许改变。GIF 支持最多 256 种颜色（8 位颜色空间）和 72 ppi 分辨率，因此它主要用于 Web 界面（如按钮和图形边框等）。但是它确实具有两个有趣的特性：索引透明度和对简单动画的支持。这使之仍然适合于今天的 Web 设计。

2. JPEG

JPEG 也写成 JPG，因 Joint Photographic Experts Group（联合图像专家组）而得名，该小组于

1992 年创建了这个图像标准，作为对 GIF 文件格式局限性的直接反应。JPEG 是一种功能强大的格式，支持无限的分辨率、图像尺寸和颜色深度。因此，数码相机使用 JPEG 作为图像存储的默认文件类型。这也是大多数设计师在网站上对必须以高品质显示的图像使用 JPEG 格式的原因。

对您来说，这听起来可能有些奇怪，如前所述，高品质通常意味着较大的文件尺寸，较大的文件需要较长的时间才能下载到您的浏览器上。那么，为什么这种格式在 Web 上如此流行呢？JPEG 的主要成就在于其受专利保护的用户可选择图像压缩算法，这种算法可以把文件尺寸减小。JPEG 图像在每次保存时都会进行压缩，然后在打开并显示它们之前进行解压缩。

但是所有这些压缩都有缺点。过大的压缩有损图像品质。这种类型的压缩称为有损压缩，因为每次压缩都会使图像品质受损。事实上，图像质量的损失可能很大，以至于图像可能完全无法使用。每当设计师保存 JPEG 格式的图像时，他们都将面临图像品质与文件尺寸的妥协问题。在图 9-6 中，您可以看到不同压缩率对文件尺寸和图像质量的影响。

低质量高压缩率　　　　　中等质量中等压缩率　　　　高质量低压缩率
130K　　　　　　　　　　150K　　　　　　　　　　260K

图9-6

3. PNG

由于 GIF 格式专利权纠纷迫在眉睫，1995 年开发了 PNG(Portable Network Graphic，便携式网络图形）格式。当时，看起来好像设计师和开发人员将不得不为使用 ".gif" 文件扩展名支付专利权使用费。尽管这个问题逐渐被淡忘了，PNG 还是凭借其能力而找到了许多追随者，并且在互联网上占有了一席之地。

PNG 结合了 GIF 和 JPEG 的许多特性，并添加了几种自有特性。例如，它提供了对无限分辨率、32 位颜色，以及全部 Alpha 透明度的支持。PNG 还提供了无损压缩，这意味着可以用 PNG 格式保存图像，而不必担心每次打开和保存文件时会损失任何品质。

PNG 的唯一缺点是，它最重要的特性——Alpha 透明度，在较老的浏览器中仍然没有得到完全支持。幸运的是，随着这些浏览器逐渐被淘汰，这个问题已经不是大多数 Web 设计师关注的焦点了。

但是，与 Web 上的一切事物一样，您自己的需求可能不同于总体趋势。在使用任何特定的技术之前，检查您的站点分析数据，并确认您网站的访问者实际上正在使用哪些浏览器总是有好处的。

9.2 预览完成的文件

为了让您了解您将在本课中处理的文件,让我们先在浏览器中预览已完成的页面。

 注意:如果您还没有把用于本课的文件复制到您的计算机上,那么现在一定要这样做。参见本书开头的前言中的相关内容。

1. 启动 Adobe Dreamweaver(2020 版)。
2. 按照本书开头的前言部分,为 lesson09 文件夹定义新站点。将新站点命名为 **lesson09**。
3. 打开 lesson09/finished-files 文件夹中的 **contactus-finished.html**,如图 9-7 所示。

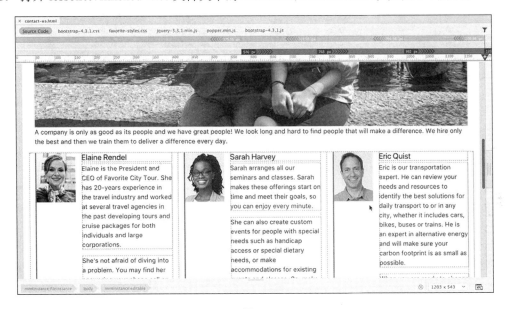

图9-7

该页面包含多个图像,以及一个 Photoshop 智能对象。

4. 打开 lesson09/finished-files 文件夹中的 **aboutus-finished.html**,如图 9-8 所示。

About Us 页面包含一幅自动适应屏幕大小的图片。

5. 向左拖动滑动条,改变文档窗口的宽度。

注意,文本区域的图像大小随布局等比例变化。

6. 打开 **tours-finished.html**,观察图像轮播。

图像轮播显示一幅从右向左移动的大尺寸图片。暂停片刻后,另一幅画面滑入屏幕。注意每幅图像的标题和文本。

7. 关闭所有示例文件。

在下面的练习中,您将用多种技巧将这些图像插入页面,并格式化它们,使之能在任何屏幕上正常显示。

图9-8

9.3 插入图像

无论是为了引起访问者的视觉兴趣还是讲述故事,图像都是任何网页上的关键成分。Dreamweaver 提供了多种方式来填充图像:使用内置命令,或者使用其他 Adobe 应用程序的复制和粘贴功能。

 注意:在 Dreamweaver 中使用图像时,应确保您的网站默认图像文件夹是根据本书开头的前言部分中的说明进行设置的。

1. 在 Files 面板中,打开 **contact-us.html**,选择 Live 视图。确保文档窗口的宽度至少为 1200 个像素。

这个网页的布局包括 6 名 Favorite City Tour 员工的基本资料,每份资料包括一个图像占位符。您可能已经注意到占位符上显示的数字 100 像素 × 125 像素,这表示占位符和替换图像的大小。在大部分情况下,您将在放置图像之前改动其尺寸和重新采样。如果不能这么做,Dreamweaver 也有能力自行调整图像尺寸和质量。

当布局需要使用占位图像时,替换它们的最简单方法是使用 Properties 检查器。

2. 如果有必要,选择 Window> Properties,显示 Properties 检查器。

将其停靠在文档窗口底部。

3. 选择 Elaine 个人资料的图像占位符,如图 9-9 所示。

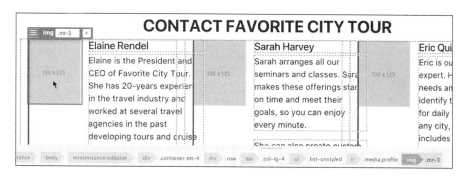

图9-9

Element Display 出现，焦点在 img 元素上，注意应用到它的 .mr-3 类。Properties 检查器显示图像元素的属性。

> **提示：** 确认指定给某个元素的所有 Class 或 ID 总是个好主意。这样就更容易在元素发生任何情况时重建其结构和样式。

在 HTML 中，图像并不会真的出现在代码中，而是由 <img> 元素引用 Web 服务器上或者互联网上的某个图像文件。然后，浏览器找到该文件并在页面中显示。Properties 检查器可以确定指定的图像源文件并指定新文件。

4. 检查 Properties 检查器中的 Src 字段，如图 9-10 所示。

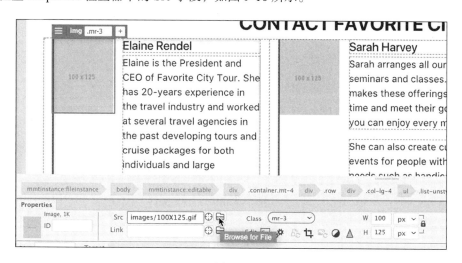

图9-10

Src 字段值为 images/100×125.gif，这是占位图像的名称与位置。您可以使用这个字段加载 Elaine 的图像。

5. 单击 Src 字段右侧的 Browse for File（浏览文件）按钮，打开文件列表，如图 9-11 所示。

9.3 插入图像 **283**

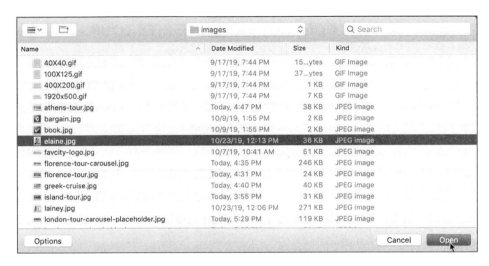

图9-11

6. 选择 **elaine.jpg** 并单击 OK/Open 按钮。

Elaine 的照片出现在 `<img>` 元素上,如图 9-12 所示。

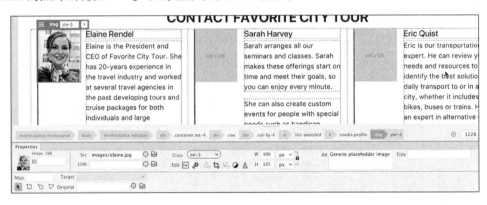

图9-12

Alt(替换)字段提供关于图片的描述性元数据。在某些浏览器中,如果图像不能正常加载,或者有视觉障碍者访问,可以看见替换文本。您应该始终为图像添加替换文本。

7. 在 Properties 检查器的 Alt 字段中,输入 **Elaine, Favorite City Tour President and CEO** 作为替换文本,如图 9-13 所示。

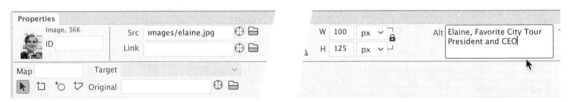

图9-13

图片标题属性类似于替换文本，它提供了关于图片的附加信息。搜索引擎在结果排名中不使用它，但填写这个属性也是个好主意。

8. 在 Properties 检查器中的 Title 字段中，输入 **Elaine, Favorite City Tour President and CEO**，如图 9-14 所示。

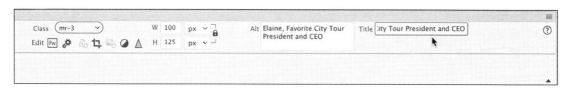

图9-14

 注意：在大部分浏览器中，当您将鼠标指针放在图片上时，Title 字段的内容该将以工具提示的形式显示。

9. 选择 File> Save。

Design 视图提供了一种处理占位图像的更简便的方法。

9.4 在 Design 视图中插入图像

Dreamweaver 提供了多种插入图像的方法。当布局中有占位或现有图像时，Design 视图提供了替换它们的简单方法。

1. 切换到 Design 视图。

Design 视图中不支持 Bootstrap 样式，因此布局看起来完全不同。您首先注意到的是，卡片元素出现的顺序与 Live 视图中不同。

2. 向下滚动，找到 Sarah 的占位图像，如图 9-15 所示。

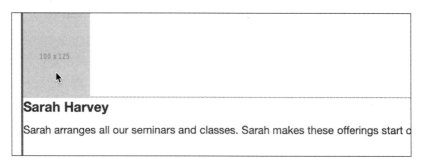

图9-15

Sarah 是这个段落中的第三项。

您可以使用 Properties 检查器，像之前一样替换这个占位符，但 Design 视图相比 Live 视图有一些优势。

3. 双击占位符。

打开一个文件窗口。

4. 选择 lesson09/images 文件夹中的 **sarah.jpg**，单击 OK/Open 按钮。

Sarah 的照片出现在 <img> 元素中。

5. 在 Properties 检查器的 Alt 字段和 Title 字段中均输入 **Sarah, Favorite City Tour Events Coordinator placeholder image**，如图 9-16 所示。

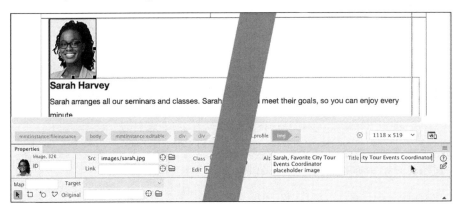

图9-16

Sarah 的照片插入完成了。

6. 双击 Eric 的占位符。

7. 从 lesson09/images 文件夹选择 **eric.jpg**，单击 OK/Open 按钮。

Eric 的照片替代了占位符。

8. 在 Properties 检查器的 Alt 字段和 Title 字段中均输入 **Eric Quist, Transportation Research Coordinator**，如图 9-17 所示。

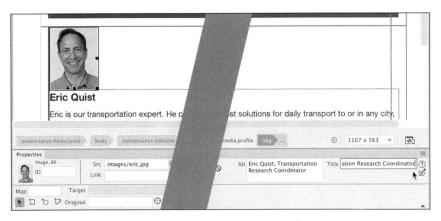

图9-17

Eric 的照片完成了。

9. 保存文件。

有时候，您得到的图像不是事先为特定布局准备的。Dreamweaver 提供了整套工具，您可以用它们改造图像，使其几乎适应任何目的。

9.5 用 Properties 检查器优化图像

经过优化的 Web 图像可以在图像品质与文件尺寸之间达到一种平衡。有时您可能需要优化已经放置到页面上的图形。Dreamweaver 具有一些内置特性，可以帮助您在保持图像品质的同时实现尽可能小的文件尺寸。在下面这个练习中，您将使用 Dreamweaver 中的一些工具缩放、优化和裁剪 Web 图像。

1. 如果有必要，在 Live 视图中打开 **contact-us.html** 或者切换到该文件。

   滚动到 Lainey 的占位符。

2. 双击占位符。

3. 选择 **lainey.jpg** 并单击 Open 按钮，效果如图 9-18 所示。

图9-18

这幅图像太大。此时可以对图像进行一些大小调整和裁剪。Dreamweaver 的内置工具只能在 Design 视图中工作。

4. 观察 Properties 检查器，如图 9-19 所示。

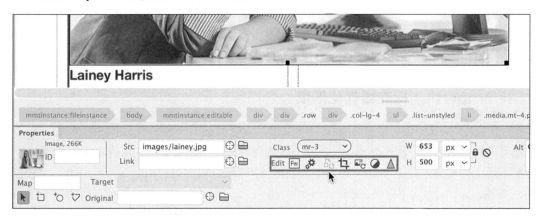

图9-19

每当选择图像时，图像编辑工具都会显示在 Properties 检查器的 Class 下拉列表框下方。这些工具允许您在 Photoshop 或 Adobe Fireworks 中编辑图像，或者调整多个不同设置。有关每个工具的说明，请参阅本课末尾的 "Dreamweaver 的图形工具" 补充材料。

在 Dreamweaver 中可以用两种方法减小图像的尺寸。其中一种方法是通过裁剪用户定义的尺寸，临时更改图像的大小。

5. 单击 Crop（裁剪）按钮 ▯。

出现一个无名对话框，提示您将要做的更改将永久改变图像，但您可以撤销这些更改。

> **Dw 注意**：撤销操作在您保存或关闭文件之前均有效。

6. 单击 OK 按钮，如图 9-20 所示。

图9-20

图像上出现一个裁剪框。

288　第9课　处理图像

7. 改变裁剪框的大小，保留 Lainey 的面部，使其类似于其他两张图片的构成，如图 9-21 所示。

图9-21

当您改变图片大小时，裁剪后的图片尺寸会出现在 Properties 检查器中。这个尺寸很少能完全符合您的需求。在大部分情况下，需要多尝试几次。

8. 按 Enter/Return 键完成初步裁剪。

图片过大的部分现在已被删除，但图片的尺寸仍然不正确。下一步是改变图像大小，以便其中一个维度与所需的 100×125 像素相符。

9. 在 H（高）字段中输入 **125** 并按 Enter/Return 键。

图片的高度现在为 125 个像素。这一更改是暂时的，最终结果由尺寸字段旁边出现的两个按钮决定。单击 Reset To Original Size（重置为原始大小）按钮⊘将把尺寸重置为之前的大小。单击 Commit Image Size（提交图像大小）按钮✔将永久更改尺寸。

10. 单击 Commit Image Size 按钮✔，如图 9-22 所示。

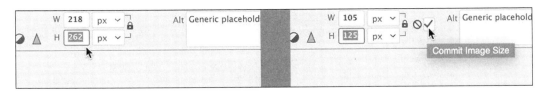

图9-22

出现一个对话框，告诉您对图像大小的更改将是永久的。

11. 单击 OK 按钮。

图像的高度现在正确了，但宽度仍然超出。为了实现您需要的准确尺寸，必须再次使用裁剪工具，如图 9-23 所示。

12. 单击 Crop 图标⌷。

出现一个对话框，告诉您对图像尺寸的更改将是永久性的。该对话框提供永久忽略警告的复

9.5 用Properties检查器优化图像 **289**

选框。如果您不希望每次都看到提醒，可以选中这个复选框。

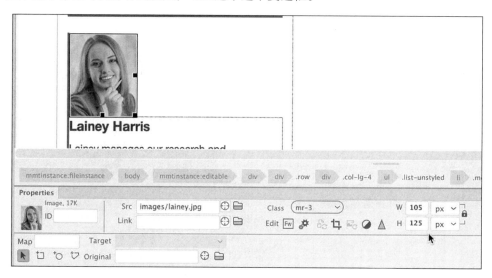

图9-23

13. 单击 OK 按钮。

图 9-24 上出现裁剪框。这一次，您将仅使用 Properties 检查器中的尺寸字段调整图片大小。

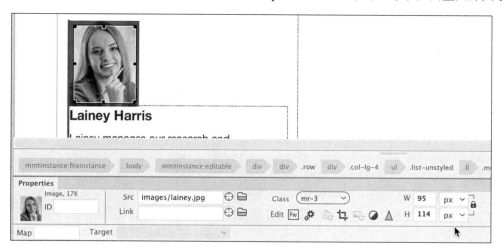

图9-24

14. 在 W 字段中输入 **100**，在 H 字段中输入 **125**，按 Enter/Return 键提交更改。

如果字段中出现的两个尺寸都正常，跳到第 17 步。否则，您可能发现无法输入高度尺寸。那是因为出现裁剪框时，它偏离了图像边缘，可能没有足够空间设置高度。手工添加尺寸时，裁剪框只能从底部和右侧更改。

15. 使用鼠标指针，将裁剪框拖到图片顶部。

移动裁剪框后，底部就有足够的空间，可以输入需要的高度。

16. 再次在 H 字段中输入 **125** 并按 Enter/Return 键提交更改。

H 字段现在遵守输入的高度。

17. 双击图片以提交更改。

Lainey 的照片现在已经裁剪为合适的尺寸。让我们为其添加替换和标题文本。

18. 如果有必要，选择 Lainey 的照片。

19. 在 Properties 检查器中的 Alt 和 Title 字段中均输入 **Lainey Harris, Research and Development Coordinator**。

Lainey 的照片完成。

20. 保存文件。

到现在为止，您插入的只是 Web 兼容的图像格式。但是 Dreamweaver 并不限于 GIF、JPEG 和 PNG 这几种文件类型，它也可以处理其他文件类型。在下一个练习中，您将学习如何在网页中插入 Photoshop 文档（PSD）。

9.6 插入非 Web 文件类型

尽管大多数浏览器只能显示前述的 Web 兼容图像格式，但是 Dreamweaver 还允许使用其他格式，然后，软件将即时把文件自动转换成兼容的格式。

1. 如果有必要，在 Design 视图中打开 **contact-us.html**。
2. 双击 Margaret 的占位图片，从 lesson09/resources 文件夹中选择 **margaret.psd**，如图 9-25 所示。

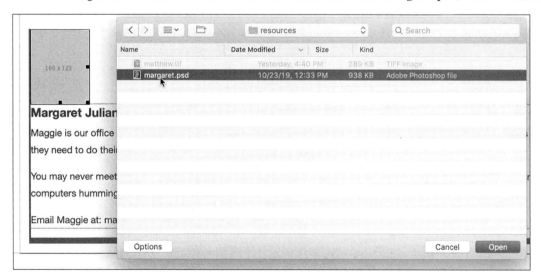

图9-25

3. 单击 OK/Open 按钮插入图片。

Image Optimization（图像优化）对话框出现，它作为一个中介，允许您指定转换图像的方式和格式。

4. 观察 Preset（预置）和 Format（格式）下拉列表框中的选项。

Preset 下拉列表框中有 6 个 Web 图像预定选项。

Format 下拉列表框允许您从 5 个选项中指定自己的自定义设置：PNG 32、PNG 24、PNG 8、JPEG、GIF。

从 Preset 下拉列表框中选择 JPEG High for Maximum Compatibility（高清 JPEG 以实现最大兼容性），从 Format 下拉列表框中选择 JPEG，如图 9-26 所示。

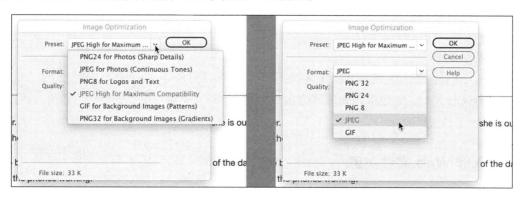

图9-26

5. 注意 Quality（品质）的设置。

 注意：Image Optimization 对话框的底部将显示最终图像文件的大小，目标是尽可能将每个图像尺寸缩小到 50KB 以下。

 注意：通过这种方式转换图像时，Dreamweaver 通常将转换后的图像保存到网站的默认图像文件夹中。当插入的图像与网络兼容时，情况并非如此。因此，在插入图像之前，您应该了解其在网站中的当前位置，并在必要时将其移动到合适的文件夹。

通过 Quality 设置可以产生具有适度压缩率的高质量图像。如果降低质量设置，则会自动提高压缩级别并减小文件尺寸；提高质量设置将产生相反效果。有效设计的秘诀是选择质量和压缩之间的良好平衡。JPEG High（高清 JPEG）预设的默认设置为"80"，这对您的目的是足够的。

6. 单击 OK 按钮转换图像。

显示一个文件对话框，并在 Save As 字段中输入了名称 margaret。Dreamweaver 会自动将".jpg"扩展名添加到文件中。确保将文件保存到默认站点图像文件夹。如果 Dreamweaver 不自动指向此文件夹，请在保存文件之前浏览到该文件夹，如图 9-27 所示。

7. 单击 Save 按钮。

文件对话框关闭。布局中的图像现在链接到保存在默认图像文件夹中的 JPEG 文件。

8. 在 Properties 检查器的 Alt 字段中输入 **Margaret Julian, Office Manager**。

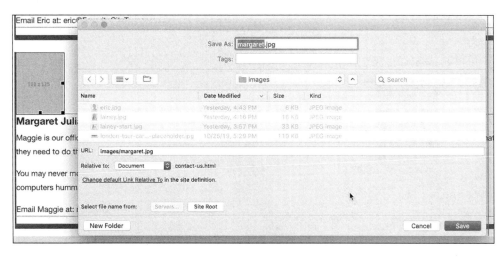

图9-27

> **Dw** 提示：Element Display 和 Properties 检查器都可以用于输入替换字段。

图像出现在 Dreamweaver 的光标位置。图像已被重新采样为 72 ppi，但仍然显示原始尺寸，因此它大于布局中的其他图像。您可以在 Properties 检查器中调整图像的大小。

9. 如果有必要，单击 Toggle Size Constrain（切换尺寸约束）按钮 🔒，显示关闭的锁。
10. 更改 W 值为 **100**，并按 Enter/Return 键，如图 9-28 所示。

> **Dw** 注意：每当您更改 HTML 或 CSS 属性时，可能都需要按 Enter/Return 键完成修改。

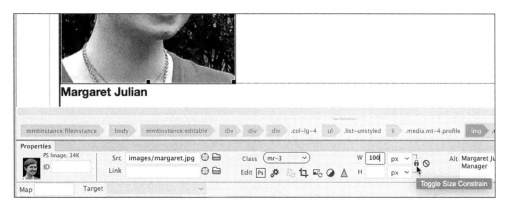

图9-28

当 Toggle Size Constrain 按钮显示被选中时，宽度和高度之间的关系受到限制，并且两者彼此成比例地变化：更改一个，则两者都会一起变化。图像尺寸的更改只是暂时的，最终结果由 Reset

9.6 插入非Web文件类型

To Original Size 和 Commit Image Size 按钮决定。换句话说，HTML 属性将图像的大小指定为 100 像素 ×125 像素，但是 JPEG 文件仍然保存的是 300 像素 ×375 像素，在长和宽方向上都是所需的 3 倍。

11. 单击 Commit Image Size 按钮✔，如图 9-29 所示。

图9-29

图像的大小现在永久性地变为 100 像素 ×125 像素。

在 Live 视图中，您可以在图片左上角看到一个图标，如图 9-30 所示，表示该图像是一个 Photoshop 智能对象。

图9-30

 注意：有时候您可能会发现，Dreamweaver 中的比例不正确。如果最终的尺寸不是 100 像素 ×125 像素，可以单击 Toggle Size Constrain 按钮手工设置。

与其他图像不同，只要智能对象保存在插入时的同一个文件夹、可供 Dreamweaver 访问，它就保持着与原始 PSD 文件的联系。如果以任何方式改变了 PSD 文件并且保存它，Dreamweaver 就会识别这些改变，并提供用于更新布局中使用的 Web 图像的手段。

12. 保存文件。

正确的大小和错误的大小

在最新的移动设备出现之前，决定用于网页图像的大小和分辨率是非常简单的。选择特定的宽度和高度，并将图像保存为72ppi，这就是您需要做的所有事情。

但是今天，Web设计师希望无论访问者想要使用什么类型或大小的设备，他们的网站都能很好地运行。许多新型手机和平板设备的分辨率已经超出300ppi。所以只需要选择一种大小和分辨率的日子可能一去不复返了。但是，解决方法是什么呢？目前还没有一个完美的解决方案。

想法之一是插入一个更大或更高分辨率的图像，并使用CSS调整大小。这使图像在高分辨率屏幕（如苹果的Retina显示屏）上更清晰地显示。这种方法的缺点是，较低分辨率的设备在下载比实际需求更大的图像时可能会出现卡顿的情况。这不仅会导致页面的加载速度减慢，而且可能会给智能手机用户造成更高的数据流量费用。

另一种想法是提供为不同设备和分辨率优化的多个图像，并在必要时用JavaScript加载对应的图像。但是，许多用户反对使用脚本加载图像等基本资源。其他人则希望有一种标准化的解决方案。

因此，W3C正致力于一种技术，使用名为<picture>的新元素，完全不需要JavaScript。使用这个新元素，您可以选择多个图像，声明它们的使用方式，然后由浏览器加载对应的图像。但是这个元素太新颖，Dreamweaver还不支持它，也没有多少浏览器知道它是什么。

实现图像的响应式工作流超出了本课程的范围，但是您应该关注这一趋势，为实现发展出来的新解决方案做准备。

9.7 处理 Photoshop 智能对象（可选）

 注意： 下面的练习只有在计算机上安装了 Photoshop 和 Dreamweaver 才能进行。

Dreamweaver 与 Photoshop 图像有特殊而密切的联系。它维持着与原始图像的交互式联系，可以在图像被修改时通知您。在这个练习中，您将学习如何更新布局中使用的 Photoshop 智能对象。

1. 如果有必要，在 Design 视图中打开 **contact-us.html**。向下滚动到图片 **margaret.jpg**。
2. 观察图像左上角的图标。

图标表示图像是智能对象，仅在 Dreamweaver 本身中显示。访问者在浏览器中看到的是正常图像，就像在 Live 视图中看到的那样。如果要编辑或优化图像，可以用鼠标右键单击图像，然后从快捷菜单中选择适当的选项。

为了对图像执行实质性的更改，您不得不在 Photoshop 中打开它（如果您没有安装 Photoshop，则可以把 lesson09/resources/smartobject/**margaret.psd** 复制到 lesson09/resources 文件夹中，替换原始图像，然后跳到第 7 步）。在这个练习中，您将使用 Photoshop 编辑图像背景。

3. 用鼠标右键单击 **margaret.jpg** 图像。选择快捷菜单中的 Edit Original With（原始文件编辑方式）> Adobe Photoshop 2020，如图 9-31 所示。

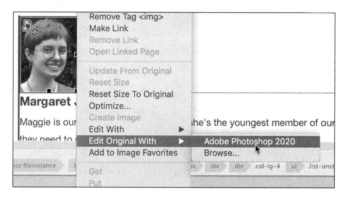

图9-31

> **注意**：出现在菜单中的应用名称可能不同，这取决于您的操作系统和拥有的 Photoshop 版本。如果没有安装任何版本的 Photoshop，可能没有任何程序列出。

Photoshop 启动（如果它已经安装在您的计算机上）并自动加载该文件，如图 9-32 所示。

图9-32

4. 如果有必要，在 Photoshop 中，选择 Window > Layers（图层）显示 Layers 面板。观察现有图层的名称和状态。

这个图像有两个图层：Margaret 和 New Background。New Background 处于关闭状态。

5. 单击 New Background 图层的眼睛图标👁，显示其内容，如图 9-33 所示。

 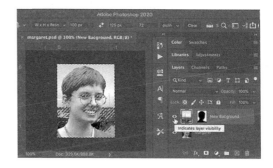

图9-33

图像背景改变，显示一个海港的景色。

6. 保存 Photoshop 文件。
7. 切回 Dreamweaver，将鼠标指针放在智能对象图标上。

出现一个工具提示，表示原始图像已经被修改。您没有必要在这个时候更新图像，可以将过期的图像留在布局中任意长的时间。只要它还在布局里，Dreamweaver 就将继续监控其状态。但是对于本练习，我们将更新图像。

8. 用鼠标右键单击图像，从快捷菜单中选择 Update From Original（从源文件更新），如图 9-34 所示。

图9-34

这个智能对象及其任何其他实例也会被改变，以反映新的背景。您可以将鼠标指针放在图像上，检查智能对象的状态。此时会有一个工具提示出现，显示图像已经同步。您还可以在站点中多次插入相同的原始 PSD 图像，并利用不同的文件名使用不同的尺寸和图像设置。所有的智能对象都将保持与 PSD 的联系，您可以在 PSD 改变时更新它们。

9. 保存文件。

如您所见，智能对象与典型的图像工作流相比有许多优势。对于需要频繁更改或者更新的图像，使用智能对象可以简化以后网站的更新。

9.8 从 Photoshop 复制和粘贴图像（可选）

当您构建 Web 站点时，在站点中使用许多图像之前需要对它们进行编辑和优化。Photoshop 是执行这些任务的优秀软件。常见的工作流程是：对图像进行必要的更改，然后手动把优化过的 GIF、JPEG 或 PNG 文件导出到 Web 站点默认的图像文件夹中。但是，有时把图像复制并粘贴到布局中更快捷。

> **注意**：您应该可以使用任何版本的 Photoshop 进行此练习。但 Creative Cloud 用户可以随时下载并安装最新版本。

1. 如果有必要，启动 Photoshop。打开 lesson09/resources 文件夹中的 **matthew.tif**，如图 9-35 所示。

    观察 Layers 面板。

图9-35

这个图像只有一个图层。在 Photoshop 中，默认情况下，您可以一次只复制一个图层并将其粘贴到 Dreamweaver 中。要复制多个图层，您必须首先合并（扁平化）图像，否则必须使用命令 Edit> Copy Merged（合并复制）复制带有多个活动图层的图像。

2. 选择 Select > All 或者按 Ctrl+A/Cmd+A 组合键选择整个图像。
3. 选择 Edit > Copy 或者按 Ctrl+C/Cmd+C 组合键复制图像。
4. 切换到 Dreamweaver。向下滚动到 Matthew 的图像占位符，如图 9-36 所示。
5. 注意指定给占位符的类。

    Design 视图中没有 Element Display，但您可以在 Properties 检查器或标签选择器界面中使用 Class 下拉列表框，查看指定给占位符的 CSS 类。

6. 按 Delete 键删除图像占位符，如图 9-37 所示。

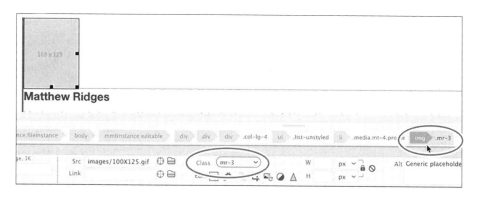

图9-36

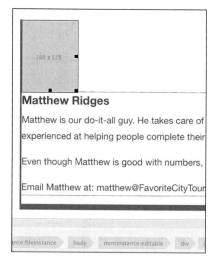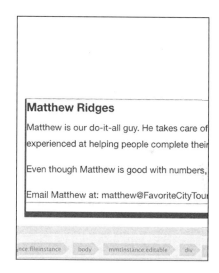

图9-37

当您选择和删除布局中的一个元素时，光标会留在代码中的相同位置。

7. 按 Ctrl+V/Cmd+V 组合键从剪贴板粘贴图像。

显示 Image Optimization 对话框。

8. 从 Preset 下拉列表框中选择预置值 JPEG High For Maximum Compatibility，单击 OK 按钮，如图 9-38 所示。出现文件对话框。

9. 浏览到默认站点图像文件夹。将图像命名为 **matthew.jpg**。

> 提示：插入站点默认图像文件夹以外的图像时，Dreamweaver 可能会尝试将图像保存在其原始位置，这个位置可能实际上在站点文件夹之外。如有疑问，请单击文件对话框中的 Site Root 按钮将对话框聚焦于站点文件夹上，然后从那里选择图像文件夹。

9.8　从Photoshop复制和粘贴图像（可选）

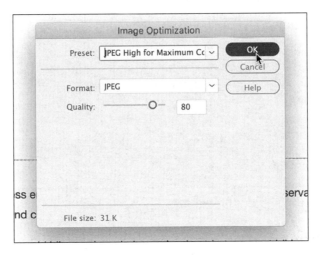

图9-38

现在，您已经将图像保存为站点图像文件夹中的一个 Web 兼容 JPEG 文件。

单击 Save 按钮，如图 9-39 所示。

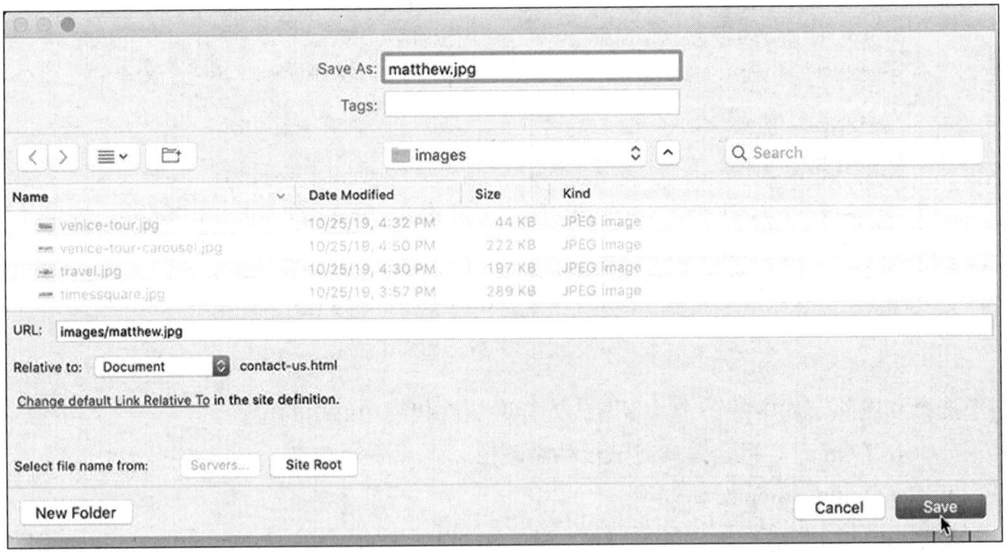

图9-39

Matthew 的照片出现在布局中。但和 Margaret 一样，Matthew 的照片比其他图像大，不过这里不需要裁剪。

10. 单击图像以将其选中。在 Properties 检查器中，将图像尺寸改为 **100 像素 × 125 像素**。单击 Commit Image Size 按钮应用更改。在出现的对话框中单击 OK 按钮，确认更改是永久性的。

11. 如果有必要，选择 Mattew 的照片并在 Properties 检查器中的 Alt 和 Title 字段中均输入 **Matthew, Information Systems Manager**。

12. 在 Properties 检查器中的 Class 下拉列表框中，对 **matthew.jpg** 应用 .mr-3 类，如图 9-40 所示。

> **注意**：缩小光栅图像的尺寸不会损失图像品质，反之则不然。除非图形具有高于 72 ppi 的分辨率，否则放大它可能无法避免图像品质显著降级。

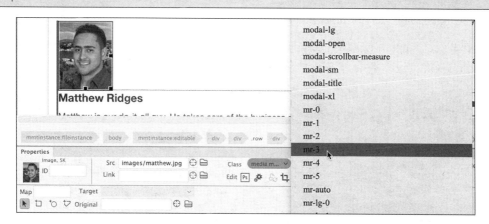

图9-40

该图像将以与其他图像相同的大小出现在布局中。尽管这幅图像来自 Photoshop，但它并不像 Photoshop 智能对象那样"智能"，无法自动更新。不过，这为您提供了将图像加载到 Photoshop 或者另一个图像编辑器以执行修改的方便手段。

13. 在布局中，用鼠标右键单击 **matthew.jpg**。

> **提示**：如果没有显示图像编辑程序，则可能需要寻找兼容的编辑器。可执行程序文件通常存储在 Windows 中的"Program Files"文件夹或者 macOS 中的"Applications"文件夹中。

在快捷菜单中选择 Edit With（编辑以）> Adobe Photoshop 2020，如图 9-41 所示。如果 Photoshop 2020 没有安装，选择其他显示的程序。

图9-41

9.8 从Photoshop复制和粘贴图像（可选）

程序启动并显示站点图像文件夹中的 JPEG 文件。如果您更改此图像，则只需要保存文件即可在 Dreamweaver 中更新图像。

> **注意**：菜单中显示的确切名称可能取决于您所安装的程序版本或操作系统。

14. 在 Photoshop 中，按 Ctrl+L/Cmd+L 组合键打开 Levels（色阶）对话框。调整亮度和对比度，如图 9-42 所示。保存并关闭图像。

> **注意**：本练习专门针对 Photoshop，但是也可以在大部分图像编辑器中更改图像。

图 9-42

15. 切换回 Dreamweaver。向下滚动界面，查看 Matthew 的照片。

图像应该自动在布局中更新。由于您将更改保存在原始文件名下，因此不需要其他操作。此方法可以节省您几个步骤，避免潜在的错误。

> **注意**：尽管 Dreamweaver 会自动重新加载任何修改过的文件，但大多数浏览器不会。在您看到任何更改之前，必须刷新浏览器显示。

16. 保存文件。

所有员工的照片现在都完成了。接下来，您将用 Assets 面板插入图像。

9.9 用 Assets 面板插入图像

在许多情况下，您将不会有标记图像位置的占位符。您将不得不用 Dreamweaver 中的多个工具之一来手工插入图像。在本练习中，您将学习如何使用其中一些工具。

1. 如果有必要，在 Design 视图中打开 **contact-us.html**，将界面向下滚动到标题 CONTACT FAVORITE CITY TOUR。

这是您创建的 3 个没有图像轮播组件的页面之一。您将添加有吸引力的旅游相关图像和一些宣传员工、产品和服务素质的营销文本，改善这些页面的布局。

2. 打开 lesson09/resources 文件夹中的 **difference-text.txt**，如图 9-43 所示。

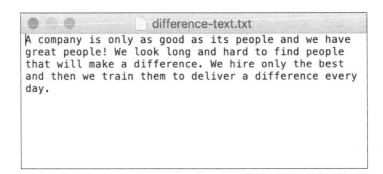

图9-43

3. 选择并复制所有文本，关闭文件。
4. 在 **contact-us.html** 中的标题末尾插入光标，按 Enter/Return 键插入新行。
5. 粘贴第 3 步中复制的文本，如图 9-44 所示。

CONTACT FAVORITE CITY TOUR

A company is only as good as its people and we have great people! We look long and hard to find people that will make a difference. We hire only the best and then we train them to deliver a difference every day.

图9-44

 提示：Assets 面板在您定义站点和 Dreamweaver 创建缓冲区后立刻填充。如果面板为空，单击面板底部的 Refresh Site List（刷新站点列表）按钮。

6. 如果有必要，选择 Window > Assets。单击 Images 按钮，显示保存在站点内的所有图像列表。
7. 定位并选择列表中的 **travel.jpg**，如图 9-45 所示。

注意：您可能需要拖动面板边缘，以便看到所有资源信息。

9.9 用Assets面板插入图像 **303**

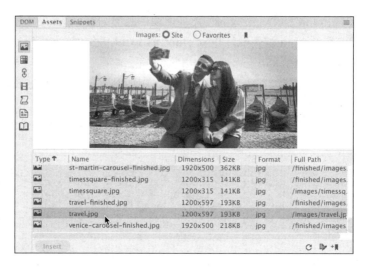

图9-45

 注意：面板显示保存在已定义站点中任何位置的所有图像，即便是在站点默认图像文件夹之外的图像，所以您也能看到 lesson 子文件夹中保存的图像。

Assets 面板中出现 travel.jpg 的预览。面板列出图像名称、像素表示的尺寸、以 KB 或 MB 表示的大小以及文件类型，还有完整的目录路径。

8. 注意图像的尺寸。

该图像大小为 1200 像素 ×597 像素。您将把图像插入段落开始处。

9. 在段落开始处插入光标。

10. 单击 Assets 面板底部的 Insert 按钮。

选择的图像出现在标题下方，并从左到右填满布局，如图 9-46 所示。

图9-46

在移动设备出现之前，Web 设计人员只需要确定图像的最大尺寸，然后改变大小以适应屏幕空间，每个图像只有一个尺寸。

今天，屏幕必须交互适应各种屏幕尺寸。每个图像都不能毁了精心设计的布局。幸运的是，Bootstrap 提供的内建功能可自动控制和适应图像显示，不过要看到这些功能的工作方式，您必须使用 Live 视图。

9.10 使图像适应移动设计

使用 Bootstrap 等 Web 框架的好处是，它们能为您完成较难的工作。较难实现的功能之一便是使 Web 图像适应移动设计。Dreamweaver 的界面充分利用了这一能力。

1. 切换到 Live 视图。确保文档窗口宽度至少为 1200 个像素。

图像 **travel.jpg** 延伸到布局边缘之外。为了确保图像遵循 Bootstrap 布局，您必须将其变成 Bootstrap 组件。

2. 选择图像 **travel.jpg**，如图 9-47 所示。

图9-47

Element Display 出现在 img 元素上。注意，图像没有应用任何特殊类。

3. 单击 Edit HTML Attributes（编辑 HTML 属性）按钮，出现 Quick Property 检查器。
4. 选中 Make Image Responsive（使图像响应）复选框，如图 9-48 所示。

图像大小根据列宽而改变，不再超出屏幕边缘。这不是 Dreamweaver 的"戏法"。注意 img 元素应用的新类 .img-fluid。这个图像现在是一个 Bootstrap 组件，将遵从插入的任何结构。但当屏幕变小时，会发生什么呢？

图9-48

5. 向左拖动滑动条，使文档窗口变窄，如图 9-49 所示。

图9-49

当您拖动滑动条时，布局改变，并适应较小的屏幕。多列设计逐渐转变成单列设计。travel.jpg 图像随着布局无缝地按比例缩小。

6. 一直向右拖动滑动条。

布局再度变化，回到原始的多列设计。图像看上去很漂亮，但它与文本紧紧相接，此时可以使用一些额外的间距。

您已经多次使用 .mt-3 类在各种元素顶部添加边距。在本例中，您需要在元素底部增加边距。如果让您猜测添加下边距的 Bootstrap 类名，您的答案是什么？

7. 单击 Add Class/ID 按钮。

8. 为 img 元素添加类 .mb-3，如图 9-50 所示。

这个列名是 margin-bottom 的简写。该 Bootstrap 类会在图像底部添加额外的边距。添加两个 Bootstrap 类，您就能使图像适应布局，并在下方添加额外的间距。

9. 保存文件。

图9-50

让我们为没有图像轮播的其他页面添加类似图像。

9.11 使用 Insert 菜单

使用 Assets 面板是寻找和插入站点内保存图像的直观方法。另一个用于插入图像、其他 HTML 元素和其他组件的工具是 Insert 菜单。

1. 在 Live 视图中打开 **about-us.html**。确保文档窗口宽度至少为 1200 个像素，如图 9-51 所示。

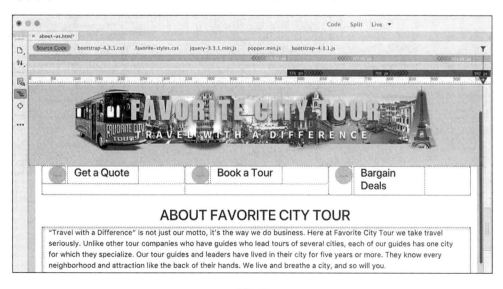

图9-51

9.11 使用Insert菜单 307

About Us 页面有一个文本块,描述 Favorite City Tour 的历史和使命。和 Contact Us 页面一样,它没有图像轮播组件。让我们在文本块上方添加一个图像。

2. 在以"Travel with a Difference" is not just our motto 开头的文本中插入光标。

Element Display 界面出现,第一段周围有一个橙色框。

3. 选择 Insert > Image,Position Assist 对话框出现,如图 9-52 所示。

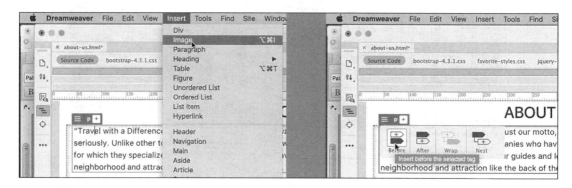

图9-52

4. 单击 Before 按钮。

打开一个文件窗口。

5. 选择 lesson09/images 文件夹中的 **timesquare.jpg** 并单击 OK/Open 按钮。

图像 **timesquare.jpg** 出现在段落上方。和前一个图像一样,它延伸到整个布局之外,如图 9-53 所示。

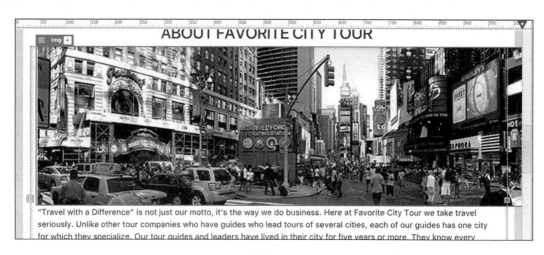

图9-53

6. 单击 Edit HTML Attributes 按钮,选中 Make Image Responsive 复选框。

图像 **timesquare.jpg** 的大小改变,适应所在列。

7. 为 img 元素添加 .mb-3 类，如图 9-54 所示。

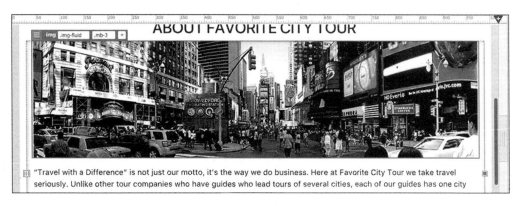

图9-54

该类在图像下方添加间距。

8. 保存文件。

Insert 面板中有与 Insert 菜单类似的命令，可以快捷地插入图像和其他代码组件。您甚至可以将其停靠在文档窗口顶部，使其总是可用。

9.12 使用 Insert 面板

有些用户觉得 Insert 菜单使用快捷，有些用户则更喜欢面板的现成特性，它可以帮助您将焦点放在一个元素上，一次性地迅速插入多个副本。您可以随意在这两种方法中切换，甚至使用快捷键。

在这个练习中，您将用 Insert 面板为页面添加图像。

1. 在 Live 视图中打开 **events.html**。确保文档窗口宽度至少为 1200 个像素，如图 9-55 所示。

图9-55

9.12 使用Insert面板 **309**

Events 页面有两个表格，一个列出了国际节日，另一个则列出了 Favorite City Tour 举办的其他研讨会。

2. 在以 Want to see how the world parties? 开头的文本中插入光标。
3. 选择 Window> Insert，出现 Insert 面板。该面板是标准工作区的一部分，因此它应该停靠在文档窗口的右侧。
4. 在 Insert 面板的下拉列表框中选择 HTML 类别。
5. 单击 Insert 面板中的 Image 按钮，如图 9-56 所示。

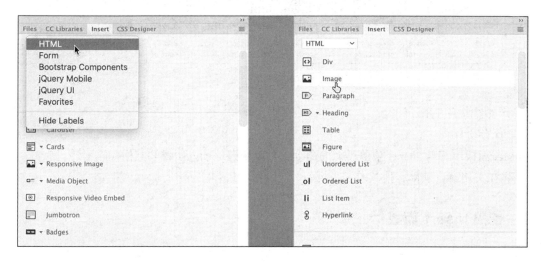

图9-56

Position Assist 对话框出现。

6. 单击 Before 按钮。

出现一个文件对话框。

7. 选择站点图像文件夹中的 **festivals.jpg**，单击 OK/Open 按钮。

festivals.jpg 图像出现在布局中，您可以使用 Element Display 添加 Bootstrap 类。

8. 为 img 元素添加 .img-fluid 类，再添加 .mb-3 类，如图 9-57 所示。

图9-57

图像 festivals.jpg 大小改变，在布局中也处于合适的位置。

9. 保存文件。

在每个页面上，您都可以看到标题或图像轮播下方链接中的 3 个小占位图像。如果您尝试选择这些占位符，就会发现它们不是可编辑页面的一部分。要更新它们，您就必须打开模板。

9.13 在站点模板中插入图像

站点模板中唯一的图像是公司标志，但它是在转换之前添加到页面的。在模板中插入图像的方法与在子页面中插入图像的方法没有太大差异。

1. 在 Live 视图中打开 lesson09/Templates 文件夹里的 **favorite-temp.dwt**。确保文档窗口宽度至少为 1200 个像素。

2. 向下滚动到图像轮播下方的 3 个链接，如图 9-58 所示。

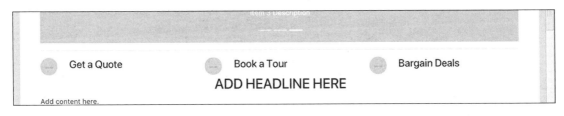

图9-58

3. 选择第一个占位符。

在 Live 视图中，Dreamweaver 的一个 Bug 使您无法与布局的任何部分交互。在这个 Bug 修复之前，模板中的工作不得不在 Design 或 Code 视图中完成。

4. 切换到 Design 视图。

当您切换时，可能需要重新滚动到链接。

5. 选择对应于链接 Get a Quote 的第一个占位符。

注意，占位图像在 Design 视图中并不是圆形的。圆形的外观由 CSS 属性 `border-radius` 创建。由于这是一个高级 CSS 属性，因此 Design 视图中不支持。

在 Design 视图中，您可以双击图像替换之。

6. 双击占位符。

出现一个文件对话框。

7. 选择 **quote.jpg** 并单击 OK/Open 按钮，如图 9-59 所示。

图像 **quote.jpg** 代替了占位符。您还可以使用 Properties 检查器选择替换图像。

8. 选择第二个占位符。在 Properties 检查器中，单击 Src 字段中的 Browse for File 按钮。

9. 选择 **book.jpg** 并单击 OK/Open 按钮，如图 9-60 所示。

图像 book.jpg 代替了占位符。您也可以用 Code 视图插入图像。

10. 选择第三个占位符。

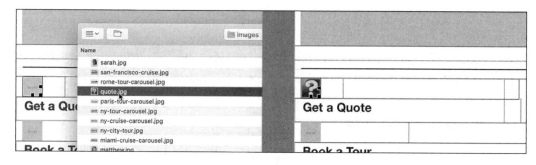

图9-59

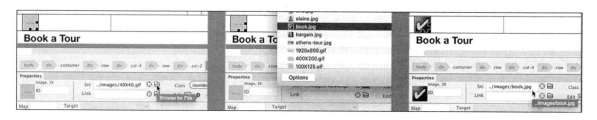

图9-60

11. 切换到 Split 视图。

占位符的代码在 Code 视图中高亮显示。注意 src 属性，它指向 `../images/40×40.gif`。您已经在第 3 课中学到，Code 视图可以帮助您预览资源和编写代码。

12. 将鼠标指针放在图像引用 `40×40.gif` 上，如图 9-61 所示。

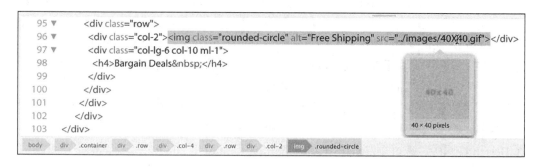

图9-61

占位符的预览图像在鼠标指针旁边弹出。

13. 仅选择图像引用 `40×40.gif` 并删除之。

14. 输入 `bar`，如图 9-62 所示。

在您输入的时候，代码提示出现，显示匹配输入文本的图像文件名。您可以继续输入名称的余下部分，或者简单地按 Enter/Return 键完成图像来源的输入。

15. 按 Enter/Return 键完成图像名称，保留建议的文件名。

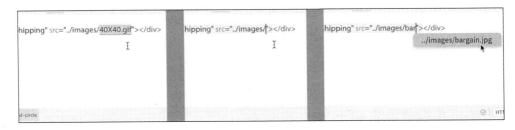

图9-62

图像引用 bargain.jpg 出现在代码中。

 注意：在显示刷新之前，图像可能不会出现在 Live 视图中。

16. 将鼠标指针放在引用 bargain.jpg 上，如图 9-63 所示。

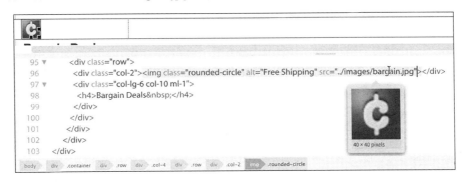

图9-63

鼠标指针旁边出现预览图像。现在，3 个占位符都已被替换。注意，图像是方形的。

17. 切换到 Live 视图。

新图像出现在链接区段。Live 视图支持高级 CSS 属性，按钮现在是圆形的。最后一步是更新所有子页面。记住，模板命令只在 Design 或 Code 视图中，或者没有任何文件打开时有效。

18. 切回 Design 视图。选择 File > Save。

出现 Update Template Files 对话框，列出将被更新的所有子页面。

19. 单击 Update 按钮。

出现 Update Pages 对话框。如果有必要，选中 Show Log 复选框，观察更新进度。如果成功，全部 5 个子页面应该都被更新。您可能注意到，打开的 3 个页面文档选项卡上都显示星号，这表示页面更新了但还没有保存。让我们看看，链接图像是否成功添加到页面中。

20. 关闭 Update Pages 对话框。单击 contact-us.html 文档选项卡。

检查链接区段。

按钮图像添加到该页面的链接区段。

21. 切换到 **about-us.html** 和 **events.html** 进行检查。

全部 3 个页面都成功更新。但您可能注意到，当没有图像轮播的时候，链接区段与标题相接。为了在其上方添加额外的间距，您可以再次使用 .mt-3 类，但由于链接区段不是可编辑区域，因此您必须在模板中添加。

9.14 在模板结构中添加 CSS 类

您可能看到，当没有图像轮播的时候，链接区段与标题相接。实际上，您已经为多个页面上的内容区段添加了 .mt-3 类，以解决这个问题。由于这是您每次新建页面都会遇到的问题，最好是在模板中加以处理。在这个练习中，您将在必要时为链接和内容区段添加该类。

1. 切换到 **favorite-temp.dwt**。如果有必要，滚动到图像轮播。

您应该仍在 Live 视图中。Dreamweaver 有一个 Bug，导致有时候难以或者不可能选择模板文档窗口中的元素。如果无法直接在窗口中选择元素，可以使用 DOM 面板。

2. 单击图像轮播。

显示 Element Display，焦点在一个图像占位符上。

> **Dw** 注意：在 Live 视图中单击图像轮播可能很难，您可能需要在 DOM 面板中选择。

3. 选择 Window>DOM，显示 DOM 面板。

如果您能在第 2 步中选择图像轮播，则会高亮显示其中一个图像占位符；如果没有，您可以使用面板定位该组件，它应该出现在元素 `mmtemplate:if` 内部，如图 9-64 所示。

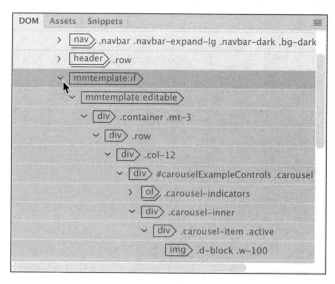

图9-64

4. 如果有必要，在 DOM 面板中展开元素 `mmtemplate:if` 的结构。

您会在元素中看到 mmtemplate:editable。

5. 如果有必要，展开元素 mmtemplate:editable 的结构。

注意，可编辑区域的第一个子元素是 div.container.mt-3。

6. 在 DOM 面板中单击 div.container.mt-3，如图 9-65 所示。

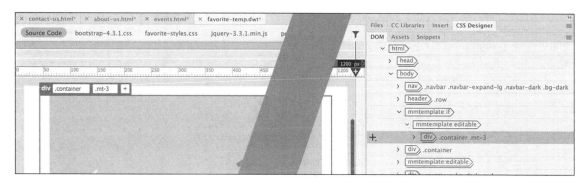

图9-65

图像轮播上应该出现 Element Display，焦点在 div.container.mt-3 上。这个元素已经有 .mt-3 类，所以我们可以继续处理下一个内容区段。

7. 折叠 mmtemplate:if。

mmtemplate:if 的下一个元素是 div.container。

8. 在 DOM 面板中单击 div.container，如图 9-66 所示。

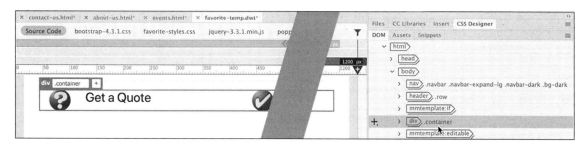

图9-66

文档窗口中出现 Element Display，焦点在 div.container 上。这个元素是链接区段，您可以看到它没有应用 .mt-3 类。

9. 在 DOM 面板中，双击 .container 类。

10. 在 DOM 类字段中输入 .mt-3。

一定要在类之间插入一个空格。

11. 按 Enter/Return 键完成更改，如图 9-67 所示。

DOM 面板和标签选择器现在显示 div.container.mt-3。

接下来的 3 个区段是 MainContent 可编辑区域的一部分。

12. 在 DOM 面板中展开 mmtemplate:if 元素的结构。

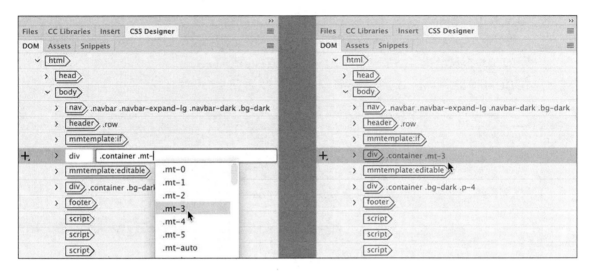

图9-67

13. 如果有必要，展开 `mmtemplate:editable` 和 `main.wrapper` 元素，如图 9-68 所示。

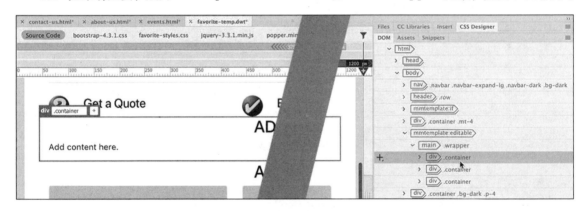

图9-68

展开可编辑区域后，您将看到 3 个内容区段。

从这里进行更改很简单。

14. 为 3 个 `div.container` 元素添加 `.mt-3` 类，如图 9-69 所示。

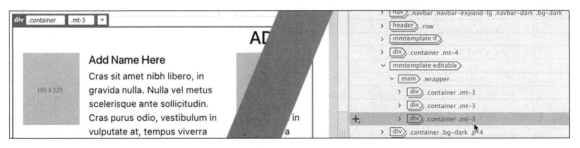

图9-69

全部内容区段现在都有 .mt-3 类。

15. 选择 File> Save。

Update Template Files 对话框出现，列出将被更新的所有子页面。

16. 单击 Update 按钮。

5 个子页面都应该被更新，除模板 **favorite-temp.dwt** 外，所有文档选项卡都应该出现一个星号，如图 9-70 所示。

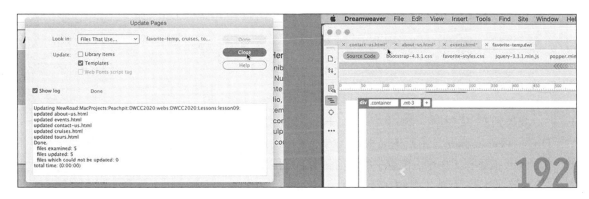

图9-70

正如第 7 课中所学，保存模板时，只有页面锁定区域更新。如果其中一个可编辑内容区段在更新前没有 .mt-3 类，那么现在也仍然没有。但是，通过在模板中添加该类，从现在开始创建的任何子页面都将指定该类。

17. 选择 File> Save All。

文档选项卡上的星号消失。

18. 选择 File> Close All。

接下来，您将学习如何在图像轮播中添加图像。

9.15　为 Bootstrap 图像轮播添加图像

目前，您的站点中有两个页面包含图像轮播。在这个练习中，您将学习如何在 Bootstrap 图像轮播中插入图像。

1. 在 Live 视图中打开 **tours.html**。确保文档窗口宽度至少为 1200 个像素。

这个页面包含一个图像轮播和 6 个游程说明。在 Live 视图中，您可以看到轮播动画——一个图像占位符滑过屏幕，替换另一个占位符。注意，每张"幻灯片"中还包含一些文本元素。

2. 单击图像轮播组件，如图 9-71 所示。

图像轮播在可编辑的可选区域中，应该可以选择。根据您单击的位置，Element Display 的焦点在其中一个图像占位符，或者图像轮播结构的某一部分上。

您之前学习了如何在 Live 视图中插入图像，但图像轮播可能会带来独特的挑战。如何选择并替换一个运动对象呢？虽然也可以在 Live 视图中这么做，但用 Code 视图更容易一些。

图9-71

3. 切换到 Code 视图。

Dreamweaver 高亮显示所选元素的代码。图像轮播包含 3 个占位图像。由于轮播是轮换显示的，因此您可能选择了 3 个占位符中的任何一个。定位元素 `<div class="carousel-inner">` 中的第一个 `<img>` 元素（大约在第 51 行），如图 9-72 所示。注意这个文件名，所有占位符都使用同一个图像 `1920×500.gif`。您将用不同的图像替换它们。

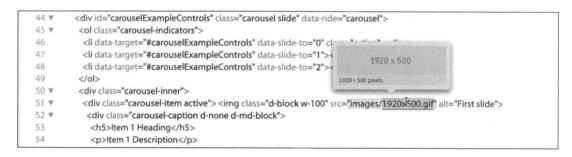

图9-72

4. 选择代码 `1920×500.gif`，并输入 `London`，如图 9-73 所示。

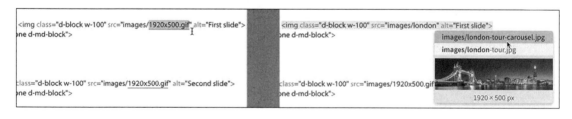

图9-73

在您输入时，提示菜单出现，显示与输入内容相符的所有文件名。高亮显示的文件的预览图像将出现在名称上方或下方。

提示：提示列表上出现超过一个文件名时，按上、下箭头键可以预览其他图像。

5. 在提示菜单中选择 `london-tour-carousel.jpg`。

London 的照片替代了占位图像。注意，同一结构中有标题和描述占位符。

6. 选择标题 Item 1 Heading，输入 `London Tea` 代替，如图 9-74 所示。

```
50 ▼    <div class="carousel-inner">                              <div class="carousel-inner">
51 ▼      <div class="carousel-item active"> <img class="d-blo      <div class="carousel-item active"> <img class="d-blo
52 ▼        <div class="carousel-caption d-none d-md-block">         <div class="carousel-caption d-none d-md-block">
53          <h5>Item 1 Heading</h5>                                   <h5>London Tea</h5>
54          <p>Item 1 Description</p>                                 <p>Item 1 Description</p>
55        </div>                                                    </div>
```

图9-74

7. 选择文本 `Item 1 Description`，输入 `High tea and high adventure in London towne` 代替，如图 9-75 所示。

```
51 ▼      <div class="carousel-item active"> <img class="d-block w-100" src="images/london-tour-carousel.jpg"
52 ▼        <div class="carousel-caption d-none d-md-block">
53          <h5>London Tea</h5>
54          <p>High tea and high adventure in London towne</p>
55        </div>
56      </div>
```

图9-75

第一个图像轮播元素替换完成。

8. 定位第二个占位图像（大约在第 57 行）。
9. 用 `venice-tour-carousel.jpg` 替换 `1920×500.gif`。
10. 输入 `Back Canal Venice` 替换 Item 2 Heading，输入 `Come see a different side of Venice` 替换 Item 2 Description，如图 9-76 所示。

```
57 ▼      <div class="carousel-item"> <img class="d-block w-100" src="images/venice-tour-carousel.jpg"
58 ▼        <div class="carousel-caption d-none d-md-block">
59          <h5>Back Canal Venice</h5>
60          <p>Come see a different side of Venice</p>
61        </div>
62      </div>
```

图9-76

第二个图像轮播元素替换完成。

11. 定位下一个图像占位符元素（大约在第 63 行）。
12. 将 `1920×500.gif` 改为 `ny-tour-carousel.jpg`。将 `Item 3 Heading` 更改为

New York Times，输入 You've never seen this side of the Big Apple 替换 Item 3 Description。

您已经替换了所有轮播占位符，让我们来预览一下。

13. 保存文件。
14. 切换到 Live 视图。确保文档窗口宽度至少为 1200 个像素，观察图像轮播，如图 9-77 所示。

图9-77

3 幅图像从右向左滑动，暂停片刻后滑出屏幕，被下一幅图像代替。图像看起来很漂亮，但标题和描述的文字的色调太过柔和，被淹没在图像的细节之中，因此必须加以强调。

9.16 为 Bootstrap 图像轮播中的标题和文本设置样式

在轮播图像之上，标题和描述的文字难以辨认。我们将用一些自定义 CSS 调整样式。

1. 如果有必要，在 Live 视图中打开 tours.html。确保文档窗口宽度至少为 1200 个像素。
2. 选择轮播中一幅图像的标题。

Element Display 出现，焦点在 <h5> 元素上。由于所有标题都是 <h5> 元素，您选择任何一个都可以设置全部样式。和以往一样，修改 CSS 样式的第一步是检查这个元素是否有现存规则。

3. 在 CSS Designer 面板中，单击 Current 按钮。

检查 Selectors 窗格中显示的规则。

确定负责这些标题样式的规则。有 3 条规则针对 <h5> 元素，但并没有提供图像轮播中看到的特定样式，那些样式可以在 .carousel-caption 规则中找到。

4. 在 CSS Designer 面板中，单击 All 按钮。
5. 在 Sources 窗格中选择 **favorite-styles.css**，单击 Add Selector 按钮 ✚。

Selectors 窗格中出现一个新的选择器，针对轮播标题元素。但该选择器特异性太高了。

6. 将选择器名称编辑为 .carousel-caption，按 Enter/Return 键完成选择器的创建。

 提示：除非您知道其他类的作用，否则不在选择器中使用它们是个好习惯。若将它们保留，则可能无意之间重新格式化其他元素。

7. 在 `.carousel-caption` 中创建如下属性，如图 9-78 所示。

```
font-size: 130%
font-weight: 700
text-shadow: 0px 2px 5px rgba(0, 0, 0, 0.8)
```

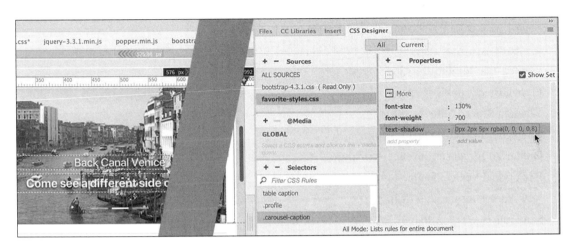

图9-78

增大文本尺寸和阴影会使文本更容易辨认。但 <h5> 元素并没有变得更大。这意味着另一条规则阻止了新样式。针对 <h5> 的单独规则应该可以完成这项任务。

8. 创建如下规则：`.carousel-caption h5`。
9. 在 `.carousel-caption h5` 规则中添加如下属性，如图 9-79 所示。

```
font-size: 130%
font-weight: 700
```

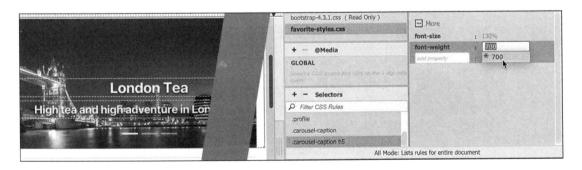

图9-79

标题大小改变并加粗。现在，文本更容易辨认了。

10. 选择 File > Save All。

您在本课中已经学习了多种插入和处理图像的方法，现在是时候测试一下这些技巧了。

9.16 为Bootstrap图像轮播中的标题和文本设置样式 **321**

9.17 自定进度练习：在子页面中插入图像

您已经在 Live 视图、Design 视图和 Code 视图中替换了图像占位符并插入了图像。在这个自定进度练习中，您将替换文件中其余占位图像，完成 **tours.html** 和 **cruises.html** 页面。

1. 如果有必要，在 Live 视图中打开 **tours.html**。确保文档窗口宽度至少为 1200 个像素。页面上的 9 个游览说明包含了图像占位符。

2. 使用您在本课中学到的任何一种技术，将占位符替换为如下文件，如图 9-80 所示。

London Tea: **london-tour.jpg**

French Bread: **paris-tour.jpg**

When in Rome: **rome-tour.jpg**

Chicago Blues: **chicago-tour.jpg**

Dreams of Florence: **florence-tour.jpg**

Back Canal Venice: **venice-tour.jpg**

New York Times: **nyc-tour.jpg**

San Francisco Days: **sf-tour.jpg**

Normandy Landings: **normandy-tour.jpg**

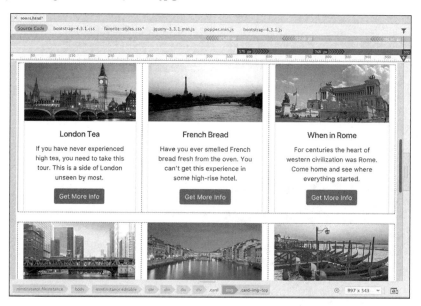

图9-80

占位图像全部都被替换。

3. 选择 File > Save All，关闭文件。

4. 如果有必要，在 Live 视图中打开 **cruises.html**。确保文档窗口宽度至少为 1200 个像素。这个页面上有一个图像轮播和 3 个乘船游览说明。

5. 将如下内容用于第 1 项的图像轮播。

Item 1 placeholder: `san-francisco-cruise-carousel.jpg`

Item 1 Heading: `Coastal California`

Item 1 Description: `Monterey to San Francisco, nuff said!`

6. 将如下内容用于第 2 项的图像轮播。

Item 2 placeholder: `ny-cruise-carousel.jpg`

Item 2 Heading: `Bean to Big Apples`

Item 2 Description: `Come see a new perspective of Boston and New York`

7. 将如下内容用于第 3 项的图像轮播。

Item 3 placeholder: `miami-cruise-carousel.jpg`

Item 3 Heading: `Southern Charm`

Item 3 Description: `Breathtaking views and amazing seafood`

8. 用您在本课中学到的任何一种技术，将乘船游览的占位符替换为如下内容，如图 9-81 所示。

Coastal California: **sf-cruise.jpg**

Beans and Big Apples: **nyc-cruise.jpg**

Southern Charm: **jacksonville-cruise.jpg**

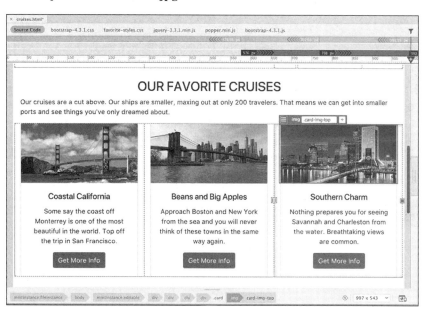

图9-81

占位符全部被替换。

9. 选择 File > Save All。关闭文件。

恭喜！您已经学习了用 Dreamweaver 处理 Web 兼容图像的多种方法，包括在布局中插入图像、替换图像占位符、使图像响应不同屏幕尺寸，以及改变图像大小和裁剪的方法。您还学习了 Photoshop 智能对象的使用，以及从其他软件复制粘贴图像的方法。

Dreamweaver的图形工具

在Design视图中选择图像时，Dreamweaver的所有图形工具都将显示在Properties检查器中。这里有7个工具。

编辑：在已定义的外部图形编辑器（如果安装了的话）中打开所选图像。您可以为Preferences对话框中File Types/Editors（文件类型/编辑器）类别中的任何给定文件类型指定图形编辑程序。按钮的图像根据选择的程序而改变。例如，如果Photoshop是指定的编辑器，您将看到一个Photoshop图标。如果没有安装，您将看到一个通用的编辑图标。

编辑图像设置：在Image Optimization对话框中打开当前图像，允许对所选的图像应用用户定义的优化规范。

从原始文件更新：更新放置的任何智能对象，匹配源文件的任何更改。

裁剪：永久删除图像中不需要的部分。当裁剪工具处于活动状态时，会在所选图像中显示带有一系列控制手柄的边框。您可以通过拖动手柄或输入最终尺寸来调整边框大小。当该框包含图像所需部分的轮廓时，按Enter/Return键或双击图形以应用裁剪。

重新取样：永久性调整图像大小。仅当调整了图像的大小之后，该工具才是活动的。

亮度与对比度：提供用户可选择的图像亮度和对比度调整，一个对话框提供了两个可以独立调整的滑块，分别用于调整亮度和对比度。可以实时预览，以便您可以在提交所做调整之前对它们进行评估。

锐化：通过提高或降低像素的对比度（0~10）来影响图像细节的清晰度。与"亮度和对比度"工具一样，"锐化"工具也提供了实时预览。

在文档被关闭或退出Dreamweaver之前，您可以通过选择Edit> Undo来撤销大多数图形操作。

9.18 复习题

1. 决定光栅图像质量的 3 个因素是什么？
2. 什么文件格式专门用于网络？
3. 至少描述两种在 Dreamweaver 中将图像插入网页的方法。
4. 判断正误：所有图形都必须在 Dreamweaver 之外进行优化。
5. 与从 Photoshop 复制和粘贴图像相比，使用 Photoshop 智能对象有什么优势？

9.19 复习题答案

1. 光栅图像质量由分辨率、图像尺寸和颜色深度决定。
2. Web 兼容图像格式为 GIF、JPEG、PNG 和 SVG。
3. 使用 Dreamweaver 将图像插入网页的一种方法是使用 Insert 面板，另一种方法是将图形文件从 Assets 面板拖动到布局中。图像也可以从 Photoshop 中复制和粘贴。
4. 错。即使图形是通过使用 Properties 检查器插入 Dreamweaver 中的，也可以进行优化。优化包括重新缩放、更改格式或微调格式设置等。
5. 智能对象可以在站点的不同位置多次使用，并且可以为智能对象的每个实例分配单独的设置。所有副本保持连接到原始图像。如果原件更新，所有连接的图像也将立即更新。然而，当您复制并粘贴全部或部分 Photoshop 文件时，您将获得仅能应用一组值的单个图像。

第10课　处理导航

课程概述

在本课中，您将学习如下内容。

- 创建指向同一个站点内页面的文本链接。
- 创建指向另一个网站上页面的链接。
- 创建电子邮件链接。
- 创建基于图像的链接。
- 创建指向页面内某个位置的链接。

完成本课需要花费大约 3 小时。

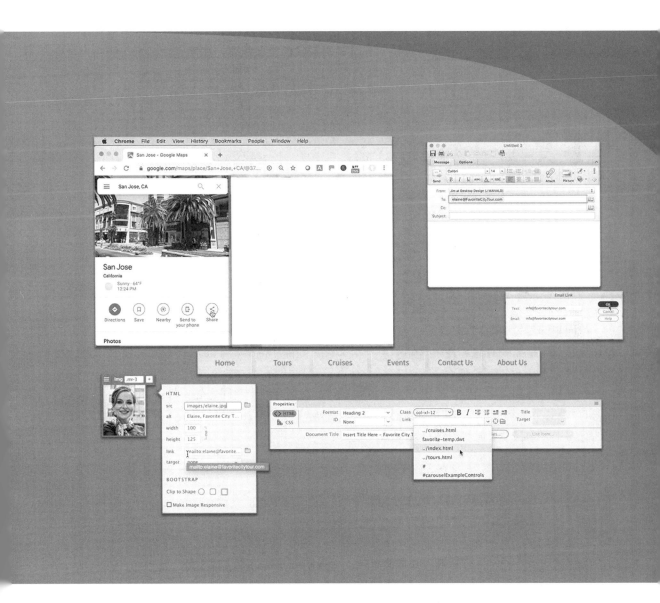

Dreamweaver 能够轻松、灵活地创建和编辑许多类型的链接，如基于文本的链接和基于图像的链接。

10.1 超链接基础知识

如果没有超链接，万维网以及通常所说的互联网将离我们很遥远。如果没有超链接，HTML 将只剩下"ML"（标记语言）。HTML 这个名称中的超文本（Hypertext）指的就是超链接功能。那么，什么是超链接呢？

超链接（或者简称为"链接"）是对互联网上或者托管某个 Web 文档的计算机内部资源的引用。这种资源可以是能够存储在计算机上并且被它显示的任何内容，如网页、图像、影片、声音文件、PDF 等，实际上几乎是任何类型的计算机文件。超链接创建通过 HTML 和 CSS 或者您使用的程序设计语言指定的交互式行为，并通过浏览器或其他应用程序启用。HTML 超链接由锚（<a>）元素和一个或多个属性组成，如图 10-1 所示。

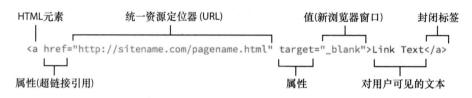

图10-1

10.1.1 内部超链接和外部超链接

最简单的超链接是内部超链接，它将用户带到相同文档的另一个部分、网站托管服务器上的相同文件夹，或者硬盘驱动器中存储的另一个文档。外部超链接用于将用户带到硬盘驱动器、网站或 Web 主机之外的文档或资源。

内部超链接和外部超链接的工作方式不同，但是它们有一个共同之处：都通过 <a> 元素嵌入在 HTML 中。这个元素指定超链接的目的地址，然后可以使用几个属性指定它的工作方式。在下面的练习中，您将学习如何创建和修改 <a> 元素。

10.1.2 相对链接和绝对链接的对比

可以用两种不同的方式书写超链接地址。当引用相对于当前文档存储的目标时，就称之为相对链接。这就像告诉朋友，你住在那所蓝色房子的隔壁一样。如果有人驾车来到你所住的街道并且看见蓝色房子，他们就会知道你住在哪儿。但是，你确实没有告诉他们怎样到达你的房子，甚至是邻居的房子。相对链接经常包含资源名称，也许还包含存储它的文件夹，如 tours.html 或 content/tours.html。

有时，您需要准确指出资源所在的位置。在这些情况下，就需要绝对链接。这就像告诉人们您住在某地。在引用网站以外的资源时，通常就是这样。绝对链接包括目标的完整 URL（统一资源定位器），甚至可能包括一个文件名，或者站点内的某个文件夹。

这两种类型的链接各有优劣。相对链接书写起来更快、更容易，但是如果包含它们的文档保存在网站中的不同文件夹中或者不同位置，它们可能无法正常工作。不管包含的文档保存在什么位置，绝对链接总能正常工作，但是如果移动或者重命名了目标，它们也可能会失效。大多数 Web 设计师遵循的一条简单规则是，为站点内的资源使用相对链接，为站点外的资源使用绝对链接。当然，不管您是否遵循这条规则，在部署页面或者站点之前测试所有链接都很重要。

10.2 预览完成的文件

为了查看您将在本课程中处理的文件的最终版本，让我们在浏览器中预览已完成的页面。

 注意：在开始本练习之前，请根据本书开头的前言部分的说明，下载项目文件并以 lesson10 文件夹为基础定义新的站点。

1. 启动 Adobe Dreamweaver（2020 版）。
2. 如果有必要，按 F8 键打开 Files 面板。从 Site List 下拉列表框中选择 lesson10。
3. 在 Files 面板中，展开 lesson10 文件夹。
4. 在 Files 面板中，导航到 lesson10/finished-files 文件夹，用鼠标右键单击 **aboutus-finished.html**。选择快捷菜单中的 Open in Browser（在浏览器中打开），并选择您常用的浏览器，如图 10-2 所示。

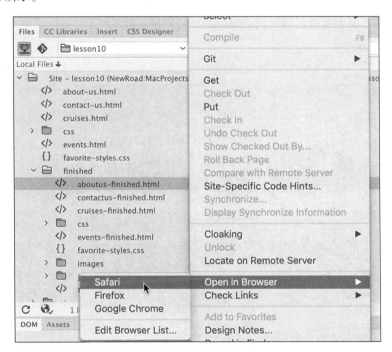

图10-2

aboutus-finished.html 文件出现在您的默认浏览器中。这个页面的水平导航菜单上有内部链接。

5. 将鼠标指针放在水平导航菜单上,鼠标指针悬停于每个按钮之上,检查菜单行为,如图10-3所示。

图10-3

这个菜单与第 5 课中创建和格式化的菜单相同,只有少数不同。

6. 单击 Tours 链接。

浏览器加载完成的 Tours 页面如图 10-4 所示。

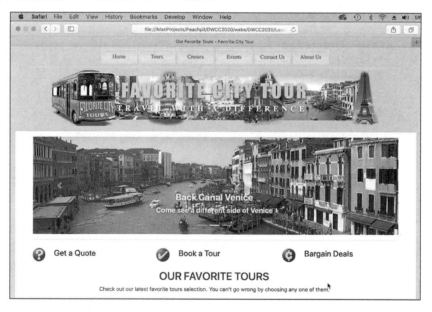

图10-4

7. 将鼠标指针放在 Contact Us 链接上。

观察浏览器，看一看是否在屏幕上的什么地方显示了链接目标。通常浏览器在状态栏上显示链接目标。

  提示：大多数浏览器将在浏览器窗口底部的状态栏中显示超链接目标。在某些浏览器中，状态栏可能默认为关闭状态。

8. 单击 Contact Us 链接，如图 10-5 所示。

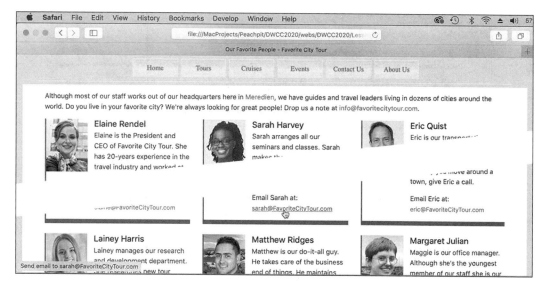

图10-5

浏览器加载完成的 Contact Us 页面会代替 Tours 页面。

新页面包含内部、外部和电子邮件链接。

9. 将鼠标指针放在主内容区域第二段的 Meridien 链接上，观察状态栏。

状态栏显示 Google 地图链接。

  注意：不同浏览器的状态栏可能不同。

单击 Meridien 链接，如图 10-6 所示。

出现一个新浏览器窗口，并且加载 Google 地图。该链接旨在为访问者显示"Meredien Favorite City Tour"办公室所在的位置。如果需要，甚至可以在这个链接中加入地址详细信息或者公司名称，使 Google 可以加载准确的地图和路线信息。

注意，单击链接时，浏览器将打开单独的窗口或文档选项卡。如果想将访问者指引到站点外面的资源，这是一种好的做法。由于链接是在单独窗口中打开的，您自己的站点仍然是打开的，随时可以

10.2 预览完成的文件 **331**

使用。如果访问者不熟悉您的站点，一旦单击离开就可能不知道如何返回，于是这种做法就特别实用。

图10-6

10. 关闭 Google 地图窗口。

Contact Us 页面仍然是打开的。注意：每位雇员都有一个电子邮件链接。

11. 单击其中一位雇员的电子邮件链接，如图 10-7 所示。

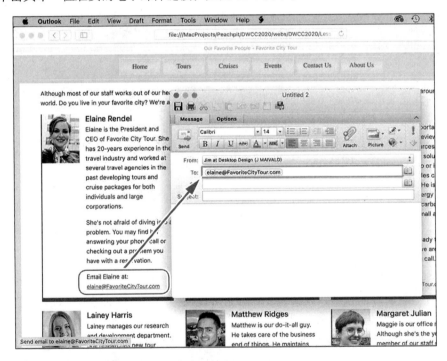

图10-7

> **注意**：许多 Web 访问者没有使用安装在他们的计算机上的电子邮件程序，而是使用基于 Web 的服务，如 AOL、Gmail、Hotmail 等。对于这些类型的访问者，您使用的这种电子邮件链接将不能正常工作。最好的选择是在您的网站上创建一个网络托管表单，通过您自己的服务器将电子邮件发送给您。

在计算机上将启动默认的邮件应用程序。如果您没有安装这种应用程序以发送和接收电子邮件，程序通常将启动一个向导，帮助您安装有这种功能的程序。如果安装了电子邮件程序，将会出现一个新的消息窗口，并且会在 To 字段中自动输入雇员的电子邮件地址。

12. 如果有必要，关闭 new message 窗口，退出电子邮件程序。
13. 将界面向下滚动到 page footer。

注意，在您向下滚动时，导航菜单保持在页面顶部。

14. 单击 Events 链接。

浏览器将加载 Festivals and Seminars 页面，并把焦点放在靠近页面顶部的表格上，其中包含即将发生的事件列表。注意，水平菜单仍然可以在浏览器顶部看到，如图 10-8 所示。

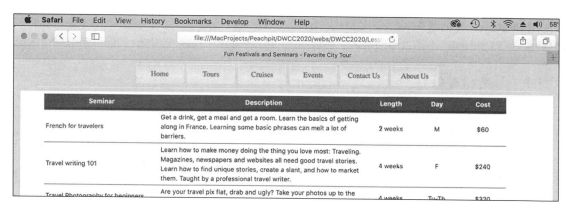

图10-8

15. 单击第一段里的 Seminars 链接，如图 10-9 所示。

浏览器跳到页面底部的研讨会列表。

16. 单击出现在课程表之上的 Return to Top 链接（您可能需要在页面中上下滚动才能看到它）。

浏览器跳转回页面顶部。

17. 如果有必要，关闭浏览器，切换到 Dreamweaver。

您已经测试了多种不同类型的超链接：内部、外部、相对、绝对。在下面的练习中，您将学习如何构建各种类型的链接。

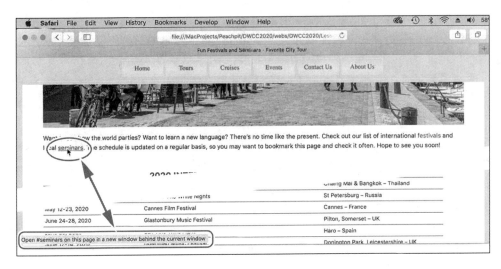

图10-9

10.3 创建内部超链接

用 Dreamweaver 创建各种类型的超链接很容易。在下面这个练习中，您将通过多种方法创建基于文本的链接，它们指向同一个站点中的页面。您可以在 Design 视图、Live 视图和 Code 视图中创建链接。

10.3.1 创建相对链接

Dreamweaver 提供多种创建和编辑链接的方法。链接可以在 3 种程序视图中创建。

1. 在 Live 视图中，打开站点根文件夹中的 **about-us.html**。确保文档窗口宽度至少为 1200 个像素。
2. 在水平菜单中，将鼠标指针放在任何一个水平菜单项上，观察显示的鼠标指针类型，如图 10-10 所示。

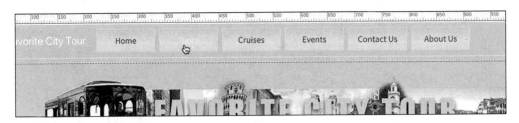

图10-10

指针图标表示菜单项是一个超链接。水平菜单中的链接不能以常规方式编辑，您只有在 Design 视图中才能发现这一点。

3. 切换到 Design 视图。将鼠标指针再次放在水平菜单的任何一项上。

出现符号，表示页面的这个部分无法编辑，如图 10-11 所示。水平菜单不会加入您在第 7 课中所创建的任何可编辑区域。这意味着此类区域被视为模板的一部分，在 Dreamweaver 中被锁定。

要在这个菜单中添加超链接,您必须打开模板。

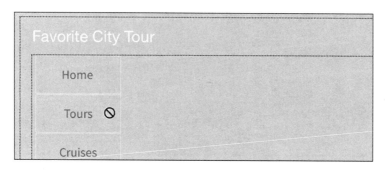

图10-11

4. 选择 Window> Assets。在 Assets 面板的 Template 类别中,用鼠标右键单击 **favorite-temp**,从快捷菜单中选择 Edit,如图 10-12 所示。

图10-12

 注意:Templates 类别在 Live 视图中不可见,您只能在 Design 和 Code 视图中并且没有打开任何文档时看到。水平菜单在模板中是可编辑的。

5. 如果有必要,切换到 Design 视图。
在水平菜单中,将光标插入 Tours 链接。
此时,可以在模板中编辑水平菜单。

6. 如果有必要,选择 Window> Properties。检查 Properties 检查器中 Link 字段的内容,如图 10-13 所示。

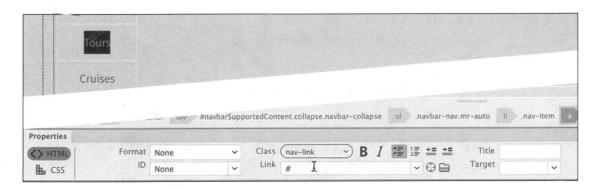

图10-13

 提示：编辑或者删除现有超链接时，您不必选择整个链接，只需将光标插入链接文本中的任何位置。Dreamweaver 默认假定您想更改整个链接。

要创建链接，必须在 Properties 检查器中选择 HTML 选项卡。Link 字段显示一个超链接占位符（#）。

7. 在 Link 字段中，单击 Browse for File 按钮，如图 10-14 所示。

图10-14

出现文件对话框。

8. 如果有必要，浏览到站点根文件夹，从站点根文件夹选择 **tours.html**。

9. 单击 Open 按钮。

链接 ../tours.html 出现在 Properties 检查器中的 Link 字段。

 注意：由于 Bootstrap 样式表应用于此菜单的特殊格式，该链接将不具有典型的超链接外观——蓝色下画线。

您已经创建了第一个基于文本的超链接。

由于模板保存在子文件夹中，因此 Dreamweaver 将路径元素符号（../）添加到文件名中，该符号表示浏览器或操作系统要查看当前文件夹的父目录。

如果将子页面保存在某个子文件夹中，这是必要的。但是，如果将页面保存在站点根文件夹，就没有必要这么做了。幸运的是，当您从模板创建页面时，Dreamweaver 会改写链接，根据需要添加或删除路径信息。

如有必要，您也可以在字段中手动输入链接。

10. 在 Home 链接中插入光标。

主页还不存在。但是这并不能阻止人工输入链接文本。

11. 在 Properties 检查器的 Link 下拉列表框中，选择 # 符号，输入 `../index.html` 代替占位符，按 Enter/Return 键，如图 10-15 所示。

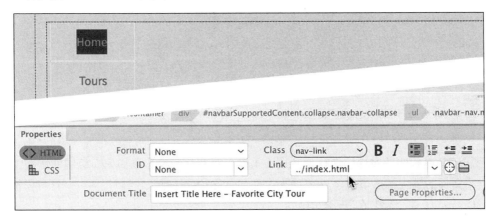

图10-15

在任何时候，您都可以通过手工输入链接来插入它。但是，手工输入链接可能会引入各种错误，从而破坏您尝试创建的链接。如果要链接到已存在的文件，可以使用其他交互方式来创建链接。

12. 在 Cruises 链接中插入光标。

13. 单击 Files 选项卡将面板置顶，或者选择 Window > Files。您必须确保可以看到 Properties 检查器和 Files 面板中的目标文件。

14. 在 Properties 检查器中，将 Link 字段旁边的 Point To File（指向文件）按钮⊕拖到 Files 面板中显示的站点根文件夹下的 **cruises.html** 文件上，如图 10-16 所示。

Dreamweaver 将文件名和任何必要的路径信息输入 Link 字段中。

 提示：如果 Files 面板中的某个文件夹包含您希望链接的页面，但是文件夹没有打开，可以拖动 Point To File 按钮到文件夹上并保持，以展开文件夹，这时您就可以选择想要链接的文件。

15. 用您已经学到的任何一种方法，创建如下的其余链接。

Events: **../events.html**

Contact Us: **../contact-us.html**

About Us: **../about-us.html**

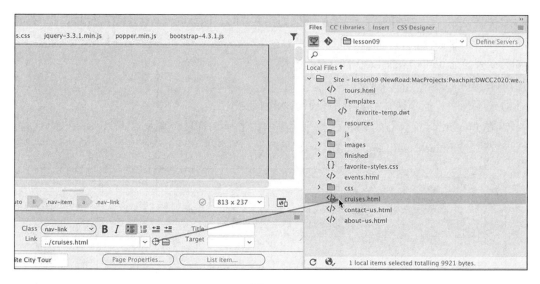

图10-16

对于您还没有创建的文件，您总是必须手工输入链接。记住，添加到模板中的所有指向站点根文件夹中文件的链接都必须包含"../"符号，以便正确解析链接。还要记住，一旦将模板应用到子页面，Dreamweaver 将根据需要修改链接。

10.3.2　创建主页链接

大多数网站会显示一个标志或公司名称，这个网站也不例外。标题元素中出现了 Favorite City Tour 标志，标志由一个背景图形和一些文本组成。这些标志往往用于创建一个返回站点主页的链接。实际上，这种做法已经成为创建网页的标准。由于模板仍然是打开的，因此很容易将这样的链接添加到 Favorite City Tour 标志上。

1. 在 `<header>` 元素中的 Favorite City Tour 文本里插入光标。

Dreamweaver 跟踪您在每次编辑会话中创建的链接，直到您关闭程序。您可以从 Properties 检查器中访问之前创建的链接。

 注意：您可以选择任何文本范围（从一个字符到整个段落甚至更多）来创建链接。Dreamweaver 会为选择的范围添加必要的标记。

2. 单击 h2 标签选择器。在 Properties 检查器的 Link 字段中，从下拉列表框中选择 ../index.html，如图 10-17 所示。

选择的这个范围将创建一个指向您将要创建的主页的链接。现在，`<a>` 标签出现在标签选择器界面中。

您可能注意到，标志已经变成蓝色。如果您使用过互联网，可能已经看到很多格式化为这种颜色的链接，实际上，这是超链接默认样式的一部分。

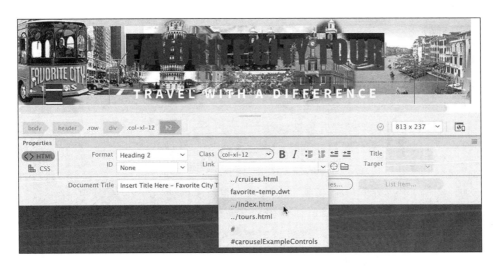

图10-17

您已经在第4课中学到,有些HTML标签有默认的样式。<a>标签就是其中之一,自带了整套的规格与行为。查阅"超链接伪类"补充材料,可以更好地理解所涉概念。

虽然有些人可能希望通过这种方式设置常规的超链接,但标志不应该是蓝色的。用CSS可以很简单地修复该问题。

 提示:您可能必须先单击All按钮,才能看到favoritestyles.css。

3. 在CSS Designer面板中,单击 **favorite-styles.css**。在Selectors窗格中,选择规则 `header h2`。创建如下规则。

`header h2 a:link, header h2 a:visited`

这个选择器将针对标志中链接的"默认"和"已访问"(Visited)状态。

 提示:如果您先选择一条现有规则,新规则将直接添加在选择的规则之后。这是一种很好的组织样式表规则的方式。

超链接伪类

HTML元素的默认样式有时候相当复杂。例如,<a>元素(超链接)提供5种状态(或者截然不同的行为),可以使用CSS伪类修改。伪类是CSS的一种特性,可以为某些选择器添加特效或者功能。下面是用于<a>标签的伪类。

- a:link伪类创建超链接的默认显示和行为，在许多情况下可以与CSS规则的a选择器互换使用。但是a:link特异性更高，如果在样式表中使用，将覆盖特异性较低的选择器指定的规格。
- a:visited伪类格式化被浏览器访问之后的链接格式。每当浏览器缓存或历史被删除时，将重置为默认样式。
- a:hover伪类格式化鼠标指针经过的链接。
- a:active伪类格式化鼠标单击的链接。
- a:focus伪类格式化通过键盘访问（而不是鼠标指针交互）的链接。

使用时，伪类必须按照这里列出的顺序声明才能生效。记住，不管是不是在样式表中声明的，每种状态都有一组默认格式和行为。

4. 在规则中添加如下属性，如图10-18所示。

```
color: inherit
text-decoration: none
```

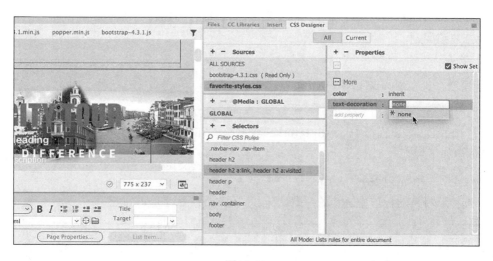

图10-18

5. 切换到Live视图，如图10-19所示。

图10-19

这些属性将取消超链接样式，使文本回到原来的外观。通过对颜色值使用 inherit,header h2 规则应用的颜色将自动传递给文本。这样，如果 header h2 规则中的颜色改变，超链接将设置相应样式，无须任何附加的工作或多余的代码。

 注意：Design 视图不能正确地显示所有样式，但样式可以正确地出现在 Live 视图和浏览器中。

在我们保存模板之前，还要创建一个链接并设置样式。在水平菜单中，公司名称出现在按钮左侧。这些文本是您用公司名自定义的原始 Bootstrap 启动器布局的一部分。

如果您查看第 5 课中的模型设计，您会发现标题元素及其内容在平板设备和智能手机上将被隐藏。在较小的屏幕上，出现于水平菜单旁边的公司名称将代替公司标志。当标题元素被隐藏时，使用平板设备和智能手机的访问者应该可以轻按这段文本，进入主页。

让我们为这段文本添加主页链接。

6. 切换到 Design 视图。
7. 选择菜单顶部的 Favorite City Tour。

链接占位符（#）应该出现在 Properties 检查器的 Link 字段中。

8. 在 Properties 检查器的 Link 字段中，从下拉列表框中选择 ../index.html，如图 10-20 所示。

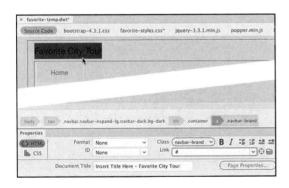

图10-20

链接完成，但您的工作还没有结束。这段文本的设计目的是用于平板设备和智能手机，在台式计算机上没有必要出现。让我们创建某些样式，在台式机上隐藏该文本。

9. 如果有必要，选择 a.navbar-brand 标签选择器。
10. 在 CSS Designer 面板中，选择 **favorite-styles.css**，单击 Add Selector 按钮➕。按上箭头键创建如下规则。

`.container .navbar-brand`

11. 在新规则中添加如下属性，如图 10-21 所示。

`display: none`

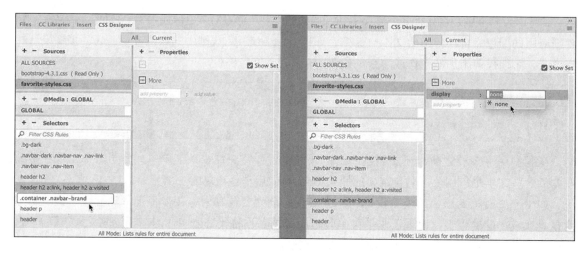

图10-21

12. 切换到 Live 视图。

公司名称不再出现在水平菜单旁边。但现在菜单移到了布局的左侧，如果居中会更好看一些。这个菜单是用 `ul.navbar-nav.mr-autolist` 元素创建的。

13. 在 CSS Designer 面板中，选择 **favorite-styles.css**。在 Selectors 窗格中，选择 `.bg-dark` 规则。创建如下规则。

`ul.navbar-nav`

14. 为新规则添加如下属性，如图 10-22 所示。

`margin: 0 auto`

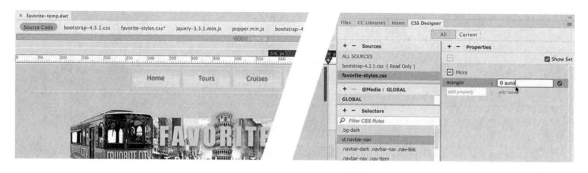

图10-22

水平菜单居中对齐。

到目前为止，您创建的所有链接和所做的更改仅在模板上。使用该模板的目的是在您的站点中更方便地更新页面。

10.3.3 更新子页面中的链接

为了将您创建的链接应用到基于此模板的所有现有页面，您现在要做的就是保存它。

1. 选择 File> Save。

出现 Update Template Files 对话框。您可以选择现在更新页面，也可在以后更新，甚至可以手动更新模板文件。

2. 单击 Update 按钮，如图 10-23 所示。

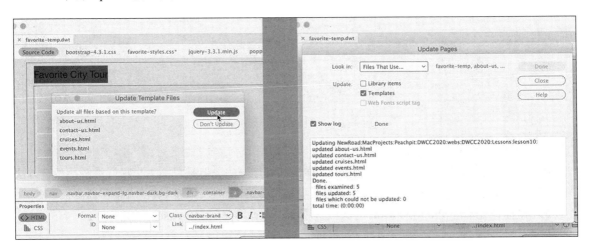

图10-23

Dreamweaver 更新此模板创建的所有页面，出现 Update Pages 对话框，并显示更新页面的报告。如果没有看到更新页面的列表，请选中对话框中的 Show log 复选框。

3. 关闭 Update Pages 对话框，关闭 **favorite-temp.dwt**。

Dreamweaver 提示您保存 **favorite-styles.css**。

 注意：关闭模板或网页时，Dreamweaver 可能会要求您将更改保存到 "favorite-styles.css"。每当您看到这些警告时，要始终选择保存更改；否则可能会丢失所有新创建的 CSS 规则和属性。

4. 单击 Save 按钮，如图 10-24 所示。

图10-24

10.3　创建内部超链接

文件 **about_us.html** 仍然打开，如图 10-25 所示。注意文档选项卡中的星号，这表示该页面已被更改但未被保存。

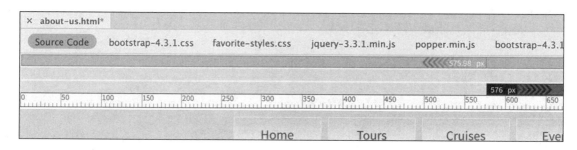

图10-25

5. 保存 **about-us.html**。

虽然 Live 视图提供了预览 HTML 内容和样式的极佳方法，但是目前为止最好的链接预览方法是使用 Web 浏览器。Dreamweaver 提供了用最受您喜爱的浏览器预览网页的方便手段。

6. 鼠标右键单击 **about-us.html** 的文档选项卡，选择 Open in Browser，如图 10-26 所示。

图10-26

从快捷菜单中选择您常用的浏览器。

7. 将鼠标指针放在 Contact Us 链接上，如图 10-27 所示。

如果您的浏览器显示状态栏，则可以看到应用于每个项目的链接。当保存模板时，它更新了页面的锁定区域，将超链接添加到水平菜单。在更新时关闭的子页面将自动保存。打开的页面必须手工保存，否则将丢失模板应用的更改。

8. 单击 Contact Us 链接。

加载 Contact Us 页面，替换浏览器中的 About Us 页面。

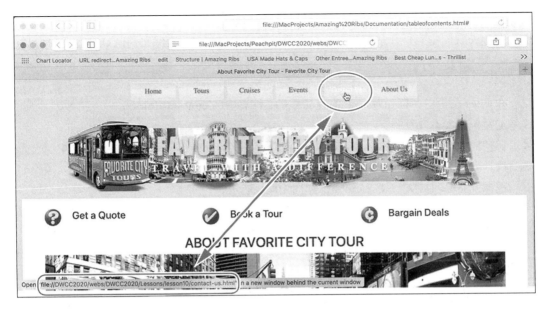

图10-27

> **Dw** 提示：必须全面测试每个页面中创建的每个链接。

9. 单击 About Us 链接。

加载 About Us 页面，替换 Contact Us 页面。链接将被添加到页面上，即使它们此时没有被打开。

10. 关闭浏览器。

11. 在 Dreamweaver 中，关闭 **about-us.html**。

您学习了使用 Properties 检查器创建超链接的 3 种方法：手工输入链接、使用 Browse for File 功能，以及使用 Point To File 工具。接下来将学习创建外部链接的方法。

10.4 创建外部链接

您在上一个练习中链接到的页面存储在当前站点中。如果您知道 URL，还可以链接到网络上的任何页面或其他资源。

在 Live 视图中创建一个绝对链接

在上一个练习中，您使用 Design 视图构建所有链接。当您构建页面和格式化内容时，将经常使用 Live 视图预览元素的样式和外观。尽管 Live 视图中内容创建和编辑的某些方面受到限制，但仍然可以创建和编辑超链接。在本练习中，您将使用 Live 视图，把外部链接应用于某些文本。

1. 在 Live 视图中，打开站点根文件夹中的 **contact-us.html**。确保文档窗口宽度至少为 1200 个像素。

我们需要做的第一件事是在文本中添加一些文本。

2. 在 Files 面板中，打开 lesson10/resources 文件夹中的 **contact-link.txt**。
3. 选择所有文本并复制。
4. 切换回 **contact-us.html**，在 **A company is only as good as its people** 开头的段落中插入光标。
5. 选择 p 标签选择器。
6. 选择 Insert > HTML > Paragraph，如图 10-28 所示。

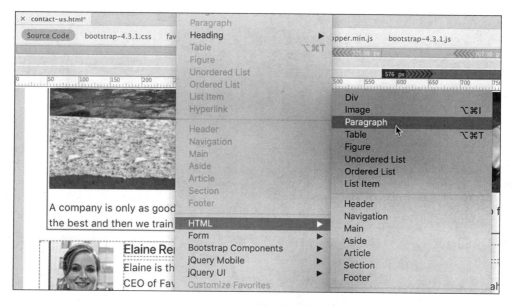

图 10-28

Position Assist 对话框出现。

7. 单击 After 按钮，如图 10-29 所示。

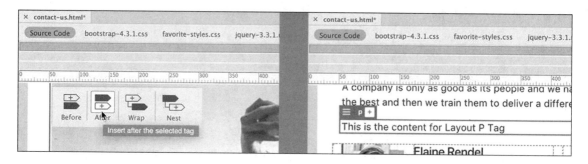

图 10-29

出现一个带有占位文本的新段落元素。

8. 选择占位文本，粘贴第 3 步复制的文本，如图 10-30 所示。

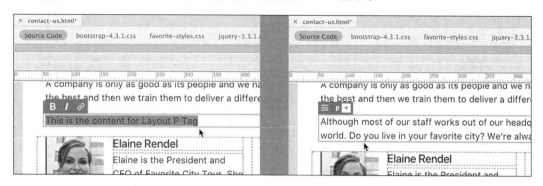

图10-30

9. 在新的 <p> 元素里，注意单词 Meridien。您将把这段文本链接到 Google 地图网站。

 提示：对于这个练习，您可以使用任何搜索引擎或者基于 Web 的地图应用。

 注意：在某些浏览器中，您可以直接在 URL 字段中输入搜索短语。

 注意：我们将使用 Adobe 总部所在地代替虚构的城市 Meridien，您可以随意使用自己的位置或其他搜索词。

10. 启动您常用的浏览器。在 URL 输入框中，输入网址并按 Enter/Return 键。
Google 地图出现在浏览器窗口中。

11. 在搜索框里输入 **San Jose, CA**，并按 Enter/Return 键。
San Jose 出现在浏览器中的一幅地图上。在 Google 地图中，您应该可以在屏幕上的某处看到设置或者共享图标。

12. 根据您选择的映射应用程序打开"共享"或"设置"界面。

 注意：共享地图链接的技术在各种浏览器和搜索引擎中有不同的实现方式，并且可能会随时间而变化。

搜索引擎和浏览器所显示的链接共享和嵌入界面可能与本图略有不同。Google 地图、MapQuest 和 Bing 地图通常至少有两个独立的代码片段，一个用于超链接中，另一个用于生成可嵌入您的站点中的实际地图。

注意，链接应包含地图的完整 URL，使其成为绝对链接。使用绝对链接的优点是可以将它们复制并粘贴到网站的任何位置，而不用担心链接是否能被正确解析。

13. 选择并复制该链接。

14. 在 Dreamweaver 中切换到 Live 视图。选择单词 Meridien。

> **Dw** 提示：在 Live 视图中用鼠标双击选择文本。

在 Live 视图中，您可以选择整个元素或者在元素中插入光标，以编辑或添加文本，或者应用超链接。当选择文本的元素或部分时，将出现 Text Display 界面。Text Display 界面允许您将 `<strong>` 或 `<em>` 标签应用于选择的内容或（如在这种情况下）超链接。

15. 在 Text Display 中单击 Hyperlink（HREF）按钮 。按 Ctrl+V/Cmd+V 组合键将链接粘贴到 Link 字段中。按 Enter/Return 键完成链接的添加，如图 10-31 所示。

图10-31

选择的文本显示默认超链接格式。

16. 保存文件并在默认浏览器中预览。测试链接。

假设您已连接到互联网，单击链接时，浏览器会转到 Google 地图的开始页面。但是有一个问题：在浏览器中单击取代 Contact Us 页面的链接，它没有像在本课开始时预览页面那样，打开一个新窗口。要使浏览器打开一个新窗口，您需要在链接中添加一个简单的 HTML 属性。

17. 切换到 Dramweaver。在 Live 视图中单击 Meridien 链接。

Element Display 出现，焦点在 `<a>` 元素上。Properties 检查器显示现有链接值。

18. 从 Properties 检查器中的 Taget（目标）下拉列表框中选择 _blank，如图 10-32 所示。

图10-32

注意下拉列表框中的其他选项。

19. 保存文件，在默认浏览器中再次预览页面。测试链接。这次当您单击链接时，浏览器将打开一个新的窗口或者文档选项卡。
20. 关闭浏览器窗口，切换回 Dreamweaver。

如您所见，Dreamweaver 将创建内部和外部资源的链接变成轻松的任务。

> ### Target属性
>
> Target（目标）下拉列表框中有6个选项。target属性指定在哪里打开指定页面或者资源。
>
> Default（默认）：这个选项表示不在标记中创建 target 属性。超链接的默认行为是在当前窗口或者选项卡中加载页面或者资源。
>
> _blank：在新窗口或者选项卡中加载页面或者资源。
>
> _new：在新窗口或者选项卡中加载页面或者资源的HTML 5属性值。
>
> _parent：在链接所在框架的父框架或者父窗口中加载链接文档。如果链接所在框架不是嵌套的，则在完整的浏览器窗口中加载链接文档。
>
> _self：在与链接相同的框架或者窗口中加载链接文档。这是一个默认目标，所以通常没有必要指定。
>
> _top：在完整浏览器窗口中加载链接文档，从而删除所有框架。
>
> 许多目标选项是几十年前为使用框架集的网站设计的，现在已经过时。因此，您现在需要考虑的唯一选项是以新页面或者资源代替现有窗口内容，还是在新窗口中加载它们。

10.5 建立电子邮件链接

另一种链接类型是电子邮件链接，但这种链接不是把访问者带到另一个页面，而是打开访问者的电子邮件程序。邮件链接可以为访问者创建自动的、预先编写好地址的电子邮件消息，用于接收客户反馈、产品订单或其他重要的通信。电子邮件链接的代码与正常的超链接略有不同，您可能已经猜到，Dreamweaver 可以自动创建对应的代码。

1. 如果必要，在 Design 视图中打开 **contact-us.html**。
2. 选择标题 CONTACT FAVORITE CITY TOUR 之下第一个段落中的电子邮件地址（info@favoritecitytour.com），并按 Ctrl+C/Cmd+C 组合键复制文本。

> **Dw** 提示：在 Live 视图中无法访问 Email Link（电子邮件链接）菜单。但是您可以使用 Design 视图或 Code 视图中的菜单，或者在任何视图中手工创建链接。

3. 选择 Insert > HTML > Email Link，出现 Email Link 对话框，如图 10-33 所示。

图10-33

第 2 步在文档窗口中复制的文本将自动输入 Text 字段中。

 提示：如果您在访问 Email Link 对话框之前选择了文本，Dreamweaver 将自动为您在字段中输入文本。

4. 单击 OK 按钮。

检查 Properties 检查器中的 Link 字段，如图 10-34 所示。

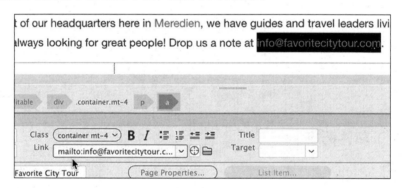

图10-34

Dreamweaver 在 Link 字段中插入电子邮件地址，并添加了 `mailto:` 标记，这将告诉浏览器自动启动访问者的默认电子邮件程序。

5. 保存文件并在默认浏览器中打开。

测试电子邮件链接，如图 10-35 所示。

如果您的计算机安装了默认电子邮件程序，该程序将启动并用链接中提供的邮件地址创建一封新邮件。如果没有安装默认电子邮件程序，计算机操作系统可能要求您确定或者安装一个程序。

6. 关闭任何打开的电子邮件程序、相关对话框或者向导，切换到 Dreamweaver。

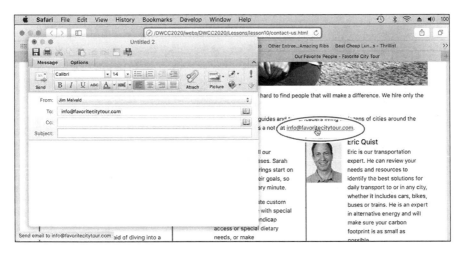

图10-35

您还可以手工创建电子邮件链接。

7. 选择并复制 Elaine 的电子邮件地址。
8. 在 Properties 检查器的 Link 字段中输入 mailto:，在冒号后面粘贴 Elaine 的电子邮件地址。按 Enter/Return 键完成链接，如图 10-36 所示。

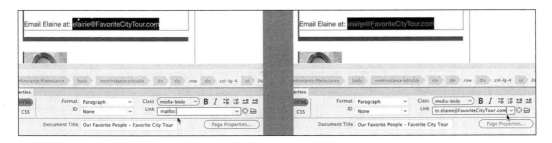

图10-36

 注意：在冒号和链接文本之间一定不能有任何空格。

文本 mailto:elaine@green-start.org 出现在 Live 视图的 Text Display 的 Link 字段中。

9. 保存文件。

您已经学习了为文本内容添加链接的几种技术。您还可以为图像添加链接。

10.6 创建基于图像的链接

基于图像的链接和其他任何一种超链接的工作方式类似，可以把用户引导到内部或外部资源。您可以使用 Design 或 Code 视图中的 Insert 菜单，或在 Live 视图中使用 Element Display 界面应用链接和其他属性。

10.6.1 用 Element Display 界面创建基于图像的链接

在这个练习中,您将通过 Element Display 界面,用每个 Favorite City Tour 雇员的电子邮件地址创建和格式化基于图像链接。

1. 如果有必要,在 Live 视图中打开站点根文件夹中的 **contact-us.html**。确保文档窗口宽度至少为 1200 个像素。
2. 选择基于卡片内容区段中的 Elaine 图像。

Element Display 出现,焦点在 `img` 元素上。超链接选项隐藏在 Quick Property 检查器中。

3. 在 Element Display 中,单击 Edit HTML Attributes 按钮 。

Quick Property 检查器打开,显示图像的 `src`、`alt`、`link`、`width` 和 `height` 属性。

4. 单击 link 字段。如果上一个练习中的电子邮件地址仍在内存中,只需要输入 `mailto:` 并将地址粘贴到 link 字段中即可。否则,在 link 字段中输入 `mailto:elaine@favoritecitytour.com`,如图 10-37 所示,按 Enter/Return 键完成链接。按 Esc 键关闭 Quick Property 检查器。

图10-37

> **Dw 注意**:在过去,表示超链接的图像自动设置蓝色边框样式,但这在 HTML 5 中已经被弃用。

应用到图像的超链接将启动默认电子邮件程序,和前面创建的基于文本链接相同。

5. 选择和复制 Sarah 的电子邮件地址。

重复第 2～4 步,为 Sarah 的图像创建一个电子邮件链接。

6. 用对应的电子邮件地址为其余雇员创建图像链接。
7. 在浏览器中加载页面,测试每个链接。

页面上所有基于图像的链接都已完成。您也可以用 Text Display 界面创建基于文本的链接。

10.6.2 用 Text Display 界面创建文本链接

在本练习中,您将为其余雇员创建基于文本的电子邮件链接。

1. 如果必要，在 Live 视图中打开 contact-us.html。确保文档窗口宽度至少为 1200 个像素。
2. 选择并复制 Sarah 的电子邮件地址。
3. 双击包含 Sarah 电子邮件地址的段落，选择她的电子邮件地址。

选择的文本附近出现 Text Display 界面。

4. 单击 Hyperlink(HREF) 按钮 🔗。

出现一个链接字段。链接字段右侧显示一个文件夹图标。如果您打算链接到网站上的一个文件，可以单击文件夹图标选择目标文件。在本例中，我们将创建一个电子邮件链接。

5. 如果有必要，在链接字段中插入光标。输入 `mailto:` 并粘贴 Sarah 的电子邮件地址，如图 10-38 所示。按 Enter/Return 键。

图10-38

6. 使用 Text Display 界面，为页面上显示的其余电子邮件地址创建电子邮件链接，如图 10-39 所示。

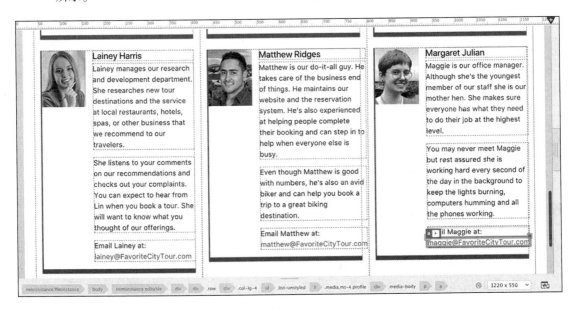

图10-39

当您完成上述工作时，可能注意到 Matthew 的电子邮件地址超出了第二列的边缘。

通常，当文本靠近列的末尾处时，它将切换到下一行，但 Matthew 的电子邮件地址被当成一个长的单词对待，不能切换。

地址也不会有连字号或者实用的断词方法。这个问题的最佳处理方式是应用特殊的 CSS 样式。

7. 在 Matthew 的电子邮件地址中插入光标，选择 a 标签选择器。

Element Display 出现在包含 Matthew 电子邮件地址的 <a> 元素上。

8. 如果必要，单击 CSS Designer 面板中的 All 按钮。

9. 在 Sources 窗格中选择 **favorite-styles.css**，单击 Add Selector 按钮 ✚。

新选择器 .media-body p a 出现在 Selectors 窗格中。这个选择器将只针对基于列表内容区段中的链接。由于这些配置当中没有其他文本链接，因此该选择器应该不用改动。

10. 按 Enter/Return 键创建新规则。为规则 .media-body p a 添加如下属性，如图 10-40 所示。

```
font-size: 90%
```

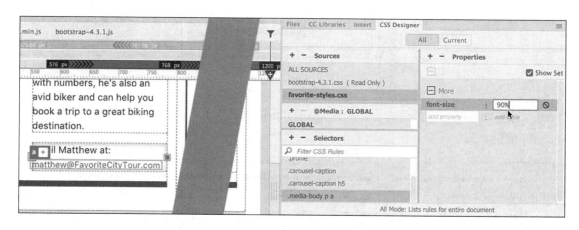

图10-40

所有电子邮件地址链接的大小都改变了。Matthew 的电子邮件现在也完全在列范围内。这个样式设置能解决目前的间距问题。

11. 保存并关闭所有文件。

10.7 以页面元素为目标

随着您在页面上添加更多的内容，页面变得更长，内容导航也变得更困难。通常，当您单击一个指向页面的链接时，浏览器窗口将从页面的开始处显示它。只要有可能，就要为用户提供方便的方法，以链接到页面上的特定位置。

在 HTML 4.01 中提供了两种方法，用于把特定的内容或页面结构作为目标：一种方法使用命名锚，另一种方法使用 ID 属性。不过，在 HTML5 中，命名锚的方法已经被弃用，这是为了支持 ID 属性。如果您以前用过命名锚，别担心，它们不会突然停止运作。但是从现在起，您要开始并且仅使用 ID 属性。

> **"杀手"机器人的攻击**
>
> 从表面上看，添加电子邮件链接是一个好主意，它可以使您的客户和访客更容易与您和您的员工沟通，但电子邮件链接是柄双刃剑。互联网充斥着不法分子和无良公司，他们使用智能程序或机器人不断搜索在用的电子邮件和其他个人信息，以便大量发送来路不明的电子邮件和垃圾邮件。像这些练习中那样，在您的网站上放置一个普通电子邮件地址，就像在背上放一个"踩我"的标记一样。
>
> 许多网站使用各种方法代替活跃的邮件链接，以限制收到的垃圾邮件数量。其中一种技术使用图像来显示电子邮件地址，因为机器人（还）不能读取以像素存储的数据。另一种方法是取消超链接属性，并用额外的空格输入地址，如下所示：
>
> elaine @ favoritecitytour .com
>
> 然而，这两种技术都有缺点。如果访问者尝试使用复制和粘贴功能，就不得不费尽心思删除额外的空格，或者凭借记忆输入您的电子邮件地址。无论哪一种方法，用户在没有额外帮助的情况下不得不完成的每个步骤，都会降低您接收到沟通邮件的概率。
>
> 目前，没有任何简单安全的方式能阻止某人将电子邮件地址用于邪恶的目的。加之在计算机上安装邮件程序的用户越来越少，实现访问者沟通的最佳方法是提供站点本身内置的手段。许多网站创建网络托管表单，收集访问者的信息和消息，然后使用基于服务器的电子邮件功能传递消息。

10.7.1 创建以内部为目标的链接

在这个练习中，您将使用 ID 属性创建内部链接目标。您可以在 Live、Design 或者 Code 视图中添加 ID。

1. 在 Live 视图中打开 **events.html**。确保文档窗口宽度至少为 1200 个像素。
2. 将界面向下滚动到包含研讨会安排的表格。

当用户在页面上向下移动较远的距离时，将看不到、也不能使用导航菜单。他们越往下阅读页面，就离主导航系统越远。在用户可以导航到另一个页面之前，他们不得不使用浏览器滚动条或者鼠标滚轮返回到页面顶部。

旧网站通过添加一个链接使访问者回到顶端来解决这种情况，这大大改善了访问者在网站上的体验。我们称这种类型的链接为内部目标链接。现代网站只需冻结屏幕顶部的导航菜单即可，那样，菜单总是可见、用户也一直可以访问。您将学习这两种技术。首先，创建一个内部目标链接。

内部目标链接有两个部分：链接本身和目标（目的地）。先创建哪一部分都没有关系。

3. 单击 2020 Seminar Schedule 表格。选择表格父元素 section 的标签选择器，如图 10-41 所示。

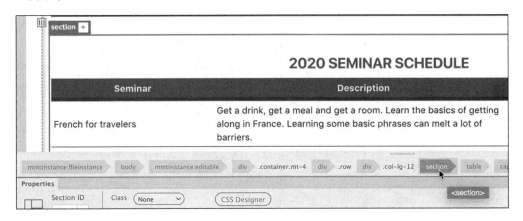

图10-41

Element Display 出现，焦点在 section 元素上。

4. 打开 Insert 面板，选择 HTML 类别，单击 Paragraph 项目。

出现 Position Assist 对话框。

5. 单击 Before 按钮，如图 10-42 所示。

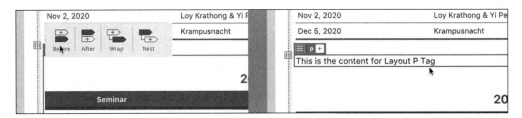

图10-42

布局中出现一个新段落元素，包含占位文本 This is the content for Layout P Tag。

6. 选择占位文本，输入 **Return to Top** 替代上述文本，如图 10-43 所示。

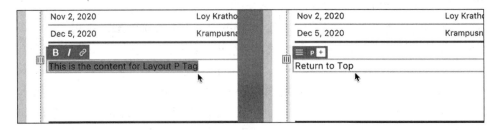

图10-43

文本插入两个表格之间，格式化为一个 \<p\> 元素。这段文本如果居中，外观会更好看。Bootstrap

已经定义了居中文本的 CSS 类，并应用到所有内容区段标题。

7. 在新的 `<p>` 元素上单击 Add Class/ID 按钮 。
8. 在文本输入框中输入 `.text-center` 并按 Enter/Return 键，或者从提示菜单中选择 `.text-center`，如图 10-44 所示。

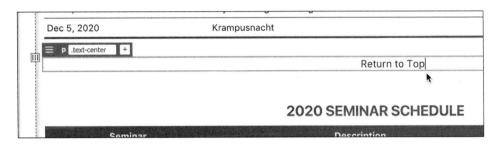

图10-44

Return to Top 文本居中对齐。标签选择器现在显示 p.ctr。

9. 选择元素 Return to Top，单击 Edit HTML Attributes 按钮 ，并在 link 字段中输入 `#top`，如图 10-45 所示。按 Enter/Return 键完成链接。

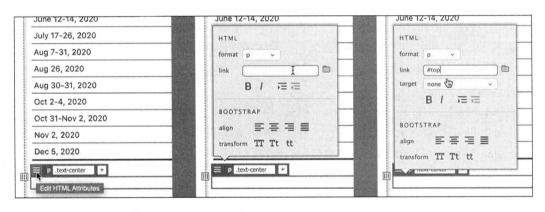

图10-45

通过使用 `#top`，您创建了到当前页面顶部的链接。这个目标现在是 HTML 5 中的一个默认功能。如果您使用简单的 `#` 符号或者 `#top` 作为链接目标，浏览器会自动假定您希望跳转到页面顶部，不需要任何附加代码。

10. 保存所有文件。
11. 在浏览器中打开 **events.html**。
12. 向下滚动到 Seminar 表格，单击 Return to Top 链接。

浏览器跳转回到页面顶部。

您可以复制 Return to Top 链接，将其粘贴到站点中您希望添加这一功能的任何位置。

13. 切换到 Dreamweaver，选择并复制包含 Return to Top 文本及其链接的 `<p>` 元素。

10.7 以页面元素为目标 357

14. 在 Seminar 表格中插入光标，用标签选择器选择 `<section>` 元素。按 Ctrl+V/Cmd+V 组合键粘贴，如图 10-46 所示。

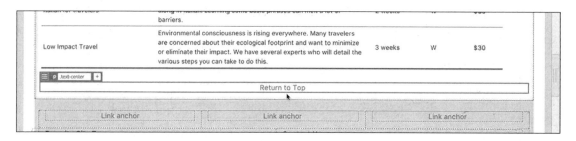

图10-46

一个新的 p 元素和链接出现在页面底部。

15. 保存文件并在浏览器中预览。测试两个 Return to Top 链接。

这两个链接都可用于跳转回文档顶部。在下一个练习中，您将学习如何用元素属性创建链接目标。

10.7.2　在 Element Display 中创建一个目标链接

在过去，链接目标往往是通过在代码中插入被称为命名锚的独立元素来创建的。现在，HTML 5 中的 ID 属性代替了命名锚。在大多数情况下，无须添加任何额外的元素来创建超链接目的地，因为您可以简单地将 ID 属性添加到附近某个方便的元素。在本练习中，您将使用 Element Display 来添加一个 ID。

1. 在 Live 视图中打开 **events.html**。确保文档窗口宽度至少为 1200 个像素。
2. 单击 2020 Events Schedule 表格，选择 `table` 标签选择器。

Element Display 和 Properties 检查器显示当前应用到 Events 表格的属性。您可以用任何一个工具添加一个 ID。

3. 单击 Add Class/ID 按钮 ⊞，输入 #。

如果样式表中定义了 ID 但是没有在页面上使用，将出现一个列表。没有出现任何列表意味着没有未用的 ID。创建新 ID 很容易。

4. 输入 `festivals` 并按 Enter/Return 键，如图 10-47 所示。

图10-47

CSS Source 对话框出现。您不需要将该 ID 添加到任何样式表。

注意：创建 ID 时请记住，它们的名称只能在每个页面使用一次。ID 是区分大小写的，所以请注意。

5. 按 Esc 键关闭对话框。

标签选择器现在显示 #festivals，样式表中没有任何输入项。由于 ID 是唯一标识符，因此它们极其适合作为超链接选择页面上的特定内容目标。

注意：这个 ID 不需要 CSS 选择器。如果您不小心创建了一个，可以在 CSS Designer 面板中将其删除。

您还需要为 Seminars 表格创建 ID。

6. 重复第 2～4 步，在 Class 表格上创建名为 #seminars 的 ID，如图 10-48 所示。

图10-48

注意：如果将 ID 添加到了错误的元素，只需将其删除并重新创建即可。

标签选择器现在显示 #seminars。

7. 保存所有文件。

接下来，您将学习如何链接到这些 ID。

10.7.3 以基于 ID 的链接目的地作为目标

通过在两个表格中添加唯一的 ID，您已经为内部超链接提供了理想的目标，可以导航到网页的特定部分。在本练习中，您将创建指向每个表格的链接。

1. 如果必要，在 Live 视图中打开 **contact-us.html**。确保文档窗口宽度至少为 1200 个像素。
2. 将界面向下滚动到 Sarah Harvey 的简历。
3. 选择第二个段落中的单词 festivals。

提示：您可以双击以选择单词。

10.7 以页面元素为目标　359

4. 使用 Text Display，创建指向 `events.html` 文件的链接。

这个链接将打开文件，但是您的工作还没有完成。现在，您必须引导浏览器导航到 Events 表格。

> **Dw 注意：** 超链接不能包含空格，要确保 ID 引用紧跟文件名。

5. 在文件名的最后输入 `#festivals` 完成链接，并按 Enter/Return 键，如图 10-49 所示。

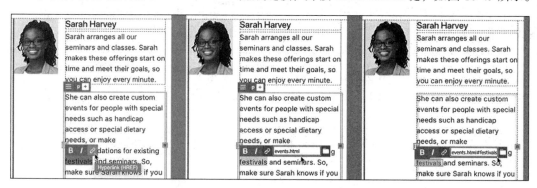

图10-49

单词 festivals 现在是一个以 events.html 文件中的 Festivals 表格为目标的链接。

6. 选择单词 seminars，创建指向 **events.html** 文件的链接。输入 `#seminars` 完成链接，并按 Enter/Return 键，如图 10-50 所示。

图10-50

7. 保存文件，并在浏览器中预览页面。测试指向 Festivals 和 Seminars 表格的链接。

这些链接打开 Events 页面并导航到相应的表格。您已经学会了创建各种内部和外部链接的方法，剩下的工作不多了。

10.8 锁定屏幕上的元素

您在网页上遇到的大部分元素将随着您在内容中向下滚动而移动，这是 HTML 的默认行为。

为了特定的目的，您可能希望冻结某个元素，使其保留在屏幕上。这种做法已经变得非常流行，特别是导航菜单。在必要时保持菜单总是可见，能够为访问者提供方便的导航选项。

导航菜单不能在由模板创建的子页面中直接编辑，您所要的更改必须在模板中完成。

1. 在 Live 视图中打开 **favorite-temp.dwt**。确保文档窗口宽度至少为 1200 个像素。

导航菜单出现在页面顶端，但随其余内容滚动。

Dreamweaver 中的一个 Bug 使 Live 视图难以处理非可编辑区域中的元素。您不能直接选择文档窗口中的许多元素，但是，您可以使用 DOM 面板。

2. 如果必要，选择 Window > DOM，打开 DOM 面板。在 DOM 面板中找到 nav 元素。

注意，这个元素已经指定了多个 Bootstrap 类，您将再指定一个。

3. 双击以编辑指定到 nav 元素的类。

4. 在一系列类的最后插入光标，按空格键插入一个空格。输入 .fixed。

在您输入时，提示菜单显示已定义的类和过滤器列表。

.fixed-bottom 类将把水平菜单放在浏览器窗口底部，.fixed-top 类则将它放在顶部。

5. 选择 .fixed-top 类并按 Enter/Return 键完成更改，如图 10-51 所示。

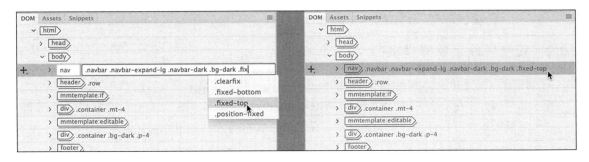

图10-51

添加类后，header 元素立刻转移到水平菜单下面。如果您向下滚动页面，将在 Live 视图中看到菜单停留在窗口顶部。在浏览器中的表现也应该相同。

这种效果与我们想要的很接近，但并不完整。虽然菜单固定在屏幕顶部，但是它不再匹配页面其余部分的宽度，并且遮盖了部分标题。应用这个 Bootstrap 类从根本上将菜单放到了正常文档流之外。现在，它存在于和其余内容分离的一个世界里，浮动于其他元素之上。

为了使其余内容正确地适应原始页面设计，您必须在 header 元素上方添加间距，将所有内容移回合适的位置。要将其移到菜单下方，您就必须为格式化它的规则添加一些间距。

6. 在 header 规则中添加如下属性，如图 10-52 所示。

```
margin-top: 2.6em
```

 提示： 对菜单和其他控件使用 em 计量单位，可确保访问者使用较大字号时结构能更好地适应，因为 em 是基于字体大小的。

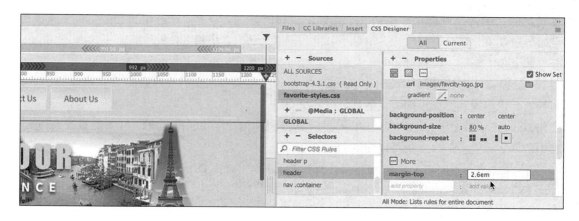

图10-52

header 元素回到了原始位置。

7. 保存所有文件。

菜单几乎已经完成。您可能注意到水平菜单的某些格式有些不正常。让我们调整这些颜色，使其更好地匹配网站的配色方案。

10.9 设置导航菜单样式

仔细检查水平菜单，就能找出不一致的样式，尤其是在您与菜单项交互时。

1. 如果必要，在 Live 视图中打开 **favorite-temp.dwt**。确保文档窗口宽度至少为 1200 个像素。
2. 将鼠标指针放在任何一个菜单项上，观察其样式行为。移动鼠标指针到另一个项目，注意变化，如图 10-53 所示。

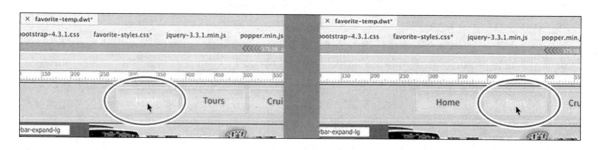

图10-53

鼠标指针经过菜单项时，文本颜色从蓝色变为白色，这种变化是通过伪类 :hover 实现的。由于您没有为 :hover 行为创建任何样式，可以假定它是 Bootstrap 框架的一部分。

在第 6 课中，您定义了多条规则以覆盖水平菜单的默认样式，特别是两个设置单独菜单项或按钮的样式。为了全面修改样式，您必须创建两条新规则。最简单的方法就是复制两条原有规则。

3. 如果有必要，在 CSS Designer 面板中单击 All 按钮，在 Sources 窗格中选择 **favorite-styles.css**。
4. 选择规则 .navbar-dark .navbar-nav .nav-link。检查规则属性。

这条规则格式化文本颜色。当前的 :hover 样式将文本更改为白色，使其难以分辨，我们将用黑色替代白色。

5. 鼠标右键单击规则 .navbar-dark .navbar-nav .nav-link。
6. 从快捷菜单中选择 Duplicate，如图 10-54 所示。

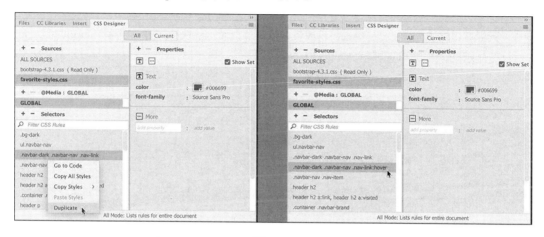

图10-54

创建一个精准复制的规则。注意，规则是可编辑的。

7. 单击类 .nav-link 的末尾，输入 :hover 并按 Enter/Return 键。

这条新规则针对链接文本的 :hover 状态。

 注意：伪类必须直接添加在 .nav-link 类的最后，没有任何空格。

8. 按高亮显示的部分更改如下属性，如图 10-55 所示。

color:#000

删除属性 font-family: source sans pro。

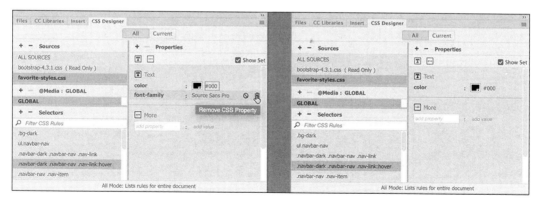

图10-55

10.9 设置导航菜单样式 **363**

当您创建一个伪类，只需要声明从一个状态改变为下一个状态的属性。因此，没有必要保留 `font-family` 属性。

9. 将鼠标指针放在任何菜单项上，将鼠标指针移到另一项。

链接文本从蓝色变为黑色，看起来漂亮得多，但还可以让它更美观。背景属性的改变将增强鼠标指针悬停效果。

10. 鼠标右键单击规则 `.navbar-nav .nav-item`，从快捷菜单中选择 Duplicate。按照高亮显示的内容编辑选择器，如图 10-56 所示。

`.navbar-nav .nav-item:`**`hover`**

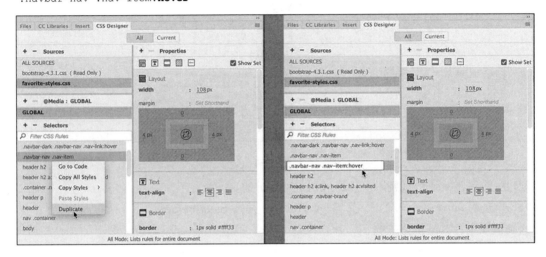

图10-56

原来的规则设置按钮样式，其中一个属性设置渐变背景。颠倒渐变的方向将使效果更美观。首先，您必须删除所有不需要的属性。

11. 删除属性 `width`、`margin`、`text-align` 和 `border`，如图 10-57 所示。

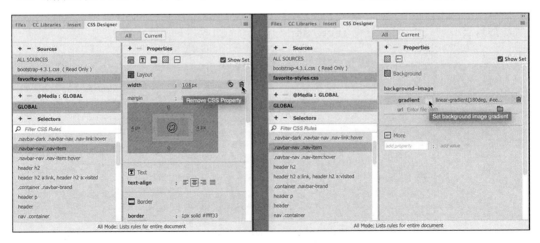

图10-57

364　第10课　处理导航

剩下的唯一属性是 `background-image`。

12. 单击 Properties 窗格中的渐变颜色选择器。
13. 将角度更改为 0，如图 10-58 所示。按 Enter/Return 键完成更改。

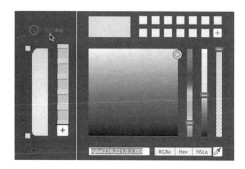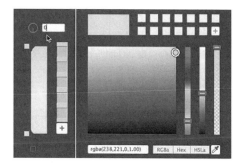

图10-58

14. 将鼠标指针放在任何一个菜单项上，如图 10-59 所示。

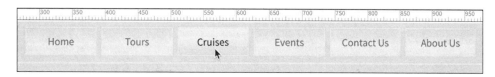

图10-59

背景渐变方向颠倒，文本显示为黑色。这种效果为菜单项提供了很好的交互行为。

在您保存模板和更新所有页面之前，应该为站点添加一种新型链接：电话链接。

10.10 添加电话链接

智能手机出现之前，通过单击拨打网站上的一个电话号码是不可想象的。今天，数以百万计的人们每天都用智能手机上网。如果您希望客户拨打您的业务电话，电话链接就是任何页面不可或缺的一部分。

在这个练习中，您将学习如何创建一个可单击的电话链接。

1. 将界面向下滚动到模板底部，如图 10-60 所示。

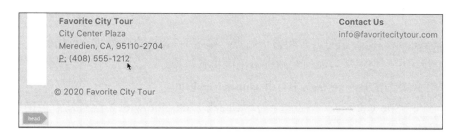

图10-60

地址区段中包含了公司的电话号码。

有些手机足够智能，可以自动识别电话号码。

为这些号码添加一个链接，将确保能够通过单击拨打所有电话。由于这是模板中的一个锁定部分，您可能无法在 Live 视图中选择电话号码，添加链接。

2. 切换到 Design 视图，选择电话号码。

创建电话链接时，去掉任何装饰性的字符，输入拨号用的准确号码。不要使用连字号或圆括号，而是直接添加国家区号。

3. 在 Properties 检查器中，输入 `tel:14085551212` 到 Link 字段，如图 10-61 所示。

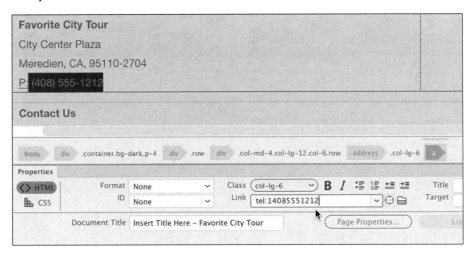

图10-61

4. 按 Enter/Return 键。

当您按 Enter/Return 键时，应该看到标签选择器中添加了一个 <a> 元素。电话链接创建完成。

5. 保存模板并更新所有页面。

6. 关闭模板并更新所有子页面。保存 **favorite-styles.css** 的更改。

您已经学习了创建链接的多种方法，甚至学习了格式化水平菜单交互行为，以及将其冻结在屏幕顶部的方法。创建超链接只是工作的第一部分，下一步就需要学习测试它们的方法。

10.11 检查页面

Dreamweaver 可以检查您的页面和整个站点，确定 HTML 的有效性、可访问性，以及断掉的链接。在这个练习中，您将学习如何在站点范围内检查链接。

1. 如果有必要，在 Design 视图中打开 **contact-us.html**。

2. 选择 Site> Site Options（站点选项）> Check Links Sitewide（检查站点范围的链接），如图 10-62 所示。

出现 Link Checker（链接检查器）面板。面板报告指向 **index.html** 文件的链接是 Broken Links

（断掉的链接）。这些链接指向不存在的页面。您将在后面的课程中创建这些页面，所以现在无须操心这些链接的修复问题。

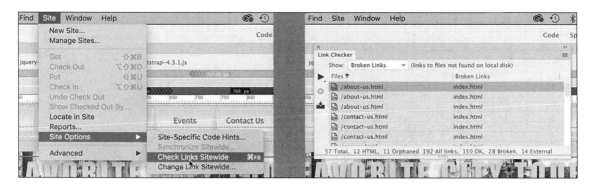

图10-62

> **Dw** 提示：缺失和断掉的链接总数及类型可能与图中不同。

这个面板还显示，链接 #top 是"断掉的链接"。该链接能正常工作，但没有在任何页面中定义真实目标，所以面板有此报告。如果您预计有使用旧浏览器的访问者，可能应该将 ID #top 添加到模板中的 nav 元素。

报告中还识别出一个指向 Bootstrap 样式表定义的 SVG 图形的链接。您可以看到，Link Checker 面板还将找出指向外部网站和资源的"断掉的链接"，一旦您创建了第 11 课中说明的页面，指向主页的链接问题将得到修复。

3. 关闭 Link Checker 面板。如果面板停靠，用鼠标右键单击 Link Checker 选项卡并选择快捷菜单中的 Close Tab Group。

您已经在本课中对页面进行了重大更改，在主导航菜单和文本块中创建了链接，使其指向不同页面上特定位置、电子邮件和电话号码。您还将链接应用到图像上，学习如何检查网站上断掉的链接。

10.12 自定进度练习：添加更多链接

首先，使用您刚刚学到的技能打开 events.html，并为表格上介绍的段落中的单词 festivals 和 seminars 创建目的地链接。

记住，每个单词应该链接到该页面上的对应表格。您是否理解如何正确构造这些链接？如果您遇到任何麻烦，请参考 lesson/finished 文件夹中的 events-finished.html。其次，在每个页面底部，有 3 个包含文本 Link Anchor 的链接占位符。您必须打开模板编辑一些链接。

最后，模板底部的地址区段中有一个电子邮件链接占位符。编辑这个占位符，以便提供创建电子邮件的正确结构。完成后，不要忘记保存模板并更新页面。

10.13 复习题

1. 描述向页面中插入链接的两种方式。
2. 在创建指向外部网页的链接时，需要什么信息？
3. 标准页面链接与电子邮件链接之间的区别是什么？
4. 什么属性用于创建目标链接？
5. 什么限制了电子邮件链接的实用性？
6. 可以将链接应用于图像吗？
7. 怎样检查链接能否正确地工作？

10.14 复习题答案

1. 一种方法是选取文本或图形，然后在 Properties 检查器中，单击 Link 字段旁边的 Browse for File 按钮，并导航到想要的页面；另一种方法是拖动 Point To File 按钮，使其指向 Files 面板内的一个文件。
2. 通过在 Properties 检查器或 Text Display 的 Link 字段中输入或复制和粘贴完整的 Web 地址（完整形式的 URL，包括 http:// 或其他协议），链接到外部页面。
3. 标准页面链接将打开一个新页面，或者把视图移到页面上的某个位置。如果访问者安装了电子邮件应用程序，电子邮件链接将会打开一个空白的电子邮件消息窗口。
4. 您可以将唯一的 ID 属性应用于任何元素，以创建一个链接目的地，该目的地在每个页面只能出现一次。
5. 电子邮件链接可能不是非常有用，因为许多用户不使用内置的电子邮件程序，并且链接不会自动连接到基于互联网的电子邮件服务。
6. 可以，链接可以应用于图像，且使用方式与基于文本的链接相同。
7. 使用 Link Checker 面板，单独测试每个页面上的链接或整个网站。您还应该在浏览器中测试每个链接。

第11课 发布到Web

课程概述

在本课中,您将把网站发布到互联网上,并完成如下工作。

- 定义远程站点。
- 定义测试服务器。
- 将文件放到 Web 上。
- 遮盖文件和文件夹。
- 更新站点范围内的过时链接。

完成本课需要花费大约 90 分钟。

前面各课的目标是为远程 Web 站点设计、开发和构建页面。但是 Dreamweaver 并没有就此止步，它还提供了一些功能强大的工具，用于随时上传和维护任意规模的 Web 站点。

11.1 定义远程站点

> **注意**：如果您还没有从 Account 页面上将本课的项目文件下载到您的计算机中，并以这个文件夹为基础定义站点，现在一定要这么做。参见本书开始的前言部分。

Dreamweaver 的工作流基于双站点系统。其中一个站点是您的计算机硬盘上的一个文件夹，称为本地站点。前几课的所有工作都是在您的本地站点上进行的。另一个站点称为远程站点，建立于 Web 服务器上的一个文件夹，这个服务器通常运行于另一台计算机，连接到互联网，供人们公开访问。在大型企业中，远程站点通常只通过内联网供员工们使用。这些站点提供信息和应用，支持企业的计划与产品。

Dreamweaver 支持多种连接远程站点的方法。

- **FTP**（文件传输协议）：连接到托管网站的标准方法，如图 11-1 所示。

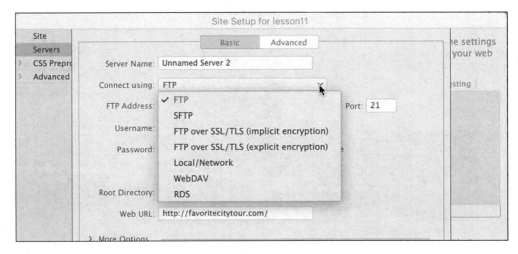

图11-1

- **SFTP**（安全文件传输协议）：这种协议提供了以更安全的方式连接到托管 Web 站点的手段，可以阻止未经授权的访问或者在线内容截获。
- **FTP over SSL/TLS**（隐式加密）：一种安全的 FTP 方法，需要 FTPS 服务器的所有客户端都知道将在会话中使用 SSL。它与非 FTPS 感知客户端不兼容。
- **FTP over SSL/TLS**（显式加密）：一种与遗留系统兼容的、安全的 FTP 方法，FTPS 感知客户可以利用 FTPS 感知服务器实现安全性，而对于非 FTPS 感知客户不会破坏 FTP 的整体功能。
- **Local/Network**（本地/网络）：当使用中间 Web 服务器［也称为交付准备服务器（staging server）］时，经常使用本地或网络连接。交付准备服务器通常用于在站点投入使用之前进行测试。来自交付准备服务器的文件最终将会被发布到与互联网相连的 Web 服务器上。

- **WebDav**（Web Distributed Authoring and Versioning，Web 分布式授权和版本化）：一种基于 Web 的系统，对于 Windows 用户来说，也将其称为 Web 文件夹；对于 macOS 用户来说，则称为 iDisk。
- **RDS**（Remote Development Service，远程开发服务）：由 Adobe 为 ColdFusion 开发，主要用于处理基于 ColdFusion 的站点。

Dreamweaver 现在可以更快、更高效地从后台上传较大的文件，使您可以更快地返回到工作中。在下面的练习中，您将用两个常用的方法建立一个远程站点：FTP 和 Local/Network。

建立远程 FTP 站点

绝大多数 Web 开发人员依赖 FTP 发布和维护站点。FTP 是一种久经考验的协议，该协议的许多变种都在 Web 上使用——其中大部分得到了 Dreamweaver 的支持。

 警告：要完成下面的练习，必须已经建立了远程服务器。远程服务器可以由您自己的公司托管，或者是通过与第三方 Web 托管服务提供商签约托管。

1. 启动 Adobe Dreamweaver（2020 版）。
2. 选择 Site > Manage Sites 或者从 Files 面板的 Site List 下拉列表框中选择 Manage Sites，如图 11-2 所示。

 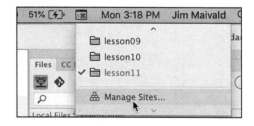

图11-2

在 Manage Sites 对话框中，有您已经定义的所有站点列表。

3. 确保选择当前站点 lesson11。单击 Edit the currently selected site 按钮，如图 11-3 所示。

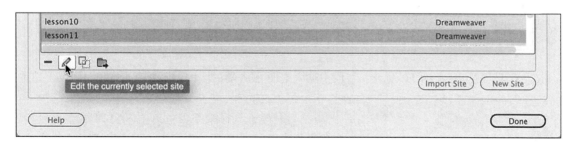

图11-3

11.1　定义远程站点　**373**

4. 在 lesson11 的 Site Setup 对话框中，单击 Servers（服务器）类别。

Site Setup 对话框允许您设置多个服务器，以便在需要时测试多种安装类型。

5. 单击 Add new Server（添加新服务器）按钮，在 Server Name（服务器名称）字段中输入 **Favorite City Server**，如图 11-4 所示。

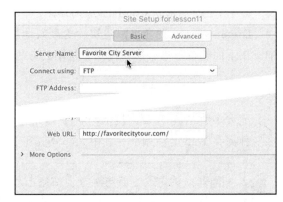

图11-4

6. 从 Connect Using（连接方法）下拉列表框中选择 FTP，如图 11-5 所示。

图11-5

 注意：如果有必要，选择不同协议，匹配您可用的服务器。

7. 在 FTP Address（FTP 地址）字段中输入 FTP 服务器的 URL 或者 IP（互联网协议）地址。

 提示：如果您正处于将现有站点转移到新的互联网服务提供商（ISP）的过程中，可能无法使用域名将文件上传到新服务器。在这种情况下，您可以先使用 IP 地址上传文件。

如果与第三方签约得到 Web 主机服务，您将收到一个 FTP 地址。这个地址可能是以 IP 地址的形式提供的，如 "192.168.1.100"。把这个数字完全按照发送给您的原样输入这个框中。FTP 地址往往是站点的域名，如 **ftp.favoritecitytour.com**，但是不要在框中输入字符 "ftp."。

8. 在 Username（用户名）字段中输入您的 FTP 用户名，如图 11-6 所示。

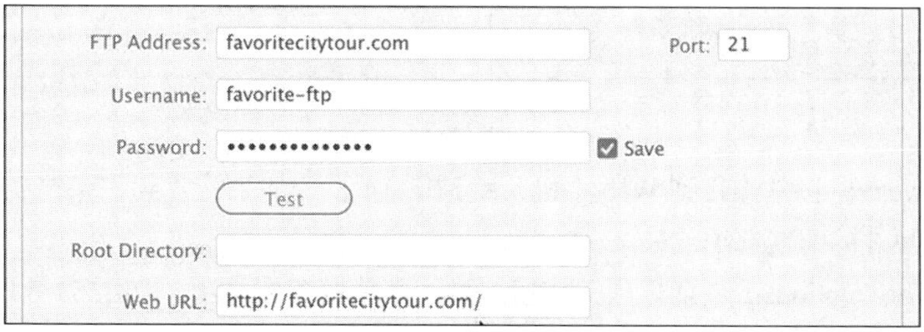

图11-6

在 Password（密码）字段中输入您的 FTP 密码。

> **Dw** 注意：用户名和密码将由您的主机托管公司提供。

用户名可能是大小写敏感的，而密码几乎总是大小写敏感的，因此一定要正确输入。输入它们的方法常常是从主机托管公司的确认邮件中复制它们，再将其粘贴到对应的字段中。

9. 在 Root Directory（根目录）字段中输入包含 Web 公共访问文档的文件夹名称（如果有的话）。

> **Dw** 提示：与您的 Web 托管服务或者 IS/IT 管理人员接洽，获得根目录名称（如果有的话）。

有些 Web 主机提供对根文件夹的 FTP 访问，这些目录可能既包含非公共文件夹（如用于保存通用网关接口 CGI 或者二进制脚本的 cgi-bin），也包含公共文件夹。在这种情况下，在 Root Directory 字段中输入公共文件夹名称，如 public、public_html、www 或者 wwwroot。在许多 Web 主机配置中，FTP 地址与公共文件夹相同，在 Root Directory 字段应该留空。

10. 如果您不希望在 Dreamweaver 每次连接到您的网站时，提示重新输入用户名和密码，选中 Save 复选框。
11. 单击 Test（测试）按钮验证您的 FTP 链接能否正常工作。

> **Dw** 提示：如果 Dreamweaver 未连接到您的主机，首先检查用户名和密码，以及 FTP 地址和根目录有没有错误。

Dreamweaver 将显示一个警告，通知您连接成功或者不成功。

12. 单击 OK 按钮关闭警告，如图 11-7 所示。

 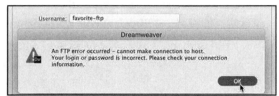

图11-7

如果 Dreamweaver 正常连接到 Web 主机，跳到第 14 步。如果您收到一条错误消息，您的 Web 服务器可能需要额外的配置选项。

13. 单击 More Options（更多选项）按钮，显示其他服务器选项，如图 11-8 所示。

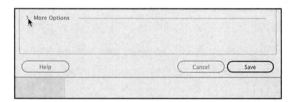 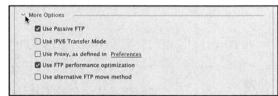

图11-8

Dreamweaver 选择的默认选项一般能让网站正常运行，否则，咨询您的主机托管公司，为特定 FTP 服务器选择相应的选项。

- **Use Passive FTP**（使用被动式 FTP）：允许您的计算机连接到主机，并绕过防火墙的限制。许多 Web 主机需要这一设置。
- **Use IPV6 Transfer Mode**（使用 IPV6 传输模式）：启用与基于 IPV6 服务器的连接，这种服务器使用最新版本的互联网传输协议。
- **Use Proxy, as defined in Preferences**（使用代理）：确定 Dreamweaver 首选参数中定义的二级代理主机连接。
- **Use FTP Performance Optimization**（使用 FTP 性能优化）：优化 FTP 连接。如果 Dreamweaver 无法连接到您的服务器，取消选中这一复选框。
- **Use alternative FTP move method**（使用其他的 FTP 移动方法）：提供额外的 FTP 冲突解决方法，特别是在启用回滚或者移动文件时。

一旦建立了正常的连接，您就可能需要配置一些高级选项。

FTP连接查错

第一次尝试连接远程站点可能是令人沮丧的体验。您可能遇到多种"意外"，其中许多不在您的控制之中。下面是遇到连接问题时可以采取的几个步骤。

- 如果不能连接到FTP服务器，首先要检查用户名和密码，并且仔细地重新输入它们。记住，用户名可能是区分大小写的，而大多数密码往往也是这样（这是最常见的错误）。
- 选中Use Passive FTP复选框，并再次测试连接。
- 如果仍然不能连接到FTP服务器，可以取消选中Use FTP Performance Optimization复选框，并再次单击Test按钮。
- 如果上面这些措施都不能让您连接到远程站点，可以咨询您的IS/IT经理或者远程站点/Web托管服务的管理员。

14. 单击 Advanced 选项卡，选择适合您的远程站点者。

- **Maintain synchronization information**（维护同步信息）：自动注明本地和远程站点上已经改变的文件，以便可以轻松地同步它们。这种特性有助于跟踪所做的改变，在上传前更改多个页面的情况下很有用。您可能想将这一功能与遮盖功能（在下一个练习中将了解）相结合。本功能通常默认为选中状态，如图11-9所示。

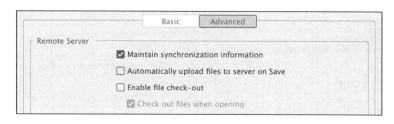

图11-9

- **Automatically upload files to server on Save**（保存时自动将文件上传到服务器）：保存文件时，将它们从本地站点传输到远程站点。如果您经常保存但还没有准备好公开页面，这个选项就可能变得令人讨厌。
- **Enable file check-out**（启用文件取出功能）：在工作组环境中构建协作式网站时，可以启动check-in/check-out（存回/取出）系统。如果选中这个复选框，将需要为取出目的输入一个用户名，并且可以选择输入一个电子邮件地址。如果您独自工作，就不需要选择这个选项。

不选中这些复选框中的任何一个或者全部是可以接受的，但是如果有必要，为了本课的目的，建议选中 Maintain synchronization information 复选框。

安装测试服务器

当您生成具有动态内容的网站时，必须在网页上线之前测试功能。测试服务器可以很好地满足这个需求。根据您需要测试的应用程序，测试服务器可以是实际Web

服务器上的子文件夹，也可以是本地Web服务器，如Apache或Microsoft Internet Information Services（IIS），如图11-10所示。

图11-10

一旦安装了本地Web服务器，就可以用它上传完整文件，测试您的远程站点。在大部分情况下，您的本地Web服务器不能从互联网访问，或者托管用于公众访问的实际网站。

15. 单击Save按钮完成对话框中的设置。

服务器设置选项将不可见，并在Site Setup对话框中显示Servers类别。您新定义的服务器显示在窗口中。

16. 一旦定义了服务器，Remote（远程）单选按钮就默认为选中状态，如图11-11所示。如果您定义了超过一个服务器，单击用于Favorite City Server的远程选项。

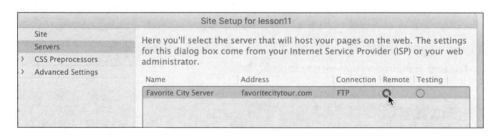

图11-11

17. 单击Save按钮完成新服务器的设置。

此时可能出现一个对话框，通知您因为改变了站点设置，缓存将重建。

18. 如果必要，单击 OK 按钮构建缓存。当 Dreamweaver 完成缓存更新时，单击 Done 按钮关闭 Manage Sites 对话框。

您已经建立了到远程服务器的连接。如果目前没有远程服务器，您可以用本地测试服务器代替远程服务器。关于设置 Dreamweaver 测试服务器的更多信息，请参见之前的"安装测试服务器"补充材料。

11.2 遮盖文件夹和文件

站点根目录中的所有文件可能不必都传输到远程服务器上。例如，用不会被访问或者不允许网站用户访问的文件填充远程站点是没有意义的。最大限度地减少保存在远程服务器上的文件还可能带来财务上的好处，因为许多托管服务的收费在一定程度上是根据网站占用的磁盘空间确定的。如果为使用 FTP 或网络服务器的远程站点选中了 Maintain synchronization information 复选框，你可能应该遮盖一些本地材料，阻止它们上传。遮盖是 Dreamweaver 的一种特性，可以指定某些文件夹和文件不被上传，或者不与远程站点进行同步。

你不希望上传的文件夹包括 Templates 和 resource 文件夹。用于创建站点的一些 Photoshop 文件（.psd）、Flash 文件（.fla）或 MS Word（.doc 或 .docx）等非 Web 兼容文件类型也不需要传输到远程服务器上。尽管遮盖的文件不会自动上传或同步，但仍然可以根据需要手动上传它们。有些人喜欢上传这些文件，以保留它们的场外备份。

 提示：如果磁盘空间不是问题，您可以考虑将模板文件上传到服务器，作为一种备份手段。

遮盖过程从 Site Setup 对话框开始。
1. 选择 Site> Manage Sites。
2. 从 Site List 下拉列表框中选择 lesson11，并单击 Edit the currently selected site 按钮。
3. 展开 Advanced Settings 类别，选择 Cloaking（遮盖）类别。
4. 如果有必要，选中 Enable Cloaking（启用遮盖）和 Cloak files ending with（遮盖具有以下扩展名的文件）复选框，如图 11-12 所示。

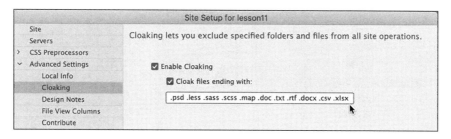

图11-12

复选框下的输入框显示多个扩展名，您实际看到的扩展名可能与图中不同。

5. 将光标插入最后一个扩展名之后，如果有必要，插入一个空格，输入 .doc .txt .rtf。

 注意：添加所有您可能用于源文件的扩展名。

一定要在每个扩展名之间插入一个空格。这些文件类型不包含任何想要的 Web 内容，在这里添加它们的扩展名将阻止 Dreamweaver 自动上传和同步这些文件类型。

6. 单击 Save 按钮。如果 Dreamweaver 提示您更新缓存，单击 OK 按钮。然后单击 Done 按钮关闭 Manage Sites 对话框。

虽然您已经自动遮盖了多种文件类型，但也可以从 Files 面板中人工遮盖特定文件或者文件夹。

7. 打开 Files 面板。

在网站列表中，您将看到组成该网站的文件和文件夹的列表。有些文件夹用于存储构建内容的原始素材，没有必要将这些项目上传到网络上。在远程站点上不需要 Templates 文件夹，因为您的网页将不会以任何方式引用这些资源。但是，如果在团队环境中工作，上传和同步这些文件夹可能很有帮助，能够使每个团队成员都在他们自己的计算机上保存每个文件夹的最新版本。对于这个练习，我们假定您是单独一个人工作。

 注意：值得一提的是，任何上传到服务器的资源都可以供搜索引擎和公众访问。如果担心被公众看到，就不应该上传敏感材料或者内容。

8. 鼠标右键单击 Templates 文件夹。从快捷菜单中选择 Cloaking > Cloak。
9. 在出现的警告对话框中，单击 OK 按钮，如图 11-13 所示。

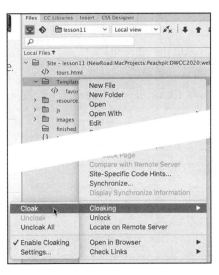 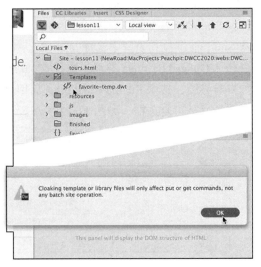

图11-13

选择的文件夹显示一个红色的斜杠，表示它现在被遮盖了。

使用 Site Setup 对话框和 Cloaking 命令，可以遮盖文件类型、文件夹和文件。同步过程将会忽略这些被遮盖的项目，不会自动上传或者下载它们。

11.3 完善网站

在前 10 课中，您已经学习了 Dreamweaver 的使用方法，从一个启动器布局开始，添加文本、图像、影片和交互式内容，构建了一个完整的网站，但是有几处还需要完善一下。在发布站点之前，您需要创建一个重要的网页，并对站点导航进行一些至关重要的更新。

您需要创建的文件是每个站点都必不可少的文件：主页。主页是大多数用户在您的网站上查看的第一个页面。当用户输入站点域名时，将自动把该页面加载到浏览器窗口中。那意味着，当访问者在浏览器 URL 框中输入 **favoritecitytour.com** 并按回车键时，即便您不知道主页的实际名称，它也会出现。由于页面是自动加载的，对于您可以使用的文件名称和扩展名只有很少的限制。

实质上，文件名称和扩展名取决于托管服务器和主页上运行的应用程序类型（如果有的话）。在大多数情况下，主页将简单地命名为 index，也可以使用 default、start 和 iisstart。

扩展名确定页面内使用的程序设计语言的具体类型。正常的 HTML 主页将使用扩展名 ".htm"或 ".html"。如果主页包含特定于某种服务器模型的任何动态应用程序，则需要像 ".asp" ".cfm"和 ".php"这样的扩展名。即使页面不包含任何动态应用程序或内容，如果它们与您的服务器模型兼容，您也仍有可能使用其中一种扩展名。但在使用扩展名时一定要小心，在一些情况下，使用错误的扩展名可能会完全阻止页面加载。您应与服务器管理员或者 IT 经理协商对应的扩展名。

具体主页名称或者服务器支持的名称通常由服务器管理员配置，可以根据需要更改。大多数服务器被配置为支持多个名称和多种扩展名。您可以与您的 IS/IT 经理或 Web 服务器支持团队协商，以确定主页的建议名称和扩展名。在接下来的练习中，您将使用 index 作为主页名称。

11.3.1 创建主页

在这个练习中，您将创建一个新主页并填充内容占位符。

1. 从站点模板创建一个新页面。

将文件保存为 **index.html**，或者使用与您的服务器模型兼容的文件名和扩展名。

2. 在 Design 视图中，打开 lesson11 站点根文件夹中的 **home.html**。

这个文件包含基于文本区段的内容，该区段出现在图像轮播下方。由于该文件没有任何 CSS 样式，显示将与 Bootstrap 布局不同，但与 HTML 结构完全相同。

3. 在标题 WELCOME TO FAVORITE CITY TOUR. 中插入光标。

选择 `div.container.mt-3` 标签选择器并剪切内容，如图 11-14 所示。

 注意：在 Design 或 Code 视图中，将内容从一个文件移动到另一个文件更容易。记住，您必须在源文档和目标文档中使用相同的视图。

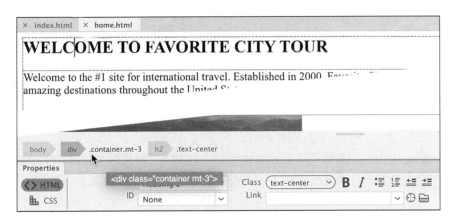

图11-14

4. 切换到 index.html，选择 Design 视图。选择基于文本内容占位符中的标题 ADD HEADLINE HERE。

5. 选择 `div.container.mt3` 标签选择器。

选择的占位符结构与您在第 3 步中剪切的相符。

6. 粘贴以替换选择的文本，如图 11-15 所示。

图11-15

 注意：粘贴以替换元素只能在 Design 视图和 Code 视图中进行。

新布局中的基于文本内容部分被复制的文本和代码所替代。

7. 切换到 home.html。

8. 在标题 HERE ARE SOME OF OUR FAVORITE TOURS 中插入光标。选择 `div.container.mt-3` 标签选择器，如图 11-16 所示。

9. 剪切内容。

home.html 文件应该为空。

10. 关闭 home.html。不要保存更改。

现在文档窗口中只有 index.html 文件。

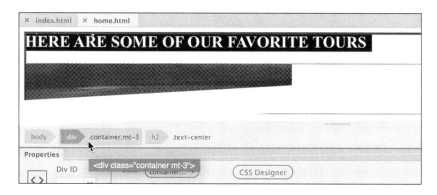

图11-16

11. 在 **index.html** 文件中，选择基于卡片内容区段中的标题 ADD HEADLINE HERE。
12. 选择 `div.container.mt-3` 标签选择器，粘贴以替换选择的内容，如图 11-17 所示。

图11-17

文本和卡片内容区段占位符已被替换。

您不需要基于列表的区段占位符，让我们将其删除。

13. 将界面向下滚动到基于列表的区段占位符。
14. 选择列表内容区段中的标题 ADD HEADLINE HERE。
15. 选择 `div.container.mt-3` 标签选择器并按 Backspace/Delete 键，如图 11-18 所示。

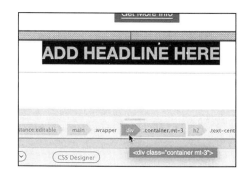 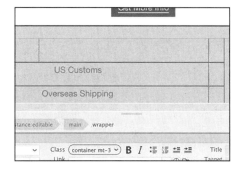

图11-18

列表内容区段被删除，新的主页即将完成。下面我们将为图像轮播添加一些内容。

11.3 完善网站 **383**

11.3.2 完成主页

在这个练习中,您将为 Bootstrap 图像轮播添加图像和文本,完成主页。在大部分情况下,在 Split 视图中处理图像轮播更容易一些。

1. 切换到 Split 视图。

文档窗口分为两部分。一部分显示 Design 视图,另一部分为 Code 视图。使用 Split 视图的好处是比较容易在代码中找到组件。

2. 在 Design 视图中,将界面向上滚动到图像轮播组件,单击其中一个图像占位符,如图 11-19 所示。

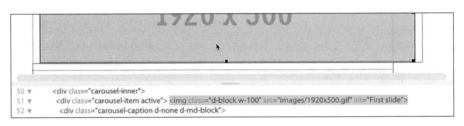

图11-19

在 Design 视图中选择元素,该元素的代码结构将自动在 Code 视图中高亮显示。

高亮显示的代码属于其中一个图像占位符,但可能不是第一个。检查这段代码,定位图像轮播结构中的第一个图像占位符。在大约第 51 行可以找到第一个占位符。

3. 选择代码 `1920 x 500.gif` 并输入 `fl`。

在您输入时,Dreamweaver 将提供提示,以完成图像来源名称。

4. 从提示菜单中选择 images/florence-tour-carousel.jpg,如图 11-20 所示。

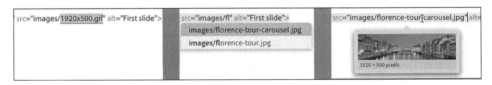

图11-20

如果您将鼠标指针放在 Code 视图中的文件名上,就会弹出一个预览图像。

5. 在图像来源引用下方,选择文本 `Item 1 Heading`,输入 `Dreams of Florence` 代替。

> **Dw 注意:** 如果这是一个真实的网站,您还应该为每幅图像添加替换文本和标题属性。

6. 选择文本 `Item 1 Description`,输入 `This tour is no fantasy. Come live the dream`。

7. 在第二个项目的图像轮播中使用如下内容。

Item 2 placeholder: `greek-cruise-carousel.jpg`

Item 2 heading: `Cruise the Isles`

Item 2 description: `Warm waters. Endless Summer. What else do you want?`

8. 在第三个项目的图像轮播中使用如下内容，如图 11-21 所示。

Item 3 placeholder: `rome-tour-carousel.jpg`

Item 3 heading: `Roman Holiday`

Item 3 description: `All roads lead to Rome. Time to find out why.`

图11-21

9. 切换到 Live 视图。

主页已经接近完成。标题和元描述占位符仍然需要更新。

10. 在 Properties 检查器中，选择占位符 `Insert Title Here` 并输入 `Welcome to travel with a difference`。

11. 切换到 Code 视图，选择文本 `add description here`（大约在第 15 行），输入 `Welcome to the home of travel with a difference`。

12. 保存并关闭所有文件。

就目前而言，这些更改已经足够好了。现在，我们假设您要将目前处于完成状态的网站上传到服务器。这在任何网站开发过程中都会发生。随着时间的推移，页面将被添加、更新和删除，缺少的页面在被完成后上传。在将站点上传到实际服务器之前，您应该始终检查并更新任何过期链接并删除无效链接。

发布前检查清单

在发布之前，借此机会查看您的所有网站页面，以检查它们是否为发布做好了准备。在实际工作流程中，您应该在上传单个页面之前执行前几课中学习的以下操作。

- 拼写检查（第 8 课）。
- 站点范围链接检查（第 10 课）。

解决您发现的任何问题，然后进行下一个练习。

11.4 将站点上传到网络（可选）

> **Dw** 注意：这个练习是可选的，因为它要求您先安装一个远程服务器。

在大多数情况下，本地站点和远程站点互为镜像，在一致的文件夹结构中包含相同的 HTML 文件、图像和资源。当您将网页从本地站点传输到远程站点时，您就是在发布（或者上传）该页面。如果您上传保存在本地站点某文件夹中的一个文件，Dreamwever 将把这个文件传输到与远程站点上等价的文件夹中。这最终将自动创建远程文件（如果它们还不存在的话）。下载文件也是如此。

使用 Dreamweaver，一次操作即可发布从单个文件到整个站点的任何内容。在发布一个网页时，默认情况下 Dreamweaver 会询问您是否还想上传相关文件。相关文件可能是图像、CSS、HTML5 影片、JavaScript 文件、服务器端包含（SSI），以及完成页面所需的所有其他文件等。

您可以一次上传一个文件，也可以一次性上传整个站点。在这个练习中，您将上传一个网页及其相关文件。

1. 如果有必要，打开 Files 面板并单击 Expand to show local and remote sites 按钮 ⬚，如图 11-22 所示。

 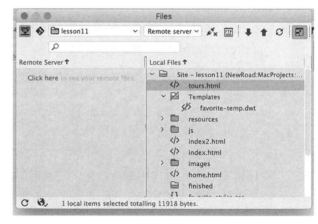

图11-22

> **Dw** 注意：Expand to show local and remote sites 按钮仅在站点定义了远程服务器的情况下出现。

Files 面板展开，占据整个 Windows 界面。在 macOS 中，Files 面板以浮动窗口形式弹出。该窗口分为两半，其中右侧显示本地站点；一旦连接到托管服务器，左侧就将显示远程站点。

2. 单击 Connect To Remote Server（连接到远程服务器）按钮 ⚡，连接到远程站点。

如果正确地配置了远程站点，Files 面板将连接到远程站点并在面板的左半部分显示其内容。

在第一次上传文件时，远程站点应该是空的或者大部分是空的。如果连接到互联网主机，可能会显示由主机托管公司创建的特定文件和文件夹。不要删除这些项目，除非您进行了检查，知道它们对于服务器或您自己的应用程序运行是不必要的。

3. 在本地文件列表中，选择 **index.html**。
4. 在 Files 面板工具栏中，单击 Put File(s)（上传文件）按钮 ⬆。

 警告：Dreamweaver 做了很出色的工作，试图确定特定工作流中的所有相关文件。但在某些情况下，它可能遗漏了动态或者扩展过程中的关键文件。您一定要做好功课，确定这些文件并确保它们上传。

5. 默认情况下，Dreamweaver 将提示您上传相关文件。如果相关文件在服务器上已经存在并且所做的更改不会影响它，就可以单击 No 按钮。否则，对于新文件或者做了大量修改的文件，应该单击 Yes 按钮，如图 11-23 所示。首选项中有一个复选框，如果需要，您可以禁用此提示。

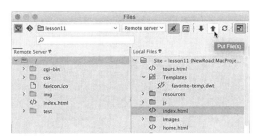

图 11-23

 注意：相关文件包括但不限于特定页面中使用且对页面的正确显示和功能起至关重要的作用的图像、样式表和 JavaScript。

6. 单击 Yes 按钮。

Dreamweaver 上传 **index.html** 和正确呈现所选 HTML 文件需要的所有图像、CSS、JavaScript、服务器端包含及其他相关文件等。虽然您只选择了一个文件，但是可以看到有 16 个文件和 3 个文件夹被上传。

Files 面板允许您一次性上传多个文件和整个站点。

7. 选择本地站点的根文件夹，然后单击 Files 面板中的 Put File(s) 按钮 ⬆，如图 11-24 所示。

图 11-24

出现提示，要求您确认是否想要上传整个站点。

8. 单击 Yes/OK 按钮。

> **注意**：上传或者下载的文件将自动覆盖目标上的任何版本文件。

Dreamweaver 开始上传网站。它将在远程服务器上重新创建本地站点结构。Dreamweaver 在后台上传页面，以便您可以在此期间继续工作。如果要查看上传的进度，Dreamweaver 提供了一个选项。

9. 单击 Files 面板左下角的 File Activity（文件活动）按钮 。

> **提示**：您可能需要单击 Details（详细信息）按钮，以查看完整报告，如图 11-25 所示。

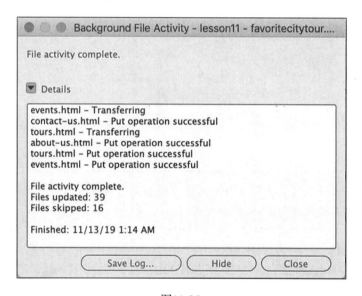

图11-25

当您单击 File Activity 按钮时，Background File Activity（后台文件活动）对话框出现，显示一个列表，其中列出了所选操作的文件名称和状态。如果需要，您甚至可以通过单击其中的 Save Log（保存日志）按钮将报告保存到文本文件中。

注意，被遮盖的课程文件夹和其中存储的文件都不会被上传。在上传单个文件夹或整个站点时，Dreamweaver 会自动忽略所有遮盖文件。如果需要，您可以手动选择和上传单独遮盖的项目。

10. 鼠标右键单击 Templates 文件夹，从快捷菜单中选择 Put，如图 11-26 所示。

Dreamweaver 提示上传 Templates 文件夹的相关文件。

11. 单击 Yes 按钮上传相关文件。

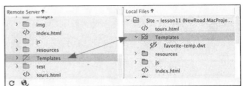

图11-26

　　Templates 文件夹上传到远程服务器。日志报告显示，Dreamweaver 检查相关文件，但是不上传没有变化的文件。

　　注意，远程站点上的 Templates 文件夹显示红色斜杠，表示它也被遮盖。有时，您希望遮盖本地和远程文件夹，以阻止这些项目被替换或者被意外地重写。被遮盖的文件将不会自动上传或下载。但您可以手动选择任何特定文件，执行相同的操作。

　　与 Put 命令相对的是 Get（获取）命令，该命令用于把选择的任何文件或文件夹下载到本地站点。可以在 Remote（远程）或 Local（本地）窗格中选择任何文件并单击 Get 按钮，从远程站点获取任何文件。此外，也可以把文件从 Remote 窗格拖到 Local 窗格中。

 注意：在访问 Put 和 Get 命令时，使用 Files 面板的 Local 窗格还是 Remote 窗格是无关紧要的。Put 命令总会将文件上传到 Remote 站点，Get 命令则总会将文件下载到 Local 站点。

12. 如果您能够成功上传网站，请使用浏览器连接到网络服务器或 Internet 上的远程站点。根据您是连接到本地 Web 服务器或实际的互联网站点，在 URL 字段中输入相应的地址，如图 11-27 所示。

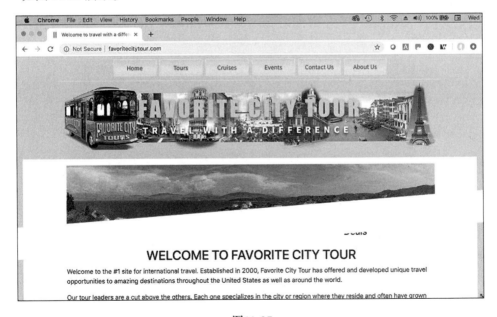

图11-27

11.4　将站点上传到网络（可选）

> 提示：如果您正在使用第三方网络托管服务，请注意，它们往往在您的域上创建占位页面。如果您的主页在访问网站时不会自动出现，可能需要删除占位页面。

Favorite City Tour 站点出现在浏览器中。

13. 单击测试超链接，查看站点上每个完成的页面。

一旦站点上传，保持最新版本就是一件轻松的任务。在文件更改时，您可以一次上传一个文件，或者和远程服务器同步整个站点。

在工作组环境中，文件会被多个人单独更改和上传，很可能会出现下载或上传了较旧的文件，覆盖了较新的文件的情况。此时同步就特别重要，它可以确保使用的只是每个文件的最新版本。

11.5 同步本地和远程站点

Dreamweaver 中的同步功能用于使服务器和本地计算机上的文件保持最新状态。当您在多个位置工作或者与一位或多位同事协作时，同步是一种必不可少的工具。正确地使用它，可以阻止意外地上传或使用过时的文件。

目前，本地站点和远程站点即便没有完全相同，也是非常类似的。记住，您的托管服务创建的服务器中可能有一些占位文件。为了更好地说明同步的能力，让我们更改其中一个站点页面。

Files 面板展开时，Expand 按钮变成 Collapse 按钮。

1. 如果有必要，单击 Collapse 按钮，折叠 Files 面板。

如果有必要，单击 Collapse 按钮或 Expand 按钮，将面板重新停靠在软件界面右侧。

2. 在 Live 视图中打开 **about-us.html**。

3. 在 CSS Designer 面板中，单击 All 按钮。选择 **favorite-styles.css**，创建新规则 `.fcname`，如图 11-28 所示。

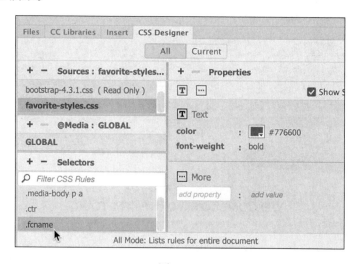

图11-28

4. 为新规则添加如下属性。

```
color: #760
font-weight: bold
```

5. 在文本内容的第一段中，选择第一次出现的 Favorite City Tour。
6. 从 Properties 检查器的 Class 下拉列表框中选择 .fcname，如图 11-29 所示。

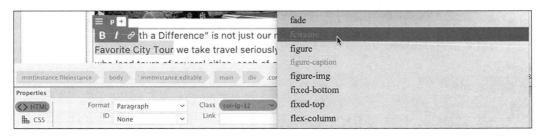

图11-29

7. 将 .fcname 类应用到名称 Favorite City Tour 在页面文本内容中出现的每个位置上。
8. 保存所有文件并关闭页面。
9. 打开并展开 Files 面板。

 注意：Synchronize（同步）按钮外观和 Refresh 按钮类似，但是它位于 Flies 面板的右上角。

单击 Synchronize 按钮 ，出现 Synchronize with Remote Server（与远程服务器同步）对话框。

10. 从 Synchronize 下拉列表框中选择 Entire 'lesson11' Site（整个 lesson11 站点）。

从 Direction（方向）下拉列表框中，选择 Get and Put newer files（获得和放置较新的文件），如图 11-30 所示。

图11-30

 注意：同步不比较遮盖的文件或者文件夹。

11. 单击 Preview（预览）按钮。

出现 Synchronize 对话框，报告更改了什么文件，以及您是需要获取还是上传它们。因为您刚刚上传整个网站，所以只有您修改的文件 **about-us.html** 和 **favorite-styles.css** 才会出现在列表中，这表明 Dreamweaver 希望将它们上传到远程站点。

对话框中可能还会列出一些已经存在于远程服务器，但在本地站点文件夹中不存在的文件，那是您的主机托管公司放置的。您在 Dreamweaver 中创建的内容完全可以独立使用，不应该需要这些文件和资源。当然，我不能保证始终如此。

Synchronize 对话框中，远程服务器上的所有预先存在的文件都标记了动作 Get。如果这时您单击 OK 按钮，这些文件将下载到您的本地站点。由于您不需要用这些文件支持站点，下载不是个好主意。您有两个选项：忽略文件或者将其完全删除。

同步选项

在同步期间，可以选择接受建议的操作，或者在对话框中选择其他选项之一。一次可以对一个或多个文件应用选项。

- ⬇ **Get**（获取）——从远程站点下载选择的文件。
- ⬆ **Put**（放置）——将选择的文件上传到远程站点。
- 🗑 **Delete**（删除）——删除标记选择的文件。
- 🚫 **Ignore**（忽略）——在同步过程中忽略选择的文件。
- 🔄 **Synchronized**（已同步）——标识选择的文件为已同步状态。
- 📄 **Compare**（比较）——使用第三方工具比较选择的文件的本地和远程版本。

12. 如果不需要远程站点上的任何文件，可以将其标记为删除🗑或忽略🚫，如图 11-31 所示。

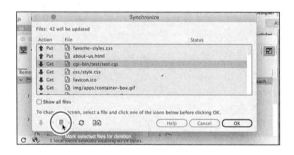 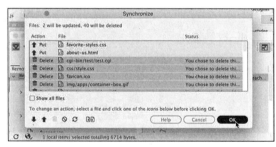

图11-31

13. 单击 OK 按钮上传两个文件，删除或忽略其他文件。

 注意：屏幕截图中显示的文件是示例中使用的托管服务放置的，您的文件可能与之完全不同。

Background File Activity 对话框出现，报告本地与远程站点内容的同步进度，如图 11-32 所示。

392 第11课 发布到Web

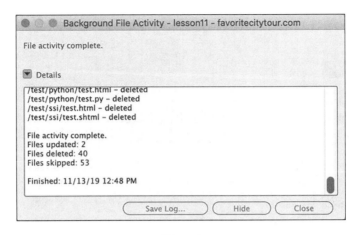

图11-32

14. 如果有必要,关闭 Background File Activity 对话框。

在 Files 面板中,单击 Collapse 按钮再次停靠面板。

如果其他人在您的站点上访问和更新了文件,那么在您处理任何文件之前要记得进行同步,以确保您使用的是站点中每个文件的最新版本。另一个技巧是在服务器设置的 Advanced 选项卡中设置 check-in/check-out 功能。

在这一课中,您设置站点连接到远程服务器,并且把文件上传到该远程站点。您还遮盖了文件和文件夹,然后同步了本地站点与远程站点。

祝贺您!您设计、开发并构建了整个 Web 站点,并把它上传到了远程服务器。通过完成本书目前为止的所有练习,您获得了设计和开发与台式计算机兼容的标准网站多个方面的经验。

11.6 复习题

1. 什么是远程站点？
2. 指出 Dreamweaver 中支持的两种文件传输协议。
3. 如何配置 Dreamweaver，使它不会把本地站点中的某些文件与远程站点进行同步？
4. 判断正误：您必须手动发布每个文件以及关联的图像、JavaScript 文件和链接到站点页面的服务器端包含。
5. 同步会执行什么服务？

11.7 复习题答案

1. 远程站点通常是本地站点的实用版本，它存储在连接到互联网的 Web 服务器上。
2. FTP 和 Local/Network 是两种常用的文件传输方法。Dreamweaver 中支持的其他文件传输方法包括：SFTP、WebDav 和 RDS 等。
3. 遮盖文件或文件夹，可以阻止它们进行同步。
4. 错。Dreamweaver 可以根据需要自动传输相关文件，包括嵌入或引用的图像、CSS 样式表及其他链接的内容，但是可能会遗漏一些文件。
5. 同步将自动扫描本地站点与远程站点，比较两个站点上的文件，以确定每个文件的最新版本。它会创建一个报告窗口，建议获取或上传哪些文件以使两个站点保持最新状态，然后它将执行更新。